# Physica-Lehrbuch

Für weitere Bände:
http://www.springer.com/series/3174

Kurt Marti

# Übungsbuch zum Grundkurs Mathematik für Ingenieure, Natur- und Wirtschaftswissenschaftler

Unter Mitwirkung von Olena Solodovchenko, Simone Zier und Michael Schacher

Physica-Verlag

Univ. Prof. Dr. Kurt Marti
Universität der Bundeswehr München
Fakultät für Luft- und Raumfahrttechnik
Institut für Mathematik und Rechneranwendung
Werner-Heisenberg-Weg 39
85579 Neubiberg
kurt.marti@unibw-muenchen.de

ISSN 1431-6870
ISBN 978-3-7908-2609-8          e-ISBN 978-3-7908-2610-4
DOI 10.1007/978-3-7908-2610-4
Springer Heidelberg Dordrecht London New York

Die Deutsche Nationalbibliothek verzeichnet diese Publikation in der Deutschen Nationalbibliografie;
detaillierte bibliografische Daten sind im Internet über http://dnb.d-nb.de abrufbar.



*Einbandentwurf:* WMXDesign GmbH, Heidelberg

Gedruckt auf säurefreiem Papier

Springer ist Teil der Fachverlagsgruppe Springer Science+Business Media (www.springer.com)

# Vorwort

Das Übungsbuch zum „Grundkurs Mathematik für Ingenieure, Natur- und Wirtschaftswissenschaftler" von K. Marti und D. Gröger ist hervorgegangen aus dem Übungsbetrieb zu den Lehrveranstaltungen

- Brückenkurs Mathematik und
- Höhere Mathematik

für Studenten der Luft- und Raumfahrttechnik an der Universität der Bundeswehr München, die von K. Marti und seinen Mitarbeitern über viele Jahre gehalten wurden.

Die Aufgaben wurden zum Teil neu erstellt, zum Teil wurden sie aus bestehenden Aufgabensammlungen und Lehrbüchern entnommen, oder es sind Modifikationen bereits bestehender Aufgaben. Das Übungsbuch ist inhaltlich und didaktisch auf den „Grundkurs Mathematik" abgestimmt und umfasst 241 vollständig durchgerechnete Aufgaben von unterschiedlichem Schwierigkeitsgrad. Zahlreiche Abbildungen, Graphiken und Tabellen erleichtern die Bearbeitung der Aufgaben.

Die Aufgaben decken den Stoff der Differential- und Integralrechnung einer Variablen ab. Sie sollen einerseits den Studenten helfen, fehlendes Basiswissen aus der Gymnasialstufe zu erarbeiten bzw. aufzufrischen. Andererseits bilden die Aufgaben eine Brücke zur Behandlung der Analysis einer reellen Veränderlichen an Hochschulen und Universitäten.

Die sichere Beherrschung der für viele naturwissenschaftliche, ingenieurwissenschaftliche, technische, wirtschaftswissenschaftliche und statistische Anwendungen unverzichtbaren mathematischen Grundlagen aus der Differential- und Integralrechnung einer Variablen (Analysis I) erfordert neben dem Besuch von Vorlesungen und Kursen über dieses Thema insbesondere auch die aktive Bearbeitung einer ausreichenden Anzahl von Beispielen und Übungsaufgaben zu den im „Grundkurs Mathematik" oder anderen einführenden Werken über Analysis einer Variablen vorgestellten mathematischen Werkzeuge.

Für das Selbststudium, für Brückenkurse, aber auch für den Übungsbetrieb zu Vorlesungen über Analysis I an Universitäten und Hochschulen stehen zu allen

Kapiteln der Differential- und Integralrechnung einer Variablen zahlreiche gelöste Aufgaben zur Verfügung. Auf die nochmalige ausführliche Darstellung der Theorie wurde verzichtet, hingegen findet der Leser kurze Hinweise auf die benötigten Definitionen und Sätze des jeweiligen Übungsstoffes sowie Verweise auf die entsprechenden Stellen im „Grundkurs Mathematik für Ingenieure, Natur- und Wirtschaftswissenschaftler" von K. Marti und D. Gröger, Physica/Springer-Verlag, 2. Auflage, Heidelberg-New York, 2004. Aufgrund seines Aufbaus kann das „Übungsbuch" natürlich auch zusammen mit jedem anderen Lehrbuch über Differential- und Integralrechnung einer Variablen verwendet werden. Wichtige Quellen [1, 4, 5, 6, 7, 8] und verwandte Aufgabensammlungen [2, 3, 9, 10] findet man im Literaturverzeichnis.

München, Juni 2010
Kurt Marti, Olena Solodovchenko, Simone Zier, Michael Schacher

Danken möchten wir zunächst Frau Elisabeth Lößl, Institut für Mathematik und Rechneranwendung der Fakultät für Luft- und Raumfahrttechnik der Universität der Bundeswehr München, für die Unterstützung bei der Fertigstellung des LaTeX-Skripts des Buches. Wir danken den früheren Mitarbeitern des Instituts für Mathematik und Rechneranwendung, Andreas Aurnhammer, Klaus-Jürgen Böttcher, Claudia Haubach-Lippmann, Ernst Plöchinger, Jürgen Reinhart und Gerald Stöckl, die wesentliche Beiträge zum Aufbau der vorliegenden Aufgabensammlung geleistet haben. Danken möchten wir schließlich dem Springer-Verlag für die Aufnahme dieses Lehrbuches in sein Verlagsprogramm.

# Inhaltsverzeichnis

# Kapitel 1
# Natürliche Zahlen

Unter den *natürlichen Zahlen* versteht man die Zahlen, die beim Prozess des Zählens auftreten, also die Zahlen

$$0, 1, 2, \ldots, 15, \ldots, 1001, \ldots, .$$

**Prinzip der vollständigen Induktion** (Theorem 1.1, Kap. 1.2)
Es sei $A_n$ eine Aussage über natürliche Zahlen $n$. Es gelte:

a) $A_k$ ist wahr für eine bestimmte natürliche Zahl $k$ (Induktionsanfang (IA)).
b) Ist $n > k$ und $A_{n-1}$ wahr ( Induktionsvoraussetzung (IV)), dann ist auch $A_n$ wahr (Induktionsschluss (IS)): $A_{n-1} \Rightarrow A_n$ für jedes $n > k$.

Unter diesen Voraussetzungen gilt die Aussage $A_n$ für jede natürliche Zahl $n \geq k$.

Für die folgende Aufgabe benötigen wir den Begriff der „Fakultät"  einer natürlichen Zahl:

**Definition: Fakultät** (Def. 4.2, Kap. 4.1)
Für die natürliche Zahl $n$ sei

$$n! := \begin{cases} 1, & \text{wenn} \quad n = 0 \\ 1 \cdot 2 \cdot 3 \cdot \ldots \cdot n, & \text{wenn} \quad n \geq 1 \end{cases} \quad (\text{sprich „} n \text{ Fakultät" }).$$

**Aufgabe 1.1**
Beweisen Sie mittels vollständiger Induktion:

a) $\displaystyle\sum_{k=1}^{n} (4k - 3) = n(2n - 1)$
b) $\displaystyle\sum_{k=1}^{n} 3^{k-1} = \frac{3^n - 1}{2}$

K. Marti, *Übungsbuch zum Grundkurs Mathematik für Ingenieure,*
*Natur- und Wirtschaftswissenschaftler*, Physica-Lehrbuch,
DOI 10.1007/978-3-7908-2610-4_1, © Springer-Verlag Berlin Heidelberg 2010

c) $\displaystyle\sum_{k=1}^{n} k^2 = \frac{n(n+1)(2n+1)}{6}$

d) $\displaystyle\sum_{k=1}^{n} k^3 = \left(\frac{n(n+1)}{2}\right)^2$

e) $\displaystyle\sum_{k=1}^{n} k \cdot k! = (n+1)! - 1$

f) $\displaystyle\sum_{k=1}^{n} \frac{1}{2^{(k-1)}} = 2\left(1 - \frac{1}{2^n}\right)$

g) $\displaystyle\sum_{k=1}^{n} (2k-1)^2 = \frac{n}{3}(4n^2 - 1)$

h) $\displaystyle\sum_{k=1}^{n} (2k-1) = n^2$

i) $\displaystyle\sum_{k=1}^{n} 2^{(k-1)} = 2^n - 1$

j) $\displaystyle\sum_{k=1}^{n} \frac{1}{(2k-1)(2k+1)} = \frac{n}{2n+1}$

k) $\displaystyle\sum_{k=1}^{n} \frac{k}{2^k} = 2 - \frac{n+2}{2^n}$ für alle $n \geq 1$, $n \in \mathbb{N}$

l) $\displaystyle\sum_{k=1}^{n} \frac{1}{k(k+1)} = \frac{n}{n+1}$ für alle $n \geq 1$, $n \in \mathbb{N}$

m) $\displaystyle\sum_{k=1}^{n} k(k+1) = \frac{n(n+1)(n+2)}{3}$ für alle $n \geq 1$, $n \in \mathbb{N}$

**Lösung:**

a) Induktionsanfang (IA): $n = 1$

$\underbrace{4 \cdot 1 - 3}_{=1} = \underbrace{1 \cdot (2 \cdot 1 - 1)}_{=1}$ ist richtig.

Induktionsvoraussetzung (IV): $\displaystyle\sum_{k=1}^{n} (4k - 3) = n(2n - 1)$.

Induktionsschluss (IS):

$$\sum_{k=1}^{n+1} (4k - 3) = \sum_{k=1}^{n} (4k - 3) + (4(n+1) - 3)$$

$$\overset{\text{IV}}{=} n(2n - 1) + (4(n+1) - 3)$$

$$= 2n^2 - n + 4n + 1 = 2n^2 + 3n + 1$$

$$= (n+1)(2n+1)$$

$$= (n+1)\left(2(n+1) - 1\right).$$

b) IA: $n = 1$

$3^0 = \dfrac{2}{2}$  ist richtig.

IV: $\displaystyle\sum_{k=1}^{n} 3^{k-1} = \dfrac{3^n - 1}{2}$.

IS:

$$\sum_{k=1}^{n+1} 3^{k-1} = \sum_{k=1}^{n} 3^{k-1} + 3^{n+1-1}$$
$$\overset{\text{IV}}{=} \dfrac{3^n - 1}{2} + 3^n$$
$$= \dfrac{1}{2}(3 \cdot 3^n - 1)$$
$$= \dfrac{3^{n+1} - 1}{2}.$$

c) IA: $n = 1$

$1^2 = \dfrac{1 \cdot (1+1)(2 \cdot 1 + 1)}{6}$

$1 = \dfrac{1 \cdot 2 \cdot 3}{6}$  ist richtig.

IV: $\displaystyle\sum_{k=1}^{n} k^2 = \dfrac{n(n+1)(2n+1)}{6}$.

IS:

$$\sum_{k=1}^{n+1} k^2 = \sum_{k=1}^{n} k^2 + (n+1)^2$$
$$\overset{\text{IV}}{=} \dfrac{n(n+1)(2n+1)}{6} + (n+1)^2$$
$$= \dfrac{1}{6}(2n^3 + 9n^2 + 13n + 6)$$
$$= \dfrac{1}{6}(n^2 + 3n + 2)(2n+3)$$
$$= \dfrac{1}{6}(n+1)(n+2)(2n+3)$$
$$= \dfrac{1}{6}(n+1)\big((n+1)+1\big)\big(2(n+1)+1\big).$$

d) IA: $n = 1$

$1^3 = \left(\dfrac{2}{2}\right)^2$  ist richtig.

IV: $\displaystyle\sum_{k=1}^{n} k^3 = \left(\dfrac{n(n+1)}{2}\right)^2$.

IS:

$$\sum_{k=1}^{n+1} k^3 = \sum_{k=1}^{n} k^3 + (n+1)^3$$

$$\stackrel{\text{IV}}{=} \left(\frac{n(n+1)}{2}\right)^2 + (n+1)^3$$

$$= \frac{1}{4}(n^4 + 6n^3 + 13n^2 + 12n + 4)$$

$$= \frac{1}{4}\left((n^2 + 2n + 1)(n^2 + 4n + 4)\right)$$

$$= \left(\frac{(n+1)\left((n+1)+1\right)}{2}\right)^2.$$

e) IA: $n = 1$

$1 \cdot 1 = 2! - 1$   ist richtig.

IV: $\displaystyle\sum_{k=1}^{n} k \cdot k! = (n+1)! - 1.$

IS:

$$\sum_{k=1}^{n+1} k \cdot k! = \sum_{k=1}^{n} k \cdot k! + (n+1)(n+1)!$$

$$\stackrel{\text{IV}}{=} (n+1)! - 1 + (n+1)(n+1)!$$

$$= (n+1)!(1 + (n+1)) - 1$$

$$= ((n+1)+1)! - 1.$$

f) IA: $n = 1$

$1 = 2 - 1 = 1$   ist richtig.

IV: $\displaystyle\sum_{k=1}^{n} \frac{1}{2^{k-1}} = 2\left(1 - \frac{1}{2^n}\right).$

IS:

$$\sum_{k=1}^{n+1} \frac{1}{2^{k-1}} = \sum_{k=1}^{n} \frac{1}{2^{k-1}} + \frac{1}{2^{n+1-1}}$$

$$\stackrel{\text{IV}}{=} 2\left(1 - \frac{1}{2^n}\right) + \frac{1}{2^n}$$

$$= 2 - \frac{1}{2^n}$$

$$= 2\left(1 - \frac{1}{2^{n+1}}\right).$$

g) IA: $n = 1$

$(2-1)^2 = \dfrac{1}{3}(4-1)$  ist richtig.

IV: $\displaystyle\sum_{k=1}^{n}(2k-1)^2 = \dfrac{n}{3}(4n^2-1).$

IS:

$$\sum_{k=1}^{n+1}(2k-1)^2 = \sum_{k=1}^{n}(2k-1)^2 + (2(n+1)-1)^2$$

$$\overset{\text{IV}}{=} \frac{n}{3}(4n^2-1) + (2n+1)^2$$

$$= \frac{1}{3}(4n^3+12n^2+11n+3)$$

$$= \frac{1}{3}(n+1)(4n^2+8n+4-1)$$

$$= \frac{n+1}{3}(4(n+1)^2-1).$$

h) IA: $n = 1$

$(2-1) = 1^2$  ist richtig.

IV: $\displaystyle\sum_{k=1}^{n}(2k-1) = n^2.$

IS:

$$\sum_{k=1}^{n+1}(2k-1) = \sum_{k=1}^{n}(2k-1) + (2(n+1)-1)$$

$$\overset{\text{IV}}{=} n^2 + 2n + 1$$

$$= (n+1)^2.$$

i) IA: $n = 1$

$2^0 = 2^1 - 1 = 1$  ist richtig.

IV: $\displaystyle\sum_{k=1}^{n} 2^{k-1} = 2^n - 1.$

IS:

$$\sum_{k=1}^{n+1} 2^{k-1} = \sum_{k=1}^{n} 2^{k-1} + 2^{(n+1)-1}$$

$$\overset{\text{IV}}{=} 2^n - 1 + 2^{n+1-1}$$

$$= 2\cdot 2^n - 1 = 2^{n+1} - 1.$$

j) IA: $n = 1$

$$\underbrace{\frac{1}{(2-1)(2+1)}}_{=\frac{1}{3}} = \underbrace{\frac{1}{2+1}}_{=\frac{1}{3}} \quad \text{ist richtig.}$$

IV: $\displaystyle\sum_{k=1}^{n} \frac{1}{(2k-1)(2k+1)} = \frac{n}{2n+1}$.

IS:

$$\sum_{k=1}^{n+1} \frac{1}{(2k-1)(2k+1)} = \sum_{k=1}^{n} \frac{1}{(2k-1)(2k+1)} + \frac{1}{(2(n+1)-1)(2(n+1)+1)}$$

$$\stackrel{\text{IV}}{=} \frac{n}{2n+1} + \frac{1}{(2n+1)(2n+3)}$$

$$= \frac{2n^2 + 3n + 1}{(2n+1)(2n+3)}$$

$$= \frac{n+1}{2n+3}$$

$$= \frac{n+1}{2(n+1)+1}.$$

k) IA: $n = 1$

$$\frac{1}{2^1} = 2 - \frac{1+2}{2^1} \quad \text{ist richtig.}$$

IV: $\displaystyle\sum_{k=1}^{n} \frac{k}{2^k} = 2 - \frac{n+2}{2^n}$.

IS:

$$\sum_{k=1}^{n+1} \frac{k}{2^k} = \sum_{k=1}^{n} \frac{k}{2^k} + \frac{n+1}{2^{n+1}}$$

$$\stackrel{\text{IV}}{=} 2 - \frac{n+2}{2^n} + \frac{n+1}{2^{n+1}}$$

$$= 2 - \frac{1}{2^{n+1}}\left(2(n+2) - (n+1)\right) = 2 - \frac{n+3}{2^{n+1}}$$

$$= 2 - \frac{(n+1)+2}{2^{n+1}}.$$

l) IA: $n = 1$

$$\frac{1}{1 \cdot (1+1)} = \frac{1}{1+1} \quad \text{ist richtig.}$$

IV: $\displaystyle\sum_{k=1}^{n} \frac{1}{k(k+1)} = \frac{n}{n+1}$.

IS:

$$\sum_{k=1}^{n+1} \frac{1}{k(k+1)} = \sum_{k=1}^{n} \frac{1}{k(k+1)} + \frac{1}{(n+1)((n+1)+1)}$$

$$\overset{\text{IV}}{=} \frac{n}{n+1} + \frac{1}{(n+1)(n+2)}$$

$$= \frac{n(n+2)+1}{(n+1)(n+2)}$$

$$= \frac{n^2+2n+1}{(n+1)(n+2)}$$

$$= \frac{(n+1)^2}{(n+1)(n+2)} = \frac{n+1}{n+2} = \frac{n+1}{(n+1)+1}.$$

m) IA: $n = 1$

$$1 \cdot (1+1) = \frac{1 \cdot (1+1)(1+2)}{3} \quad \text{ist richtig.}$$

IV: $\displaystyle\sum_{k=1}^{n} k(k+1) = \frac{n(n+1)(n+2)}{3}.$

IS:

$$\sum_{k=1}^{n+1} k(k+1) = \sum_{k=1}^{n} k(k+1) + (n+1)\left((n+1)+1\right)$$

$$\overset{\text{IV}}{=} \frac{n(n+1)(n+2)}{3} + (n+1)(n+2)$$

$$= \frac{n(n+1)(n+2)+3(n+1)(n+2)}{3}$$

$$= \frac{(n+1)(n+2)(n+3)}{3}$$

$$= \frac{(n+1)((n+1)+1)((n+1)+2)}{3}.$$

**Aufgabe 1.2**

Überprüfen Sie mittels vollständiger Induktion, ob die Aussage

$$A_n : \quad \sum_{k=1}^{n} (4+k) = \frac{n(n+2)}{2}$$

für alle natürlichen Zahlen wahr ist.

**Lösung:**

IA:

$$n = 1$$
$$4 + 1 = 5$$
$$\frac{1 \cdot (1 + 2)}{2} = 1,5$$
$$5 \neq 1,5 \implies \text{die Aussage ist falsch.}$$

**Aufgabe 1.3**

Beweisen Sie mittels vollständiger Induktion die Ungleichungen

a) $n < 2^n$ für alle natürlichen Zahlen $n \geq 1$
b) $2^n > n^3$ für alle natürlichen Zahlen $n \geq 10$

**Lösung:**

a) IA: $n = 1$
   Die Aussage ist richtig, weil $1 < 2^1$.
   IV: $n < 2^n$.
   IS: $n + 1 \overset{IV}{<} 2^n + 1 < 2^n + 2 = 2^n \underbrace{(1 + \frac{1}{2^{n+1}})}_{<2} < 2^{n+1}$.

b) IA: $n = 10$
   Die Aussage ist wahr, weil $2^{10} = 1024 > 1000 = 10^3$.
   IV: $2^n > n^3$.
   IS:

$$(n+1)^3 = n^3 + 3n^2 + 3n + 1 = n^3(1 + \frac{3}{n} + \frac{3}{n^2} + \frac{1}{n^3})$$
$$\overset{n \geq 10}{\leq} n^3(1 + \frac{3}{10} + \frac{3}{10^2} + \frac{1}{10^3})$$
$$= n^3 \frac{10^3 + 3 \cdot 10^2 + 3 \cdot 10 + 1}{10^3} = n^3 \frac{1331}{1000}$$
$$< 2 \cdot n^3 \overset{IV}{<} 2 \cdot 2^n = 2^{n+1}$$
$$\Rightarrow 2^{n+1} > (n+1)^3.$$

**Aufgabe 1.4**

Die Zahlen $S_n$ seien definiert durch

a) $S_n = 1 - 4 + 9 - 16 + 25 - 36 + \ldots + (-1)^{n-1} n^2$
b) $S_n = \frac{1}{1 \cdot 3} + \frac{1}{3 \cdot 5} + \ldots + \frac{1}{(2n-1)(2n+1)}$.

Man stelle eine Hypothese über $S_n$ auf und beweise diese mittels vollständiger Induktion.

**Lösung:**

a) Aufstellen einer Hypothese:

Voraussetzung: $n \geq 1, \quad n \in \mathbb{N}$

$$S_n := 1 - 4 + 9 - \ldots + (-1)^{n-1} \cdot n^2$$

Gesucht: Formel für $S_n$

Hypothese für $S_n$:

| $n$ | 1 | 2 | 3 | 4 | 5 | 6 | 7 | 8 ... |
|---|---|---|---|---|---|---|---|---|
| $(-1)^{n-1} \cdot n^2$ | 1 | $-4$ | 9 | $-16$ | 25 | $-36$ | 49 | $-64$ ... |
| $S_n$ | 1 | $-3$ | 6 | $-10$ | 15 | $-21$ | 28 | $-36$ ... |

$$
\begin{array}{llll}
1 \cdot 1 & 2 \cdot 3 & 3 \cdot 5 & 4 \cdot 7 \\
 & -1 \cdot 3 & -2 \cdot 5 & -3 \cdot 7 & -4 \cdot 9
\end{array}
$$

Betrachte jedes zweite $S_n \quad \Rightarrow$ Vermutung:

$$
S_n = \begin{cases}
\dfrac{n+1}{2}\, n & ,n \text{ ungerade} \\[2mm]
-\dfrac{n}{2}\,(n+1) & ,n \text{ gerade}
\end{cases}
$$

Behauptung: $S_n = (-1)^{n-1} \dfrac{n(n+1)}{2}$

Beweis: vollständige Induktion nach n

IA: n=1

$S_1 = 1 = (-1)^{1-1} \dfrac{1 \cdot (1+1)}{2}$ ist richtig.

IV: $S_n = (-1)^{n-1} \dfrac{n(n+1)}{2}$.

IS:
$$
\begin{aligned}
S_{n+1} &= S_n + (-1)^n (n+1)^2 \\
&\overset{\text{IV}}{=} (-1)^{n-1} \frac{n(n+1)}{2} + (-1)^n (n+1)^2 \\
&= (-1)^n (n+1) \left( (n+1) - \frac{n}{2} \right) \\
&= (-1)^n \frac{(n+1)(n+2)}{2}.
\end{aligned}
$$

b) Aufstellen einer Hypothese:

Voraussetzung: $n \geq 1, \quad n \in \mathbb{N}$

$$S_n := \frac{1}{1 \cdot 3} + \frac{1}{3 \cdot 5} + \ldots + \frac{1}{(2n-1) \cdot (2n+1)}$$

Gesucht: Formel für $S_n$

Hypothese für $S_n$:

| $n$ | 1 | 2 | 3 | 4 | 5 | $\dots$ |
|---|---|---|---|---|---|---|
| $\dfrac{1}{(2n-1)\cdot(2n+1)}$ | $\dfrac{1}{1\cdot 3}$ | $\dfrac{1}{3\cdot 5}$ | $\dfrac{1}{5\cdot 7}$ | $\dfrac{1}{7\cdot 9}$ | $\dfrac{1}{9\cdot 11}$ | $\dots$ |
| $S_n$ | $\dfrac{1}{3}$ | $\dfrac{2}{5}$ | $\dfrac{3}{7}$ | $\dfrac{4}{9}$ | $\dfrac{5}{11}$ | $\dots$ |

$\longrightarrow$ Vermutung: $\quad S_n = \dfrac{n}{2n+1}$

Behauptung: $\quad S_n = \dfrac{n}{2n+1}$

Beweis: vollständige Induktion nach n

IA: n=1

$S_1 = \dfrac{1}{3} = \dfrac{1}{2\cdot 1 + 1} \quad$ ist richtig.

IV: $\quad S_n = \dfrac{n}{2n+1}$.

IS:

$$S_{n+1} = S_n + \frac{1}{(2(n+1)-1)\cdot(2(n+1)+1)}$$

$$\overset{IV}{=} \frac{n}{2n+1} + \frac{1}{(2n+1)(2n+3)}$$

$$= \frac{n(2n+3)+1}{(2n+1)(2n+3)}$$

$$= \frac{2n^2+3n+1}{(2n+1)(2n+3)}$$

$$= \frac{(n+1)(2n+1)}{(2n+1)(2n+3)}$$

$$= \frac{n+1}{2n+3} = \frac{n+1}{2(n+1)+1}.$$

## Aufgabe 1.5

Für welche natürlichen Zahlen gilt $2^n n! < n^n$?

## Lösung:

$2^n n! < n^n, n \in \mathbb{N}$

| $n$ | $2^n n!$ | $n^n$ |
|---|---|---|
| 1 | 2 | 1 |
| 2 | 8 | 4 |
| 3 | 48 | 27 |
| 4 | 384 | 256 |
| 5 | 3840 | 3125 |
| 6 | 46080 | 46656 |

Vermutung: $2^n n! < n^n$, $n \geq 6, n \in \mathbb{N}$

IA: $n = 6$

Die Aussage ist wahr (siehe Tabelle).

IV: $2^n n! < n^n$.

IS:

$$2^{n+1}(n+1)! = 2 \cdot 2^n n! \cdot (n+1) \overset{\text{IV}}{<} 2n^n(n+1)$$

$\Rightarrow$ zu zeigen:

$$2n^n(n+1) < (n+1)^{n+1}$$

$\Leftrightarrow 2n^n < (n+1)^n$

$$(n+1)^n = \underbrace{(n+1)(n+1) \cdot \ldots \cdot (n+1)}_{\text{n-mal}} = \underbrace{\underbrace{n^n + nn^{n-1}}_{2n^n} + \cdots + 1}_{>2n^n} > 2n^n.$$

# Kapitel 2
# Reelle Zahlen

Zu den *reellen Zahlen* zählen
- die natürlichen Zahlen 0,1,2,...
- die *ganzen Zahlen* 0,$\pm$1,$\pm$2,...
-die *rationalen Zahlen* $\dfrac{m}{n}$, m und n$\neq$0 sind ganze Zahlen
- die *irrationalen Zahlen* (z.B $\sqrt{2}, \pi, e$).

**Definition: Absoluter Betrag** (Def. 2.3, Kap. 2.1)

Der *absolute Betrag* $|x|$ einer reellen Zahl $x$ ist definiert durch $|x| = \begin{cases} x & \text{wenn} & x \geq 0 \\ -x & \text{wenn} & x < 0 \end{cases}$.

## 2.1 Ungleichungen mit Beträgen

**Aufgabe 2.1**
Berechnen Sie alle reellen Zahlen $x$, für die gilt:

a) $|x+3| < 6$
b) $|x+7| < 4$
c) $|x+5| < 3$
d) $|3-x| > 6$
e) $|x-7| > 4$
f) $|x-5| > 3$
g) $||x|-3| < 6$
h) $||x|-7| < 4$
i) $||x|-5| < 3$
j) $|x+2|-x > 3$
k) $|3-x| < |x+2|$
l) $\dfrac{1}{x^2-9} < \dfrac{1}{15-|2x|}$

K. Marti, *Übungsbuch zum Grundkurs Mathematik für Ingenieure,*
*Natur- und Wirtschaftswissenschaftler*, Physica-Lehrbuch,
DOI 10.1007/978-3-7908-2610-4_2, © Springer-Verlag Berlin Heidelberg 2010

m) $\dfrac{1}{|x-2|} > \dfrac{1}{1+|x-1|}$

n) $\dfrac{|2x-5|}{|x-6|} < 3$

o) $\dfrac{|x^2-36|}{x+6} > |x+3|-2x, \qquad x \neq -6$

**Lösung:**

a) 1. Fall: $x \geq -3 \Rightarrow x+3 < 6 \Leftrightarrow x < 3$

   2. Fall: $x < -3 \Rightarrow -x-3 < 6 \Leftrightarrow x > -9$

   Die Gesamtlösung besteht aus allen $x$ mit $-9 < x < 3$.

b) $|x+7| < 4 \Leftrightarrow |x-(-7)| < 4 \Leftrightarrow -7-4 < x < -7+4$

   $\Leftrightarrow -11 < x < -3$

c) $|x+5| < 3 \Leftrightarrow |x-(-5)| < 3 \Leftrightarrow -8 < x < -2$

d) 1. Fall: $x \leq 3 \Rightarrow 3-x > 6 \Leftrightarrow x < -3$

   2. Fall: $x > 3 \Rightarrow -3+x > 6 \Leftrightarrow x > 9$

   Die Gesamtlösung besteht aus allen $x$ mit $x < -3$ oder $x > 9$.

e) $|x-7| > 4 \Leftrightarrow x < 7-4 = 3$ oder $x > 7+4 = 11$

f) $|x-5| > 3 \Leftrightarrow x < 2$ oder $x > 8$

g) 1. Fall: $x < -3 \Rightarrow -x-3 < 6 \Leftrightarrow x > -9$

   2. Fall: $-3 \leq x < 0 \Rightarrow -(-x-3) < 6 \Leftrightarrow x < 3$

   3. Fall: $0 \leq x < 3 \Rightarrow -(x-3) < 6 \Leftrightarrow x > -3$

   4. Fall: $x \geq 3 \Rightarrow x-3 < 6 \Leftrightarrow x < 9$

   $\Leftrightarrow -9 < x < 9$

h) $||x|-7| < 4 \Leftrightarrow 7-4 < |x| < 7+4 \Leftrightarrow 3 < |x| < 11$

   $\Leftrightarrow 3 < |x|$ und $|x| < 11$

   $\Leftrightarrow (x < -3$ oder $3 < x)$ und $(-11 < x < 11)$

   $\Leftrightarrow (-11 < x < -3)$ oder $(3 < x < 11)$

i) $||x|-5| < 3 \Leftrightarrow 2 < |x| < 8$

   $\Leftrightarrow (x < -2$ oder $x > 2)$ und $(-8 < x < 8)$

   $\Leftrightarrow (-8 < x < -2)$ oder $(2 < x < 8)$

j) 1. Fall: $x \geq -2 \Rightarrow x+2-x > 3 \Leftrightarrow 2 > 3$  Widerspruch!

   2. Fall: $x < -2 \Rightarrow -x-2-x > 3 \Leftrightarrow x < -\dfrac{5}{2}$

   $\Leftrightarrow x < -\dfrac{5}{2}$

k) 1. Fall: $x < -2 \Rightarrow 3-x < -x-2 \Leftrightarrow 3 < -2$  Widerspruch!

   2. Fall:

l) $-2 < x \leq 3 \Rightarrow 3-x < x+2 \Leftrightarrow x > \dfrac{1}{2}$

   $\Leftrightarrow \dfrac{1}{2} < x \leq 3$

   3. Fall $x > 3 \Rightarrow -3+x < x+2 \Leftrightarrow -3 < 2 \Rightarrow x > 3$

   Die Gesamtlösung besteht aus allen $x$ mit $x > \dfrac{1}{2}$.

m) $x^2 - 9 \neq 0 \Longleftrightarrow x \neq \pm 3$

$\quad 15 - |2x| \neq 0 \Longleftrightarrow |x| \neq \dfrac{15}{2} \Longleftrightarrow x \neq \pm\dfrac{15}{2}$

1. Fall:

$\quad |x| < 3 \ \ (\text{d. h. } -3 < x < 3)$

$\quad \Rightarrow x^2 - 9 < 0 \text{ und } 15 - |2x| > 0$

$\quad \Leftrightarrow 15 - |2x| > x^2 - 9 \Leftrightarrow 0 > x^2 + 2|x| + 1 - 25 \Leftrightarrow 25 > \underbrace{(|x| + 1)^2}_{> 0}$

$\quad \Leftrightarrow |x| < 4 \Leftrightarrow -4 < x < 4$

$\quad \Leftrightarrow (-3 < x < 3) \text{ und } (-4 < x < 4) \Leftrightarrow -3 < x < 3$

2. Fall:

$\quad |x| > 3 \ \ (\text{d. h. } x < -3,\ 3 < x)$

$\quad \Rightarrow x^2 - 9 > 0$

$\quad$ Fall 2a: $\quad 15 - |2x| > 0 \Leftrightarrow |x| < \dfrac{15}{2} \Leftrightarrow -\dfrac{15}{2} < x < \dfrac{15}{2}$

$\quad\quad \Rightarrow 15 - |2x| < x^2 - 9 \Leftrightarrow \ldots \Leftrightarrow 4 < |x|$

$\quad\quad \Leftrightarrow (x < -3 \text{ oder } 3 < x) \text{ und } (x < -4 \text{ oder } 4 < x) \text{ und } (-\dfrac{15}{2} < x < \dfrac{15}{2})$

$\quad\quad \Leftrightarrow (-\dfrac{15}{2} < x < -4) \text{ oder } (4 < x < \dfrac{15}{2})$

$\quad$ Fall 2b: $\quad 15 - |2x| < 0 \Leftrightarrow \dfrac{15}{2} < |x| \ (x < -\dfrac{15}{2} \text{ oder } \dfrac{15}{2} < x)$

$\quad\quad \Rightarrow 15 - |2x| > x^2 - 9 \Leftrightarrow \ldots \Leftrightarrow |x| < 4 \Rightarrow \text{Es gibt keine Lösung.}$

$\Rightarrow$ Die Gesamtlösung besteht aus allen $x$ mit $-\dfrac{15}{2} < x < -4$ oder $-3 < x < 3$ oder $4 < x < \dfrac{15}{2}$.

n) $|x - 2| > 0$ für alle $x \in \mathbb{R} \setminus \{2\}$ und $1 + |x - 1| > 0$ für alle $x \in \mathbb{R}$

$\quad \Rightarrow \dfrac{1}{|x - 2|} > \dfrac{1}{1 + |x - 1|} \Leftrightarrow 1 + |x - 1| > |x - 2| \Leftrightarrow (1 + |x - 1|)^2 > (x - 2)^2$

$\quad \Leftrightarrow 1 + 2|x - 1| + (x^2 - 2x + 1) > x^2 - 4x + 4$

$\quad \Leftrightarrow 2|x - 1| > 2 - 2x \Leftrightarrow |x - 1| > 1 - x \Leftrightarrow |1 - x| > 1 - x$

$\quad \Leftrightarrow 1 - x < 0 \Leftrightarrow x > 1$

$\Rightarrow$ Die Lösung besteht aus allen $x$ mit $x > 1$ außer $x = 2$.

o) $\quad x \neq 6: \quad \dfrac{|2x - 5|}{|x - 6|} < 3 \quad \Leftrightarrow \quad |2x - 5| < 3|x - 6|$

$\quad\quad$ 1. Fall: $\quad x < \dfrac{5}{2} \quad\quad\quad \Rightarrow |2x - 5| = 5 - 2x$

$\quad\quad\quad\quad\quad\quad\quad\quad\quad\quad\quad\quad |x - 6| = 6 - x$

$\quad\quad$ Also $\quad |2x - 5| < 3|x - 6| \Leftrightarrow 5 - 2x < 3(6 - x)$

$\quad\quad\quad\quad\quad\quad\quad\quad\quad\quad\quad\quad \Leftrightarrow 5 - 2x < 18 - 3x$

$\quad\quad\quad\quad\quad\quad\quad\quad\quad\quad\quad\quad \Leftrightarrow x < 13$

$\quad\quad\quad\quad\quad\quad\quad\quad\quad\quad\quad\quad \Rightarrow x < \dfrac{5}{2}$

2. Fall: $\quad \dfrac{5}{2} \leq x < 6 \quad \Rightarrow |2x-5| = 2x-5$
$$|x-6| = 6-x$$
Also $\quad |2x-5| < 3|x-6| \Leftrightarrow 2x-5 < 3(6-x)$
$$\Leftrightarrow 2x-5 < 18-3x$$
$$\Leftrightarrow 5x < 23$$
$$\Leftrightarrow x < \dfrac{23}{5}$$
$$\Rightarrow \dfrac{5}{2} \leq x < \dfrac{23}{5}$$

3. Fall: $\quad x > 6 \quad\quad \Rightarrow |2x-5| = 2x-5$
$$|x-6| = x-6$$
Also $\quad |2x-5| < 3|x-6| \Leftrightarrow 2x-5 < 3x-18$
$$\Rightarrow x > 13$$

Insgesamt also $x < \dfrac{23}{5}$ oder $x > 13$.

p) $\quad \dfrac{|x^2-36|}{x+6} > |x+3| - 2x, \quad x \neq -6$

Fallunterscheidung:
$x^2 - 36 \geq 0 \Leftrightarrow (x-6)(x+6) \geq 0 \Rightarrow x \leq -6$ oder $x \geq 6$
$x^2 - 36 < 0 \Leftrightarrow (x-6)(x+6) < 0 \Rightarrow -6 < x < 6$

$\quad x+3 \geq 0 \quad\quad\quad\quad \Leftrightarrow \quad\quad\quad\quad x \geq -3$
$\quad x+3 < 0 \quad\quad\quad\quad \Leftrightarrow \quad\quad\quad\quad x < -3$

1. Fall: $\quad x \leq -6$
$\Rightarrow x^2 - 36 \geq 0, \; x+3 < 0$

$$\Rightarrow \dfrac{(x-6)(x+6)}{x+6} > -x-3-2x$$
$$\Leftrightarrow x-6 > -x-3-2x$$
$$\Leftrightarrow x > \dfrac{3}{4}$$
$\Rightarrow$ keine Lösung.

2. Fall: $\quad -6 < x < -3$
$\Rightarrow x^2 - 36 < 0, \; x+3 < 0$
$$\Rightarrow \dfrac{-(x-6)(x+6)}{x+6} > -x-3-2x$$
$$\Leftrightarrow -x+6 > -x-3-2x$$
$$\Leftrightarrow x > -\dfrac{9}{2}$$
$$\Rightarrow -\dfrac{9}{2} < x < -3$$

3. Fall: $\quad -3 \leq x < 6$
$\Rightarrow x^2 - 36 < 0, \; x+3 \geq 0$
$\Rightarrow -x+6 > x+3-2x$
$\Leftrightarrow 6 > 3$
$\Rightarrow -3 \leq x < 6$

4. Fall:   $x \geq 6$

$\Rightarrow x^2 - 36 \geq 0,\ x + 3 \geq 0$

$\Rightarrow x - 6 > x + 3 - 2x$

$\Leftrightarrow x > \dfrac{9}{2}$

$\Rightarrow x \geq 6$

Die Gesamtlösung besteht aus allen $x$ mit $-\dfrac{9}{2} < x < -3$ oder $-3 \leq x < 6$ oder $x \geq 6$

$\Rightarrow$ aus allen $x$ mit $x > -\dfrac{9}{2}$.

**Aufgabe 2.2**

Sei $a$ eine beliebige feste Zahl. Finden Sie alle Zahlen $x$, so dass

$$\left| \frac{x-a}{x+a} \right| < 1.$$

**Lösung:**

$$\frac{|x-a|}{|x+a|} < 1 \Leftrightarrow |x-a| < |x+a| \quad \Leftrightarrow \quad -|x+a| < x-a < |x+a| \qquad (*)$$

$$\uparrow$$

$$(|r| < b,\ b > 0 \Leftrightarrow -b < r < b)$$

1. Fall: $x + a > 0 \Leftrightarrow |x+a| = x+a$

$$\overset{(*)}{\Rightarrow} -(x+a) < x-a < x+a \Leftrightarrow \begin{cases} -x-a\ <\ x-a \\ \quad\text{und} \\ x-a\ <\ x+a \end{cases} \Leftrightarrow \begin{cases} -x < x \Leftrightarrow 0 < x \\ \quad\text{und} \\ -a < a \Leftrightarrow 0 < a \end{cases}$$

$\Rightarrow x > 0$ für $a > 0$.

2. Fall: $x + a < 0 \Leftrightarrow |x+a| = -(x+a)$

$$\overset{(*)}{\Rightarrow} -(-(x+a)) < x-a < -(x+a) \Leftrightarrow x+a < x-a < -x-a$$

$$\Leftrightarrow \begin{cases} x+a\ <\ x-a \Leftrightarrow 2a < 0 \Leftrightarrow a < 0 \\ \quad\text{und} \\ x-a\ <\ -x-a \Leftrightarrow x < -x \Leftrightarrow 2x < 0 \Leftrightarrow x < 0 \end{cases}$$

$\Rightarrow x < 0$ für $a < 0$.

**Aufgabe 2.3**

Es seien $x, y$ beliebige reelle Zahlen. Beweisen Sie:

a) $|x| \le |y| \Leftrightarrow x^2 \le y^2$

b) $|x+y| \le |x| + |y|$     **(Dreiecksungleichung)**

   i) ohne Hilfe von (a)

   ii) mit Hilfe von (a).

**Lösung:**

a) $(\Rightarrow)$

$$|x| \le |y| \overset{\cdot|x|}{\Rightarrow} |x|^2 \le |x||y| \text{ und } |x||y| \overset{\cdot|y|}{\le} |y|^2$$

$$\overset{|x|^2=x^2,\,|y|^2=y^2}{\Rightarrow} x^2 \le |x||y| \le y^2, \text{ also } x^2 \le y^2$$

$(\Leftarrow)$

$$x^2 \le y^2 \Rightarrow |x|^2 \le |y|^2 \overset{|x|,|y|\ge 0}{\Rightarrow} |x| \le |y|$$

b) i)

    1. Fall : $x \ge 0,\, y \ge 0 \;\Rightarrow\; (|x| = x,\, |y| = y \text{ und } x+y \ge 0 \Rightarrow |x+y| = x+y)$

                             $\Rightarrow\; |x+y| = x+y = |x| + |y|$     „Gleichheit"

    2. Fall : $x < 0,\, y < 0 \;\Rightarrow\; (|x| = -x,\, |y| = -y \text{ und } x+y < 0 \Rightarrow |x+y|$

                             $= -(x+y))$

                             $\Rightarrow\; |x+y| = -(x+y) = (-x) + (-y)$

                             $= |x| + |y|$ „Gleichheit"

    3. Fall : $x \ge 0,\, y < 0 \;\Rightarrow\; |x| = x,\, |y| = -y$

                 $\overset{x+y>0}{\Rightarrow} |x+y| = x+y = |x| - (-y) = |x| - |y| < |x| + |y|$

             oder:

                 $\overset{x+y<0}{\Rightarrow} |x+y| = -(x+y) = (-x) + (-y) = -|x| + |y|$

                    $< |x| + |y|$

   Den Fall $x < 0,\, y \ge 0$ beweist man wie Fall 3.

  ii) $(x+y)^2 = x^2 + 2xy + y^2 = |x|^2 + 2xy + |y|^2 \le |x|^2 + 2|x||y| + |y|^2 = (|x| + |y|)^2$

    $\Rightarrow (x+y)^2 \le (|x| + |y|)^2$

    $\overset{(a)}{\Rightarrow} |x+y| \le ||x| + |y|| = |x| + |y|.$


**Aufgabe 2.4**

Man zeige, dass für alle $x \ne 0$ gilt: $|x| + \dfrac{1}{|x|} \ge 2$

**Lösung:**

$$0 \le (|x| - 1)^2 = |x|^2 - 2|x| + 1$$

$$\Rightarrow 2|x| \le |x|^2 + 1$$

$$|x| > 0, \quad \text{da} \quad x \ne 0 \;\Rightarrow 2 = \frac{1}{|x|}(2|x|) \le \frac{1}{|x|}(|x|^2 + 1) = |x| + \frac{1}{|x|}.$$

## 2.2 Ungleichungen ohne Beträge

**Aufgabe 2.5**

Berechnen Sie alle reellen Zahlen $x$, für die gilt:

a) $3x - 8 \leq 9 + 5x$

b) $2x - 17 \leq 13 + 6x$

c) $4x - 5 \leq 8 + 7x$

d) $-2x^2 + 14x - 20 > 0$

e) $3(x - 2) < x(x - 2)$

f) $2(x + 1) < x(x + 1)$

g) $(2 - x) < 2x(2 - x)$

h) $x^2 - 7 < 3(x - 1)$

i) $x^2 + 1 < 5(x - 1)$

j) $\dfrac{9x - 14}{x - 2} - \dfrac{5}{x + 1} > 9$

k) $\dfrac{2x - 8}{x - 3} - \dfrac{4}{x + 2} > 5$

**Lösung:**

a) $3x - 8 \leq 9 + 5x$

$\quad -17 \leq 2x$

$\quad x \geq -\dfrac{17}{2}$

b) $2x - 17 \leq 13 + 6x \Leftrightarrow -4x < 30 \Leftrightarrow x \geq -\dfrac{30}{4} = -\dfrac{15}{2}$

$\quad \Rightarrow x \geq -\dfrac{15}{2}$

c) $4x - 5 \leq 8 + 7x \Leftrightarrow -3x \leq 13 \Leftrightarrow x \geq -\dfrac{13}{3}$

d) $-2x^2 + 14x - 20 > 0 \overset{:(-2)}{\Leftrightarrow} x^2 - 7x + 10 < 0$

Nullstellen des Polynoms:

$x^2 - 7x + 10 = 0$

$\Leftrightarrow \quad x_1 = 2 \quad x_2 = 5$

$\Rightarrow x^2 - 7x + 10 = (x - 2)(x - 5)$

$\Rightarrow x^2 - 7x + 10 < 0 \Leftrightarrow (x - 5)(x - 2) < 0 \qquad\qquad (1)$

Sei $x_1 := 2, x_2 := 5$:

i) $x \leq x_1 \Rightarrow (x - x_1) \leq 0$ und $(x - x_2) < 0 \Rightarrow (x - x_1)(x - x_2) \geq 0$ (keine Lsg. laut (1))

ii) $x \geq x_2 \Rightarrow (x - x_2) \geq 0$ und $(x - x_1) > 0 \Rightarrow (x - x_1)(x - x_2) \geq 0$ (keine Lsg. laut (1))

iii) $x_1 < x < x_2 \Rightarrow (x - x_1) > 0$ und $(x - x_2) < 0 \Rightarrow (x - x_1)(x - x_2) < 0$

Die Gesamtlösung: $2 < x < 5$

e) 1. Lösungsmöglichkeit

$3(x-2) < x(x-2)$

$\Rightarrow 3x - 6 < x^2 - 2x$

$\Rightarrow x^2 - 5x + 6 > 0$

Nullstellen der Parabel:     $x_1 = 3 \quad x_2 = 2$

$\Rightarrow$ Die Lösung besteht aus allen $x$ mit $x < 2$ oder $x > 3$

2. Lösungsmöglichkeit

1.Fall: $x - 2 < 0 \Leftrightarrow x < 2$

$3(x-2) < x(x-2) \quad | : (x-2)$ mit $x - 2 < 0$

$\Rightarrow 3 > x$

$x < 2$ und $x < 3 \Rightarrow x < 2$

2.Fall: $x - 2 > 0 \Leftrightarrow x > 2$

$3(x-2) < x(x-2) \quad | : (x-2)$ mit $x - 2 > 0$

$\Rightarrow 3 < x$

$x > 2$ und $x > 3 \Rightarrow x > 3$

3.Fall: $x = 2$

$3(x-2) < x(x-2) \Rightarrow 0 < 0$ Widerspruch! $\Rightarrow x = 2$ ist keine Lösung

$\Rightarrow$ Die Lösung besteht aus allen $x$ mit $x < 2$ oder $x > 3$

f) Lösen durch Fallunterscheidung

1. Fall: $x + 1 > 0 \Leftrightarrow x > -1$

$2(x+1) < x(x+1) \Leftrightarrow 2 < x$

$\Rightarrow$ Die Lösung im 1. Fall besteht aus allen $x$ mit $x > 2$.

2. Fall: $x + 1 = 0 \Rightarrow x = -1$

$2(x+1) < x(x+1) \Leftrightarrow 0 < 0$

$\Rightarrow$ Keine Lösung.

3. Fall: $x + 1 < 0 \Rightarrow x < -1$

$2(x+1) < x(x+1) \Leftrightarrow 2 > x$

$\Rightarrow$ Die Lösung im 3. Fall besteht aus allen $x$ mit $x < -1$.

$\Rightarrow$ Die Gesamtlösung besteht aus allen $x$ mit $x < -1$ oder $x > 2$.

g) $(2-x) < 2x(2-x)$

$-2x^2 + 5x - 2 > 0$

Nullstellen der Parabel:     $x_1 = 2 \quad x_2 = \dfrac{1}{2}$

$\Rightarrow$ Die Lösung besteht aus allen $x$ mit $\dfrac{1}{2} < x < 2$.

h) $x^2 - 7 < 3(x-1)$

$x^2 - 3x - 4 < 0$

Nullstellen der Parabel:     $x_1 = -1 \quad x_2 = 4$

$\Rightarrow$ Die Lösung besteht aus allen $x$ mit $-1 < x < 4$.

i) $x^2 + 1 < 5(x-1) \Leftrightarrow x^2 - 5x + 6 < 0$

$x^2 - 5x + 6 = 0$

$\Leftrightarrow x_{1/2} = \dfrac{5 \pm \sqrt{25 - 4 \cdot 1 \cdot 6}}{2} = \dfrac{5 \pm \sqrt{1}}{2} = \begin{cases} 3 \\ 2 \end{cases}$

$\Rightarrow x^2 - 5x + 6 = (x-3)(x-2)$

$(x-3)(x-2) < 0$

$\Leftrightarrow 2 < x < 3$

j) $\dfrac{9x-14}{x-2} - \dfrac{5}{x+1} > 9$

$\Leftrightarrow \dfrac{9x-14}{x-)} - \dfrac{5}{x+1} - 9 > 0$

$\Leftrightarrow \dfrac{(9x-14)(x+1) - 5(x-2) - 9(x-2)(x+1)}{(x-2)(x+1)} > 0$

$\Leftrightarrow \dfrac{(x+1)(9x-14-9(x-2)) - 5(x-2)}{(x-2)(x+1)} > 0$

$\Leftrightarrow \dfrac{4(x+1) - 5(x-2)}{(x-2)(x+1)} > 0$

$\Leftrightarrow \dfrac{-x+14}{(x-2)(x+1)} > 0$

$\Leftrightarrow \dfrac{x-14}{(x-2)(x+1)} < 0$

| | $-\infty$ | $-1$ | $2$ | $14$ | $\infty$ |
|---|---|---|---|---|---|
| $x+1$ | | $-$ | $+$ | $+$ | $+$ |
| $x-2$ | | $-$ | $-$ | $+$ | $+$ |
| $x-14$ | | $-$ | $-$ | $-$ | $+$ |

$\underbrace{\quad}_{<0} \qquad \underbrace{\quad}_{<0}$

$\Rightarrow x < -1 \quad \text{oder} \quad 2 < x < 14$

k) $\dfrac{2x-8}{x-3} - \dfrac{4}{x+2} - 5 > 0$

$\Leftrightarrow \dfrac{(2x-8)(x+2) - 4(x-3) - 5(x-3)(x+2)}{(x+2)(x-3)} > 0$

$\Leftrightarrow \dfrac{-3x^2 - 3x + 26}{(x+2)(x-3)} > 0$

Nullstellen des Zählers: $\qquad x_1 = \dfrac{-(\sqrt{321}+3)}{6} \approx -3,48$

$x_2 = \dfrac{\sqrt{321}-3}{6} \approx 2,48$

Nullstellen des Nenners: $\qquad x_3 = -2 \quad x_4 = 3$

Die Gesamtlösung besteht aus allen $x$ mit $\dfrac{-(\sqrt{321}+3)}{6} < x < -2$

oder $\dfrac{\sqrt{321}-3}{6} < x < 3$ .

**Aufgabe 2.6**

Beweisen Sie für reelle, positive Zahlen $a, b$:

$$\frac{a}{\sqrt{b}} + \frac{b}{\sqrt{a}} \geq \sqrt{a} + \sqrt{b}$$

**Lösung:**

$$\frac{a}{\sqrt{b}} + \frac{b}{\sqrt{a}} \geq \sqrt{a} + \sqrt{b}$$

$$\Leftrightarrow \frac{a}{\sqrt{b}} + \frac{b}{\sqrt{a}} - \sqrt{a} - \sqrt{b} \geq 0 \qquad | \cdot \underbrace{\sqrt{ab}}_{>0}$$

$$\Leftrightarrow a\sqrt{a} - a\sqrt{b} + b\sqrt{b} - b\sqrt{a} \geq 0$$

$$\Leftrightarrow a\sqrt{a} - b\sqrt{a} - (a\sqrt{b} - b\sqrt{b}) \geq 0$$

$$\Leftrightarrow \sqrt{a}(a-b) - \sqrt{b}(a-b) \geq 0$$

$$\Leftrightarrow (a-b)(\sqrt{a} - \sqrt{b}) \geq 0$$

1.Fall: $\quad a > b \qquad \underbrace{(a-b)}_{>0}\underbrace{(\sqrt{a} - \sqrt{b})}_{>0} \geq 0$

2.Fall: $\quad a < b \qquad \underbrace{\underbrace{(a-b)}_{<0}\underbrace{(\sqrt{a} - \sqrt{b})}_{<0}}_{>0} \geq 0$

3.Fall: $\quad a = b \qquad 0 \geq 0.$

**Aufgabe 2.7**

Zeigen Sie, dass für alle $a \leq b \in \mathbb{R}$ gilt:

$$\begin{aligned}
&a + c \leq b + c &&\text{für } c \in \mathbb{R} \\
&ac \leq bc &&\text{für } c > 0 \\
&\frac{a}{c} \leq \frac{b}{c} &&\text{für } c > 0 \\
&ac \geq bc &&\text{für } c < 0 \\
&\frac{1}{a} \geq \frac{1}{b} &&\text{für } a \neq 0 \neq b \text{ und } a \cdot b > 0
\end{aligned}$$

**Lösung:**

$(1) \, a \leq b \Leftrightarrow b - a \geq 0 \Leftrightarrow b - a + (c - c) \geq 0 \Leftrightarrow (b+c) - (a+c) \geq 0$
$\qquad \Leftrightarrow a + c \leq b + c$

$$(2)\, a \le b \Leftrightarrow b - a \ge 0 \overset{c \ge 0}{\Leftrightarrow} c(b-a) \ge 0 \Leftrightarrow cb - ca \ge 0$$
$$\Leftrightarrow ca \le cb \Leftrightarrow ac \le bc$$

$$(3)\, a \le b \Leftrightarrow b - a \ge 0 \overset{c > 0 \Leftrightarrow \frac{1}{c} > 0}{\Leftrightarrow} \frac{1}{c}(b-a) \ge 0 \Leftrightarrow \frac{b}{c} - \frac{a}{c} \ge 0 \Leftrightarrow \frac{a}{c} \le \frac{b}{c}$$

$$(4)\, a \le b \Leftrightarrow b - a \ge 0 \overset{c \le 0}{\Leftrightarrow} c(b-a) \le 0 \Leftrightarrow cb - ca \le 0$$
$$\Leftrightarrow cb - ca + ca \le 0 + ca \Leftrightarrow ac \ge bc$$

$$(5)\, a \le b \Leftrightarrow b - a \ge 0 \overset{ab > 0 \Leftrightarrow \frac{1}{ab} > 0}{\Longleftrightarrow} \frac{1}{ab}(b-a) \ge 0$$
$$\Leftrightarrow \frac{b}{ab} - \frac{a}{ab} \ge 0 \Leftrightarrow \frac{1}{a} - \frac{1}{b} \ge 0 \Leftrightarrow \frac{1}{a} \ge \frac{1}{b}.$$

**Aufgabe 2.8**

Seien $p_1, p_2, \ldots, p_n$ positive Zahlen. Zeigen Sie, dass

$$\min_{1 \le k \le n} a_k \le \frac{p_1 a_1 + p_2 a_2 + \cdots + p_n a_n}{p_1 + \cdots + p_n} \le \max_{1 \le k \le n} a_k$$

für alle $a_1, a_2, \ldots, a_n \in \mathbb{R}$.

**Lösung:**

Sei $a := \min\{a_1, a_2, \ldots, a_n\}$
$\quad A := \max\{a_1, a_2, \ldots, a_n\}$
Sei $a = a_1 \le a_2 \le \ldots \le a_n = A$

Dann gilt: $(a_k - a_1)p_k \ge 0, k \in J := \{1, 2, \ldots, n\} \qquad \Leftrightarrow a_1 p_k \le a_k p_k, k \in J \quad (\alpha)$
$\quad$ und: $(a_n - a_k)p_k \ge 0, k \in J \qquad\qquad\qquad \Leftrightarrow a_k p_k \le a_n p_k, k \in J \quad (\beta)$

Damit folgt:

$$a_1(p_1 + p_2 + \ldots + p_n) = a_1 p_1 + \underbrace{a_1 p_2}_{\substack{(\alpha)\\ \le a_2 p_2}} + \ldots + \underbrace{a_1 p_n}_{\substack{(\alpha)\\ \le a_n p_n}}$$

$$\overset{!}{\le} \underbrace{a_1 p_1}_{\substack{(\beta)\\ \le a_n p_1}} + \underbrace{a_2 p_2}_{\substack{(\beta)\\ \le a_n p_2}} + \ldots + a_n p_n$$

$$\le a_n p_1 + a_n p_2 + \ldots + a_n p_n = a_n(p_1 + p_2 + \ldots + p_n)$$

D.h. $a_1(p_1 + p_2 + \ldots + p_n) \le a_1 p_1 + a_2 p_2 + \ldots + a_n p_n \le a_n(p_1 + p_2 + \ldots + p_n) \quad (1)$

Wegen: $p_1, p_2, \ldots, p_n > 0 \Rightarrow p_1 + p_2 + \ldots + p_n =: p > 0$

$$\overset{(1)|:p}{\Longrightarrow} \min_{k\in J} a_k = a_1 \leq \frac{a_1 p_1 + a_2 p_2 + \ldots + a_n p_n}{p_1 + p_2 + \ldots + p_n} \leq a_n = \max_{k\in J} a_k.$$

### Aufgabe 2.9

Beweisen Sie mittels vollständiger Induktion:

a) $(1+x)^n \geq 1+nx$    für alle $x \geq -1$ und $n \geq 1$    (Ungleichung von Bernoulli)

b) $(1+x)^n > 1+nx$    für alle $x \geq -1, x \neq 0$ und $n \geq 2$   ( die schärfere Fassung
der Ungleichung von Bernoulli)

### Lösung:

a) IA: $n = 1$
$\quad (1+x)^1 = 1 + 1 \cdot x$ ist richtig
$\quad$ IV: $(1+x)^n \geq 1+nx$    für alle $x \geq -1$ und $1 \leq n$
$\quad$ IS:

$$(1+x)^{n+1} = (1+x)^n \underbrace{(1+x)}_{\geq 0} \overset{IV}{\geq} (1+nx)(1+x) = 1+x+nx+nx^2$$

$$= 1+(n+1)x + \underbrace{\underbrace{n}_{\geq 1} \, \underbrace{x^2}_{\geq 0}}_{\geq 0} \geq 1+(n+1)x.$$

b) Der Beweis der Ungleichung (b) erfolgt in derselben Weise wie der Beweis von
(a).

### Aufgabe 2.10

Zeigen Sie, dass folgende Abschätzungen gelten:

a) $2(\sqrt{k+1} - \sqrt{k}) < \dfrac{1}{\sqrt{k}} < 2(\sqrt{k} - \sqrt{k-1})$ für alle $k \geq 1$, $k \in \mathbb{N}$

b) $2\sqrt{n} - 2 < \displaystyle\sum_{k=1}^{n} \frac{1}{\sqrt{k}} < 2\sqrt{n} - 1$ für alle $n \geq 2$, $n \in \mathbb{N}$

**Lösung:**

a) i) Beweis der linken Seite:

$$2(\sqrt{k+1}-\sqrt{k}) < \frac{1}{\sqrt{k}} \qquad \Leftrightarrow \qquad \sqrt{k}(\sqrt{k+1}-\sqrt{k}) < \frac{1}{2}$$

$$\Leftrightarrow \qquad \sqrt{k}\sqrt{k+1}-k < \frac{1}{2}$$

$$\Leftrightarrow \qquad \sqrt{k(k+1)}-k < \frac{1}{2}$$

$$\Leftrightarrow \qquad \sqrt{k(k+1)} < \frac{1}{2}+k$$

$$\overset{k\geq 1,\ \text{Aufgabe 3.3a}}{\Leftrightarrow} \quad k(k+1) < \left(k+\frac{1}{2}\right)^2$$

$$\Leftrightarrow \qquad k^2+k < k^2+k+\frac{1}{4}$$

ii) Beweis der rechten Seite:

$$\frac{1}{\sqrt{k}} < 2(\sqrt{k}-\sqrt{k-1}) \qquad \Leftrightarrow \qquad \frac{1}{2} < \sqrt{k}(\sqrt{k}-\sqrt{k-1})$$

$$\Leftrightarrow \qquad \frac{1}{2} < k-\sqrt{k(k-1)}$$

$$\Leftrightarrow \qquad \sqrt{k(k-1)} < k-\frac{1}{2}$$

$$\overset{k\geq 1,\ \text{Aufgabe 3.3a}}{\Leftrightarrow} \quad k(k-1) < \left(k-\frac{1}{2}\right)^2$$

$$\Leftrightarrow \qquad k^2-k < k^2-k+\frac{1}{4}$$

b) i) Beweis der linken Ungleichung:

$$2\sqrt{n}-2 < \sum_{k=1}^{n}\frac{1}{\sqrt{k}}$$

$$\sum_{k=1}^{n}\frac{1}{\sqrt{k}} \overset{a)}{>} 2\sum_{k=1}^{n}(\sqrt{k+1}-\sqrt{k}) =$$

$$= 2(\sqrt{1+1}-1+\sqrt{2+1}-\sqrt{2}+\sqrt{3+1}-\sqrt{3}+...+\sqrt{n+1}-\sqrt{n})$$

$$= 2(\sqrt{2}-1+\sqrt{3}-\sqrt{2}+\sqrt{4}-\sqrt{3}+...+\sqrt{n+1}-\sqrt{n})$$

$$= 2(\underbrace{\sqrt{2}-\sqrt{2}}_{=0}+\underbrace{\sqrt{3}-\sqrt{3}}_{=0}+\underbrace{\sqrt{4}-\sqrt{4}}_{=0}+...+\underbrace{\sqrt{n}-\sqrt{n}}_{=0}+\sqrt{n+1}-1)$$

$$= 2(\sqrt{n+1}-1) = 2\sqrt{n+1}-2 > 2\sqrt{n}-2$$

ii) Beweis der rechten Ungleichung:

$$\sum_{k=1}^{n}\frac{1}{\sqrt{k}} < 2\sqrt{n}-1$$

$$\sum_{k=1}^{n}\frac{1}{\sqrt{k}} = 1+\sum_{k=2}^{n}\frac{1}{\sqrt{k}} \overset{a)}{<} 1+2\sum_{k=2}^{n}(\sqrt{k}-\sqrt{k-1}) = 1+2\cdot(\sqrt{n}-1) = 2\sqrt{n}-1$$

Beispiel:
Abschätzung der Summe der Kehrwerte der ersten $10^6$ Wurzeln:

$$\underbrace{2\sqrt{10^6}-2}_{=1998} < \sum_{k=1}^{10^6}\frac{1}{\sqrt{k}} < \underbrace{2\sqrt{10^6}-1}_{=1999}.$$

## 2.3 Gleichungen ohne Beträge

**Aufgabe 2.11**
Beweisen Sie für alle $n \in \mathbb{N}$ und alle reellen Zahlen $x \neq 1$:

$$(1+x)(1+x^2)...(1+x^{2^n}) = \frac{1-x^{2^{n+1}}}{1-x}$$

**Lösung:**

$$(1+x)(1+x^2)...(1+x^{2^n}) = \frac{1-x^{2^{n+1}}}{1-x}$$
$$(1-x)(1+x)(1+x^2)...(1+x^{2^n}) = 1-x^{2^{n+1}}$$
$$(1-x^2)(1+x^2)(1+x^4)...(1+x^{2^n}) = 1-x^{2^{n+1}}$$
$$(1-x^4)(1+x^4)(1+x^8)...(1+x^{2^n}) = 1-x^{2^{n+1}}$$
$$...$$
$$(1-x^{2^n})(1+x^{2^n}) = 1-x^{2^{n+1}}$$
$$\left(1-(x^{2^n})^2\right) = 1-x^{2\cdot 2^n} = 1-x^{2^{n+1}}.$$

**Aufgabe 2.12**
Für welche Werte von $c \in \mathbb{R}$ hat die quadratische Gleichung

a) $x^2 - (c+2)x + 1 = 0$,

b) $x^2 - (2c-1)x + \left(c - \frac{1}{2}\right) = 0$

genau eine Lösung?

**Lösung:**

Sei $\alpha x^2 + \beta x + \gamma = 0$    mit    $\alpha \neq 0,\ \beta, \gamma \in \mathbb{R}$          $(*)$
$D := \beta^2 - 4\alpha\gamma$
Gleichung $(*)$ hat genau eine Lösung $\Leftrightarrow D = 0$

a) $x^2 - (c+2)x + 1 = 0$                                   (1)

$\Rightarrow D_a = (c+2)^2 - 4 = (c+2)^2 - 2^2 = (c+2+2)(c+2-2) = c(c+4)$

$\Rightarrow D_a = 0 \Leftrightarrow c = 0$ oder $c = -4$

i) $c = 0 :$    $(1) \Leftrightarrow x^2 - 2x + 1 = (x-1)^2 = 0 \Rightarrow x_0 = 1$ ist 2-fache Nullstelle

ii) $c = -4 :$    $(1) \Leftrightarrow x^2 - (-4+2)x + 1 = x^2 + 2x + 1 = (x+1)^2 = 0$

$\Rightarrow x_0 = -1$ ist 2-fache Nullstelle

b) $x^2 - (2c-1)x + \left(c - \dfrac{1}{2}\right) = 0$                    (2)

$(2) \Leftrightarrow x^2 - 2\left(c - \dfrac{1}{2}\right)x + \left(c - \dfrac{1}{2}\right) = 0$

$\Rightarrow D_b = \left(2\left(c - \dfrac{1}{2}\right)\right)^2 - 4\left(c - \dfrac{1}{2}\right) = 4\left(c - \dfrac{1}{2}\right)\left(\left(c - \dfrac{1}{2}\right) - 1\right)$

$= 4\left(c - \dfrac{1}{2}\right)\left(c - \dfrac{3}{2}\right)$

$\Rightarrow D_b = 0 \Leftrightarrow c = \dfrac{1}{2}$ oder $c = \dfrac{3}{2}$

i) $c = \dfrac{1}{2},$    $(2) \Leftrightarrow x^2 = 0 \Rightarrow x_0 = 0$ ist 2-fache Nullstelle

ii) $c = \dfrac{3}{2},$    $(2) \Leftrightarrow x^2 - 2x + 1 = 0 \Leftrightarrow (x-1)^2 = 0 \Rightarrow x_0 = 1$ ist 2-fache Nullstelle.

### Aufgabe 2.13

Beweisen Sie durch vollständige Induktion

a) $\displaystyle\sum_{k=1}^{n} k x^{k-1} = \dfrac{1 - (n+1)x^n + nx^{n+1}}{(1-x)^2}, x \neq 1$, für alle $n \geq 1, n \in \mathbb{N}$

b) Sind $q \neq 1$ eine reelle und $n$ eine natürliche Zahl, so gilt:

$$\sum_{k=0}^{n} q^k = 1 + q + q^2 + q^3 + \cdots + q^n = \dfrac{1 - q^{n+1}}{1 - q}.$$

**Lösung:**

a) IA: $n = 1$

Die Aussage ist wahr, weil:

$$\underbrace{1 \cdot x^{1-1}}_{=1 \cdot x^0 = 1} = \underbrace{\dfrac{1 - 2x + x^2}{(1-x)^2}}_{= \frac{(1-x)^2}{(1-x)^2}}$$

IV: $\displaystyle\sum_{k=1}^{n} k x^{k-1} = \dfrac{1 - (n+1)x^n + nx^{n+1}}{(1-x)^2}$

Zu zeigen: $\displaystyle\sum_{k=1}^{n+1} k x^{k-1} = \frac{1-(n+2)x^{n+1}+(n+1)x^{n+1}}{(1-x)^2}$

IS:

$$\sum_{k=1}^{n+1} k\,x^{k-1} = \sum_{k=1}^{n} kx^{k-1}+(n+1)x^n$$

$$\overset{\text{IV}}{=} \frac{1-(n+1)x^n+nx^{n+1}}{(1-x)^2}+(n+1)x^n$$

$$= \frac{1-(n+1)x^n+nx^{n+1}+(n+1)x^n(1-x)^2}{(1-x)^2}$$

$$= \frac{1-(n+1)x^n+nx^{n+1}+(n+1)x^n(1-2x+x^2)}{(1-x)^2}$$

$$= \frac{1-(-n+2(n+1))x^{n+1}+(n+1)x^{n+2}}{(1-x)^2}$$

$$= \frac{1-(n+2)x^{n+1}+(n+1)x^{n+2}}{(1-x)^2}$$

b) IA: $n=0$

$$q^0 = 1 = \frac{1-q^1}{1-q^1}$$

IV:
$$\sum_{k=0}^{n} q^k = \frac{1-q^{n+1}}{1-q},\ q \neq 1$$

IS:

$$\sum_{k=0}^{n+1} q^k = \sum_{k=0}^{n} q^k + q^{n+1}$$

$$\overset{\text{IV}}{=} \frac{1-q^{n+1}}{1-q}+q^{n+1}$$

$$= \frac{1-q^{n+1}}{1-q}+\frac{q^{n+1}(1-q)}{1-q}$$

$$= \frac{1-q^{n+1}+q^{n+1}-q^{n+2}}{1-q}$$

$$= \frac{1-q^{(n+1)+1}}{1-q}.$$

## 2.4 Gleichungen mit Beträgen

**Aufgabe 2.14**

Weisen Sie nach: Für alle $a, b, \lambda \in \mathbb{R}$:

$$\text{a) } |a| \geq 0$$

$$\text{b) } |a| = 0 \text{ genau dann, wenn } a = 0$$

$$\text{c) } |\lambda a| = |\lambda| \cdot |a|$$

**Lösung:**

a) Für alle $a \in \mathbb{R} \Rightarrow |a| \geq 0$, 　denn

$$\text{für alle } a \in \mathbb{R} \Rightarrow \begin{cases} a \geq 0 \\ a < 0 \end{cases} \quad \text{„Trichometrie der reellen Zahlen“}$$

und damit:

Für $a \geq 0 \Rightarrow |a| = a \geq 0$

Für $a < 0 \Rightarrow |a| = -(a) > 0$

b) $(\Rightarrow)$ : Für $a = 0 \overset{\text{Def}}{\Rightarrow} |a| = a = 0$

　$(\Leftarrow)$ : Sei 　$|a| = 0$ und sei 　$a \neq 0$

　$\Rightarrow |a| > 0 -$ Widerspruch!

　$\Rightarrow a = 0$

c) $|\lambda a| = |\lambda| \cdot |a|$

　　$i)$ Fall : $\lambda = 0$, $a \in \mathbb{R} \Rightarrow \lambda a = 0 \Rightarrow |\lambda a| = 0 = 0 \cdot |a| \overset{|\lambda|=0}{=} |\lambda| \cdot |a|$

　　$ii)$ Fall : $a = 0$, $\lambda \in \mathbb{R} \Rightarrow \lambda a = 0 \Rightarrow |\lambda a| = 0 = 0 \cdot |a| \overset{|a|=0}{=} |\lambda| \cdot |a|$

　$iii)$ Fall : $\lambda > 0$, $a > 0 \Rightarrow |\lambda| = \lambda$, $|a| = a$, $|\lambda a| = \lambda a$

　　　　　　　　　　$\Rightarrow |\lambda a| = \lambda a = |\lambda| \cdot |a|$

　$iv)$ Fall : $\lambda > 0$, $a < 0 \Rightarrow (|\lambda| = \lambda$, $|a| = -a$ und $\lambda a < 0 \Rightarrow |\lambda a| = -(\lambda a))$

　　　　　　　　　　$\Rightarrow |\lambda a| = -(\lambda a) = \lambda(-a) = |\lambda| \cdot |a|$

　　$v)$ Fall : $\lambda < 0$, $a < 0 \Rightarrow (|\lambda| = -\lambda$, $|a| = -a$ und $\lambda a > 0 \Rightarrow |\lambda a| = \lambda a)$

　　　　　　　　　　$\Rightarrow |\lambda a| = \lambda a = (-\lambda)(-a) = |\lambda| \cdot |a|$

　$vi)$ Fall : $\lambda < 0$, $a > 0 \Rightarrow (|\lambda| = -\lambda$, $|a| = a$ und $\lambda a < 0 \Rightarrow |\lambda a| = -(\lambda a))$

　　　　　　　　　　$\Rightarrow |\lambda a| = -\lambda a = |\lambda| \cdot |a|$

**Aufgabe 2.15**

Lösen Sie die Gleichungen

a) $6x^2 + 5|x| - 4 = 0$

b) $3x^2 - 4|x| + 1 = 0$

**Lösung:**

a) Setze $|x| =: t \geq 0$ wegen $x^2 = |x|^2$ gilt:

$$6x^2 + 5|x| - 4 = 0 \Leftrightarrow 6t^2 + 5t - 4 = 0 \Leftrightarrow 6\left(t^2 + \frac{5}{6}t - \frac{4}{6}\right) = 0$$

$$\Leftrightarrow t^2 + 2t\frac{5}{12} + \left(\frac{5}{12}\right)^2 - \left(\frac{5}{12}\right)^2 - \frac{4}{6} = 0$$

$$\Leftrightarrow \left(t + \frac{5}{12}\right)^2 = \left(\frac{5}{12}\right)^2 + \frac{8}{12} = \frac{5^2 + 12 \cdot 8}{12^2} = \left(\frac{11}{12}\right)^2$$

$$\Leftrightarrow \left|t + \frac{5}{12}\right| = \frac{11}{12}$$

$$\overset{t \geq 0}{\Leftrightarrow} t = -\frac{5}{12} + \frac{11}{12} = \frac{6}{12} = \frac{1}{2}$$

$$\text{Aus } |x| = \frac{1}{2} = t \ \Rightarrow x_1 = -\frac{1}{2}; \quad x_2 = \frac{1}{2}$$

b)
$$3x^2 - 4|x| + 1 = 0 \Leftrightarrow 3x^2 + 1 = 4|x|$$
$$\Leftrightarrow (3x^2 + 1)^2 = (4|x|)^2$$
$$\Leftrightarrow 9x^4 + 6x^2 + 1 = 16|x|^2$$
$$\Leftrightarrow 9x^4 + 6x^2 + 1 = 16x^2$$
$$\Leftrightarrow 9x^4 + 6x^2 - 16x^2 + 1 = 0$$
$$\Leftrightarrow 9x^4 - 10x^2 + 1 = 0$$

$$\text{Substitution}: y := x^2 \geq 0 \ : \ 9y^2 - 10y + 1 = 0$$
$$\Leftrightarrow y \geq 0 \,\text{und}\, y = \frac{5 \pm \sqrt{25 - 9}}{9}$$
$$\Leftrightarrow y = \frac{1}{9} \ \text{oder } 1$$

$$\text{Rücksubstitution}: x = \pm 1 \ \text{oder } x = \pm\frac{1}{3}.$$

**Aufgabe 2.16**

Man bestimme alle $x \in \mathbb{R}$, für die gilt: $|x + 2| - |x - 2| = |x - 5| + |6 - x| - 1$

**Lösung:**

$$|x + 2| - |x - 2| = |x - 5| + |6 - x| - 1$$

Fallunterscheidung:

$$x + 2 \geq 0 \Leftrightarrow x \geq -2 \ \| \ x + 2 < 0 \Leftrightarrow x < -2$$
$$x - 2 \geq 0 \Leftrightarrow x \geq \phantom{-}2 \ \| \ x - 2 < 0 \Leftrightarrow x < \phantom{-}2$$
$$x - 5 \geq 0 \Leftrightarrow x \geq \phantom{-}5 \ \| \ x - 5 < 0 \Leftrightarrow x < \phantom{-}5$$
$$6 - x \geq 0 \Leftrightarrow x \leq \phantom{-}6 \ \| \ 6 - x < 0 \Leftrightarrow x > \phantom{-}6$$

1. Fall:
$x < -2, \quad$ d.h. $x + 2 < 0, \; x - 2 < 0, \; x - 5 < 0, \; 6 - x > 0$
$\Rightarrow -x - 2 - (-x + 2) = -x + 5 + 6 - x - 1$
$\Leftrightarrow -4 \quad = -2x + 10$
$\Leftrightarrow x = 7$

$\Rightarrow$ keine Lösung
2. Fall:
$-2 \leq x < 2, \quad$ d.h. $x + 2 \geq 0, \; x - 2 < 0, \; x - 5 < 0, \; 6 - x > 0$
$\Rightarrow x + 2 - (-x + 2) = -x + 5 + 6 - x - 1$
$\Leftrightarrow 2x = -2x + 10$
$\Leftrightarrow x = \dfrac{5}{2}$

$\Rightarrow$ keine Lösung
3. Fall:
$2 \leq x < 5, \quad$ d.h. $x + 2 > 0, \; x - 2 \geq 0, \; x - 5 < 0, \; 6 - x > 0$
$\Rightarrow x + 2 - x + 2 = -x + 5 + 6 - x - 1$
$\Leftrightarrow 4 = -2x + 10$
$\Leftrightarrow x = 3$

$\Rightarrow$ Lösung $x = 3$
4. Fall:
$5 \leq x < 6, \quad$ d.h. $x + 2 > 0, \; x - 2 > 0, \; x - 5 \geq 0, \; 6 - x > 0$
$\Rightarrow x + 2 - x + 2 = x - 5 + 6 - x - 1$
$\Leftrightarrow 4 = 0$

$\Rightarrow$ keine Lösung
5. Fall:
$x \geq 6, \quad$ d.h. $x + 2 > 0, \; x - 2 > 0, \; x - 5 > 0, \; 6 - x \leq 0$
$\Rightarrow x + 2 - x + 2 = x - 5 - 6 + x - 1$
$\Leftrightarrow 4 = 2x - 12$
$\Leftrightarrow x = 8$

$\Rightarrow$ Lösung $x = 8$
Insgesamt: $x = 3$ oder $x = 8$.


**Aufgabe 2.17**
Sei $d : \mathbb{R} \times \mathbb{R} \to \mathbb{R}$ die Funktion, die jedem Paar $(a, b) \in \mathbb{R} \times \mathbb{R}$ seinen **"Abstand"**
$d(a, b) := |a - b|$ zuordnet. Zeigen Sie: Für alle $a, b, c, \lambda \in \mathbb{R}$ gilt:

$$d(a + c, b + c) = d(a, b)$$
$$d(\lambda a, \lambda b) = |\lambda| \cdot d(a, b)$$


**Lösung:**

a) $d(a + c, b + c) \overset{\text{Def}}{=} |(a + c) - (b + c)| = |a + c - b - c| = |(a - b) + (c - c)| =$
  $|a - b| \overset{\text{Def}}{=} d(a, b)$
  $d(a + c, b + c) = d(a, b) \qquad$ heißt „Translationsvarianz der Metrik d"

b) $d(\lambda a, \lambda b) \overset{\text{Def}}{=} |\lambda a - \lambda b| = |\lambda(a-b)| = |\lambda||a-b| \overset{\text{Def}}{=} |\lambda|\, d(a,b).$

# Kapitel 3
# Mengen und Zahlenmengen

**Definition: Menge** (Def 3.1, Kap. 3)
Eine *Menge* ist die Zusammenfassung von wohlbestimmten und wohlunterschiede-
nen Dingen $x, y, z, \ldots$ zu einem Ganzen $M$. $M$ ist definiert, wenn von jedem Objekt
$x$ feststeht, ob es zu $M$ gehört oder nicht.

**Definition: Obere Schranke** (Def. 3.4, Kap.3)
Eine Zahlenmenge $M$ heißt *nach oben beschränkt*, wenn eine Zahl $K$ existiert, so
dass $x < K$ für alle $x \in M$. Jede Zahl $K$ mit dieser Eigenschaft heißt *obere Schranke*
von $M$.

**Definition: Supremum** (Def. 3.5, Kap.3)
Es sei $M$ nach oben beschränkt. Eine Zahl S heißt *Supremum* (kleinste obere Schranke oder obere Grenze) von $M$, wenn gilt:

a) $S$ ist eine obere Schranke von M
b) Ist $K$ eine obere Schranke von M, dann ist $S \leq K$.

Bezeichnung: $S = \sup M$.

**Definition: Untere Schranke** (Def. 3.6, Kap.3)
Eine Zahlenmenge $M$ heißt *nach unten beschränkt*, wenn eine Zahl $k$ existiert, so
dass $k \leq x$ für alle $x \in M$. Jede Zahl $k$ mit dieser Eigenschaft heißt *untere Schranke*
von M.

**Definition: Infimum** (Def. 3.7, Kap.3)
Es sei $M$ nach unten beschränkt. Eine Zahl $s$ heißt *Infimum* (größte untere Schranke
oder untere Grenze) von $M$, wenn gilt:

a) $s$ ist eine untere Schranke von $M$
b) Ist $k$ eine untere Schranke von $M$, dann ist $k \leq s$.

Bezeichnung: $s = \inf M$.

K. Marti, *Übungsbuch zum Grundkurs Mathematik für Ingenieure,*
*Natur- und Wirtschaftswissenschaftler*, Physica-Lehrbuch,
DOI 10.1007/978-3-7908-2610-4_3, © Springer-Verlag Berlin Heidelberg 2010

**Definition: Maximum (bzw. Minimum)**
Gilt $\sup M \in M$ ($\inf M \in M$), so heißt $\sup M$ ($\inf M$) *das Maximum* (*Minimum*) von
M.

**Aufgabe 3.1**
Skizzieren Sie in der $x, y$ - Ebene die Menge der Punkte $(x, y)$ deren Koordinaten
das folgende System von Ungleichungen erfüllen:

a) $x - y \leq 1$
$\quad 3 \leq 3x + y$
$\quad x + y \leq 3$

b) $x + y \leq 2$
$\quad 4 \leq 4x - y$
$\quad x - y \leq 4$

c) $x + y \geq 4$
$\quad 6 \leq 6x + y$
$\quad x + y \leq 6$
$\quad y \geq 0$

d) $x^2 + y^2 \leq 3 - 2(x + y)$
$\quad y - 8x \leq 4x^2 + 1$

e) $x^2 + y^2 \leq 2 + 2(x - y)$
$\quad x + 4y \leq -y^2 - 3$

**Lösung:**

a) $x - y \leq 1 \iff y \geq x - 1$
$\quad 3 \leq 3x + y \iff y \geq 3 - 3x$

$x + y \leq 3 \Leftrightarrow y \leq 3 - x$

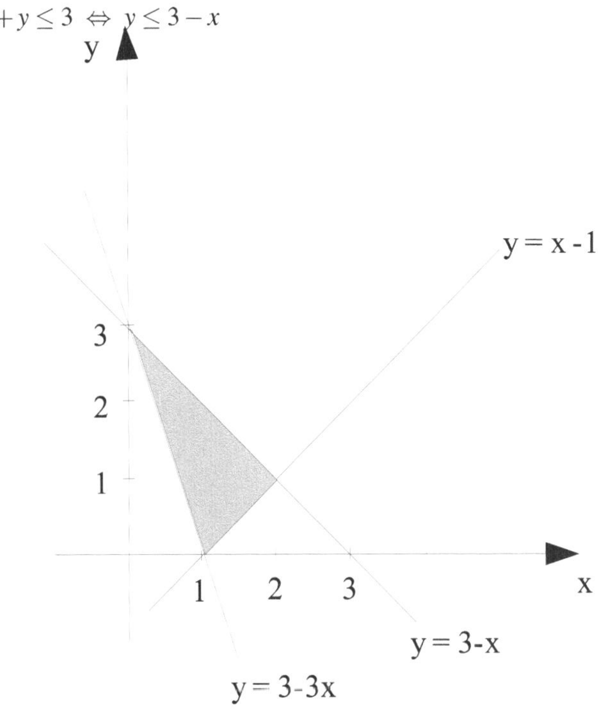


b) $x + y \leq 2 \Leftrightarrow y \leq -x + 2$
   $4 \leq 4x - y \Leftrightarrow y \leq 4x - 4$
   $x - y \leq 4 \Leftrightarrow y \geq x - 4$

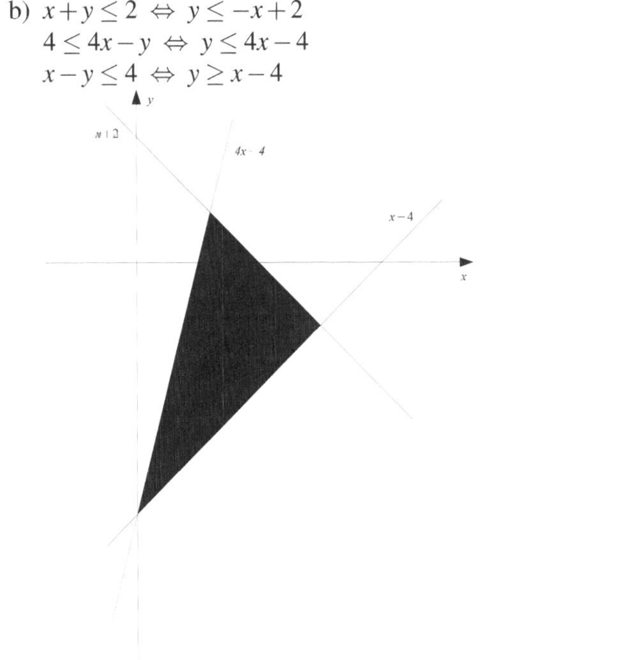

c) $x+y \geq 4 \Leftrightarrow y \geq 4-x$

   $6 \leq 6x+y \Leftrightarrow y \geq 6-6x$

   $x+y \leq 6 \Leftrightarrow y \leq 6-x$

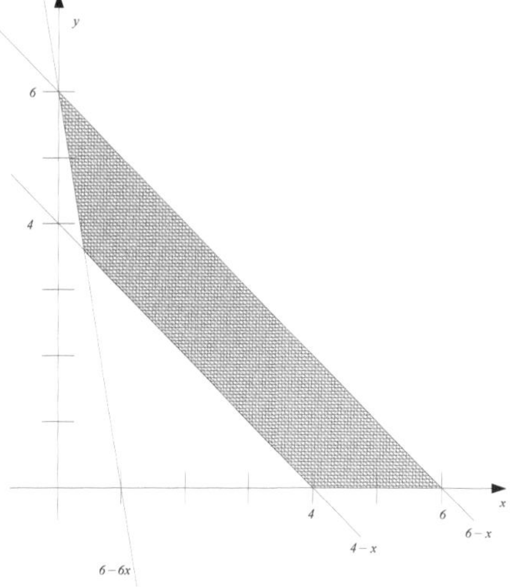


d) $x^2+y^2 \leq 3-2(x+y)$

   $\Leftrightarrow x^2+2x+y^2+2y \leq 3$

   $\Leftrightarrow (x^2+2x+1-1)+(y^2+2y+1-1) \leq 3$

   $\Leftrightarrow (x+1)^2-1+(y+1)^2-1 \leq 3$

   $\Leftrightarrow (x+1)^2+(y+1)^2 \leq 5$

   $\Rightarrow$ Grenzkurve: Kreis um $(-1,-1)$ vom Radius $\sqrt{5}$

   $\Rightarrow$ Lösung der Ungleichung sind alle Punkte im Kreisinneren.

   $y-8x \leq 4x^2+1$

   $\Leftrightarrow y \leq 4x^2+8x+1$

   $\Leftrightarrow y \leq 4(x^2+2x)+1$

   $\Leftrightarrow y \leq 4(x^2+2x+1-1)+1$

   $\Leftrightarrow y \leq 4(x+1)^2-4+1$

   $\Leftrightarrow y \leq 4(x+1)^2-3$

$\Rightarrow$ Grenzkurve: Parabel mit Scheitel $(-1,-3)$, Parabel nach oben geöffnet.

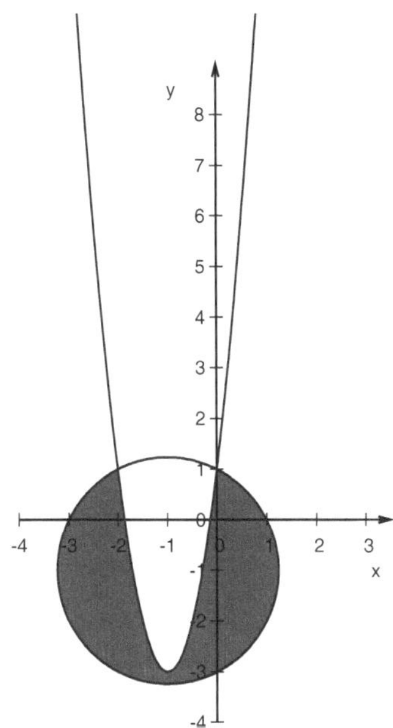

e) $x^2 + y^2 \leq 2 + 2(x - y)$

$\Leftrightarrow x^2 - 2x + y^2 + 2y \leq 2$

$\Leftrightarrow (x^2 - 2x + 1 - 1) + (y^2 + 2y + 1 - 1) \leq 2$

$\Leftrightarrow (x - 1)^2 - 1 + (y + 1)^2 - 1 \leq 2$

$\Leftrightarrow (x - 1)^2 + (y + 1)^2 \leq 4$

$\Rightarrow$ Grenzkurve: Kreis um $(1, -1)$ vom Radius 2

$\Rightarrow$ Lösung der Ungleichung sind alle Punkte im Kreisinneren.

$x + 4y \leq -y^2 - 3$

$\Leftrightarrow x \leq -y^2 - 4y - 3$

$\Leftrightarrow x \leq -(y^2 + 4y + 4 - 4) - 3$

$\Leftrightarrow x \leq -(y^2 + 4y + 4) + 4 - 3$

$\Leftrightarrow x \leq -(y + 2)^2 + 1$

$\Rightarrow$ Grenzkurve: Parabel mit Scheitel $(1,-2)$, Parabel nach links geöffnet.

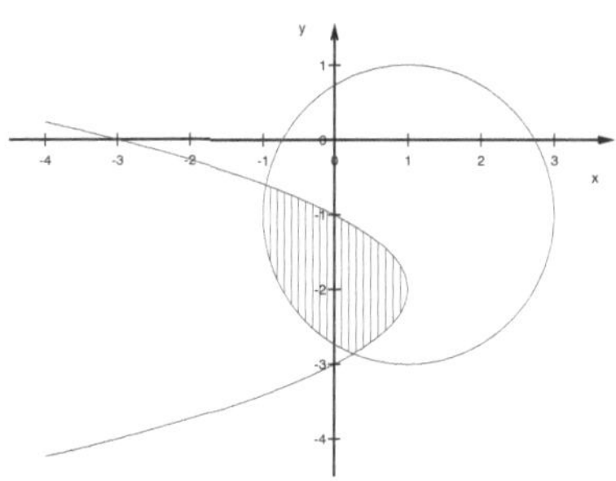

**Aufgabe 3.2**

Die Punktmengen $A_1, \dots, A_4$ einer Ebene seien bestimmt durch

$$A_1 = \{(x,y) \in \mathbb{R}^2; y \le x\}, \qquad A_2 = \{(x,y) \in \mathbb{R}^2; y \ge -x\},$$
$$A_3 = \{(x,y) \in \mathbb{R}^2; y \le -x+3\}, \qquad A_4 = \{(x,y) \in \mathbb{R}^2; y \ge x-3\}.$$

Man bestimme (graphisch)

$$A_1 \cap A_4,\ A_2 \cap A_3,\ A_1 \cap A_2 \cap A_3 \cap A_4,\ (A_1 \cap A_4) \cup (A_2 \cap A_3),\ A_1 \setminus A_2,\ A_1 \setminus A_3,$$

und $\overline{A}_1$ bzgl. der Grundmenge $\mathbb{R}^2$.

**Lösung:**

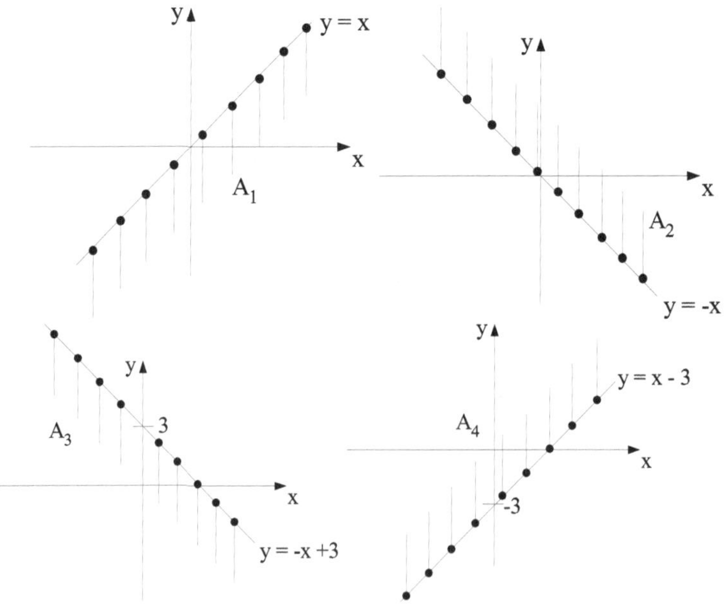

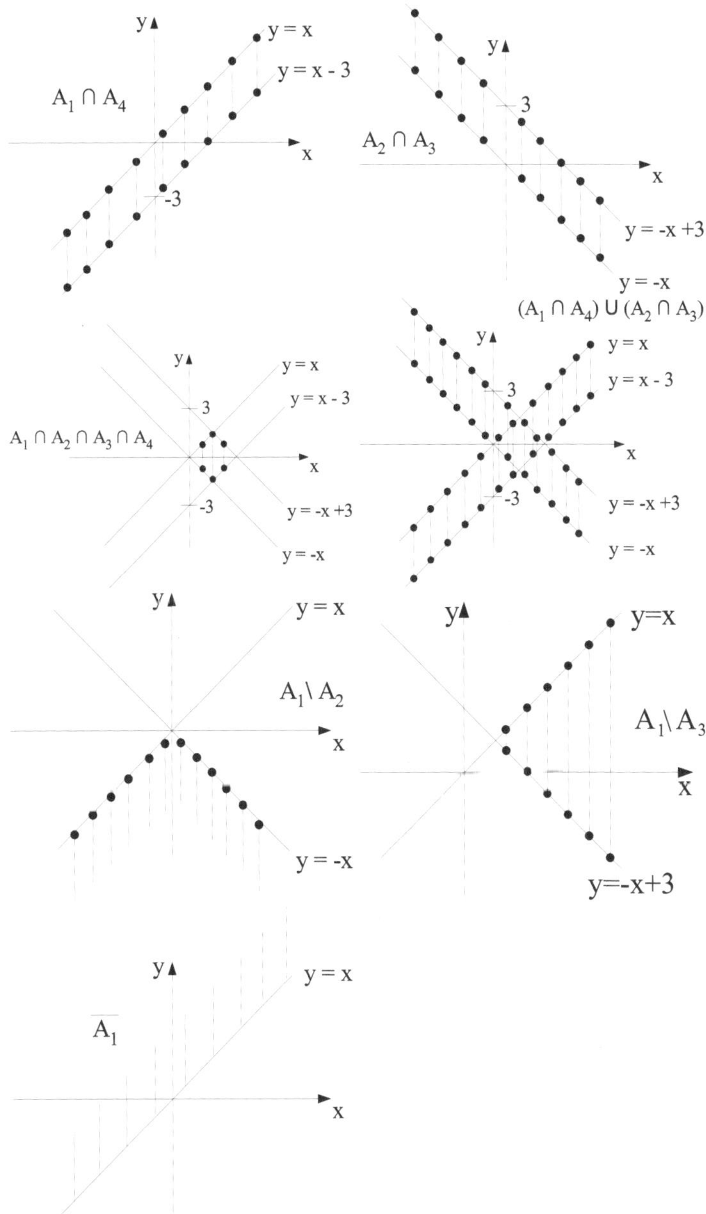

**Aufgabe 3.3**

Die Punktmengen $A, B$ einer Ebene seien bestimmt durch

$$A = \{(x,y) : x^2 + y^2 \leq 1\}, \; B = \{(x,y) : (x-1)^2 + (y-1)^2 \leq 1\}.$$

Bestimmen Sie grafisch $A \cup B$, $A \cap B$, $A \setminus B$ und $\bar{A}$, $\bar{B}$ auf der Grundmenge

$$M = \{(x,y) : x^2 + y^2 \le 9\}.$$

**Lösung:**

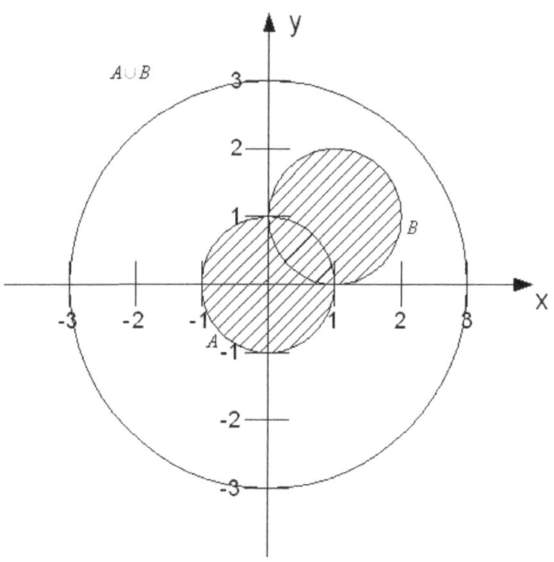


**Abb. 3.1** $A \cup B$

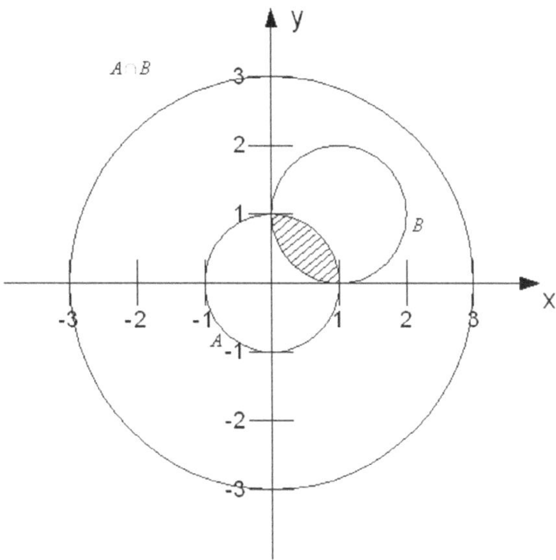


**Abb. 3.2** $A \cap B$

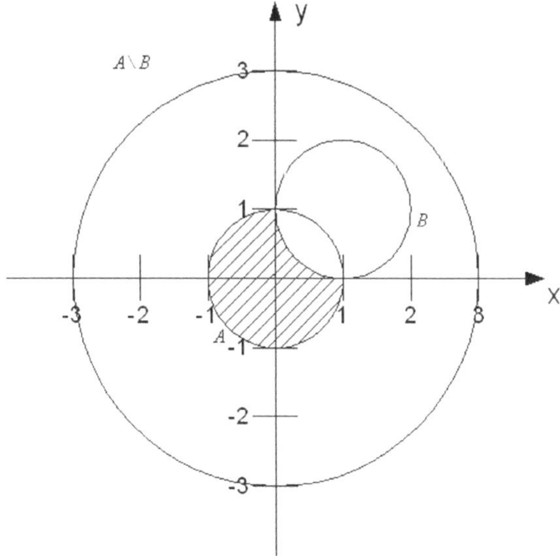


**Abb. 3.3** $A \setminus B$

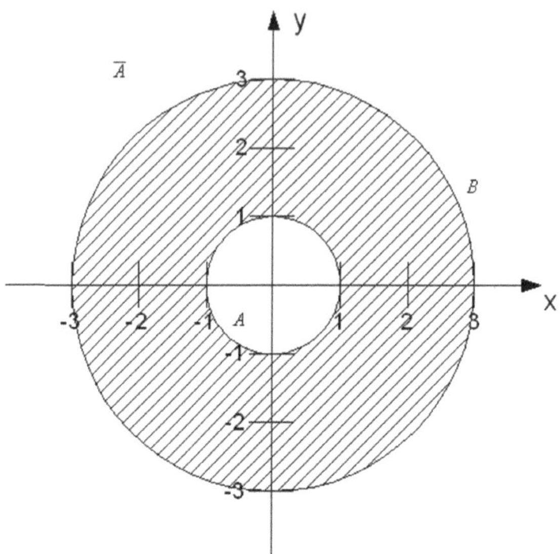


**Abb. 3.4** $\overline{A}$

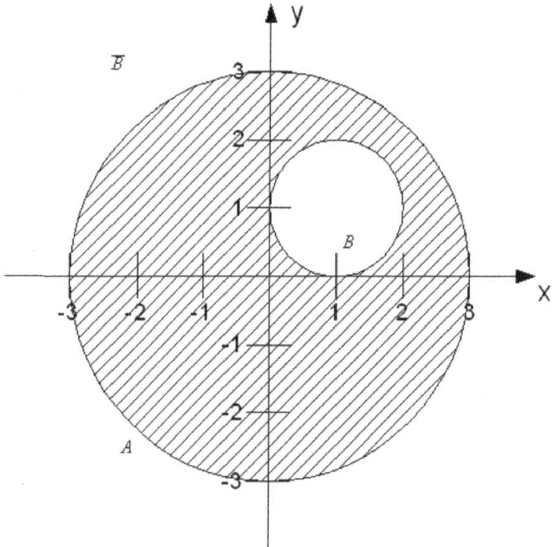


**Abb. 3.5** $\overline{B}$

**Aufgabe 3.4**

Bestimmen Sie das Supremum und Infimum der Menge

$$M := \left\{ \frac{3n + (-1)^n}{n} \cdot \frac{m - (-1)^m}{m} ; m, n \in \mathbb{N} \right\}.$$

**Lösung:**

Sei $\quad a_n := \dfrac{3n + (-1)^n}{n} \quad ; \quad b_n := \dfrac{m - (-1)^m}{m} \quad ; \quad c_{n,m} := a_n b_m \quad ; \quad n, m \in \mathbb{N}$

Damit gilt: $M = \{c_{n,m} ; \quad n, m \in \mathbb{N}\}$

Wegen $\quad a_n = 3 + \dfrac{(-1)^n}{n} \quad ; \quad b_m = 1 - \dfrac{(-1)^m}{m} \quad$ gilt:

$$A := \{a_n ; n \in \mathbb{N}\} = \left\{ 2, 3 + \frac{1}{2}, 3 - \frac{1}{3}, 3 + \frac{1}{4}, \dots \right\}$$

$$\Rightarrow \inf A = 2 = a_1 \quad \text{und} \quad \sup A = 3 + \frac{1}{2} = \frac{7}{2} = a_2 \tag{3.1}$$

$$B := \{b_m ; m \in \mathbb{N}\} = \left\{ 2, \frac{1}{2}, 1 + \frac{1}{3}, 1 - \frac{1}{4}, \dots \right\}$$

$$\Rightarrow \inf B = \frac{1}{2} = b_2 \quad \text{und} \quad \sup B = 2 = b_1 \tag{3.2}$$

Aus (1) und (2) folgt:

$$\left. \begin{array}{l} \inf A \cdot \inf B = 2 \cdot \dfrac{1}{2} = 1 \\[2mm] \sup A \cdot \sup B = \dfrac{7}{2} \cdot 2 = 7 \end{array} \right\} \tag{3}$$

$$\Rightarrow \inf M = c_{1,2} = 1 \quad ; \quad \sup M = c_{2,1} = 7.$$

**Aufgabe 3.5**

Bestimmen Sie für folgende Mengen Infimum, Supremum, Minimum, Maximum
sofern sie existieren:

a) $M_1 = \left\{ x \in \mathbb{R} : x = \dfrac{n}{n+1}, n \in \mathbb{N} \backslash \{0\} \right\}$

b) $M_2 = \left\{ x \in \mathbb{R} : x = \dfrac{1}{m} + \dfrac{2}{n}, n, m \in \mathbb{N} \backslash \{0\} \right\}$

c) $M_3 = \left\{ x \in \mathbb{R} : x = \dfrac{m-n}{m+n}, m, n \in \mathbb{N} \backslash \{0\} \right\}$

d) $M_4 = \left\{ x \in \mathbb{R} : x = (-1)^n \left( 1 + \dfrac{1}{n} \right), n \in \mathbb{N} \backslash \{0\} \right\}$

e) $M_5 = \{x \in \mathbb{R} : (x-a)(x-b) \leq 0\}$, $a \leq b$ reelle Konstanten

f) $M_6 = \{x \in \mathbb{R} : (x-a)(x-b)(x-c) < 0\}$, $a \leq b \leq c$ reelle Konstanten

**Lösung:**

a) $M_1 = \left\{ x \in \mathbb{R} : x = \dfrac{n}{n+1}, \; n \in \mathbb{N}\backslash\{0\} \right\} = \left\{ \dfrac{1}{2}, \dfrac{2}{3}, \dfrac{3}{4}, \ldots, \dfrac{n}{n+1}, \ldots \right\}$

$\Rightarrow \; \sup M_1 = 1$, denn für alle $n \in \mathbb{N}$ ist $\dfrac{n}{n+1} < 1$

Ann.: Sei $m := \max M_1 \Leftrightarrow$ es existiert $n_0 \in \mathbb{N}$, so dass

für alle $n \in \mathbb{N}$ gilt $\dfrac{n}{n+1} \leq m = \dfrac{n_0}{n_0+1}$

$n_0 \in \mathbb{N} \Rightarrow n_0+1 \in \mathbb{N} \Rightarrow \dfrac{n_0+1}{n_0+2} \in M_1$ und $\dfrac{n_0+1}{n_0+2} \overset{\text{s. Nebenrechnung}}{>} \dfrac{n_0}{n_0+1}$

$\Rightarrow$ Widerspruch zu $m = \max M_1$

Ergebnis: $M_1$ hat kein Maximum

Nebenrechnung: $\dfrac{n_0+1}{n_0+2} - \dfrac{n_0}{n_0+1} = \dfrac{n_0^2+2n_0+1-n_0^2-2n_0}{(n_0+2)(n_0+1)} = \dfrac{\overbrace{1}^{>0}}{\underbrace{(n_0+2)(n_0+1)}_{>0}} > 0 \Leftrightarrow \dfrac{n_0+1}{n_0+2} > \dfrac{n_0}{n_0+1}.$

$\inf M_1 = \min M_1 = \dfrac{1}{2}$

b) $0 < \dfrac{1}{m} + \dfrac{2}{n} \leq 1+2 = 3$

$\lim\limits_{m,n\to\infty} \left( \dfrac{1}{m} + \dfrac{2}{n} \right) = 0$

$\Rightarrow \; \inf M_2 = 0$, $\min M_2$ existiert nicht, weil $0$ kein Element von $M_2$ ist

$\quad \sup M_2 = \max M_2 = 3$

c) $M_3 = \left\{ x \in \mathbb{R} : x = \dfrac{m-n}{m+n}, \; m,n \in \mathbb{N}\backslash\{0\} \right\}$

$$\dfrac{m-n}{m+n} = \begin{cases} \dfrac{m+n-n-n}{m+n} = \; 1 - \dfrac{2n}{m+n} & \text{oder} \\[4ex] \dfrac{m-n-m+m}{m+n} = -1 + \dfrac{2m}{m+n} & \end{cases}$$

Welche Werte können $1 - \dfrac{2n}{m+n}$ und $-1 + \dfrac{2m}{m+n}$ annehmen ?

$$2n,\ 2m \text{ und } m+n \text{ sind positiv } \Rightarrow \frac{2n}{m+n} > 0,\ \frac{2m}{m+n} > 0$$

$$\frac{2n}{m+n} < \frac{2n}{n} = 2 \text{ und } \frac{2m}{m+n} < \frac{2m}{m} = 2$$

$$\Rightarrow 0 < \frac{2n}{m+n} < 2 \quad \text{und } 0 < \frac{2m}{m+n} < 2$$

$$\lim_{n\to\infty} \frac{2n}{m+n} = 2 \quad (m \text{ fest})$$

$$\lim_{m\to\infty} \frac{2n}{m+n} = 0 \quad (n \text{ fest})$$

$$\lim_{n\to\infty} \frac{2m}{m+n} = 0 \quad (m \text{ fest})$$

$$\lim_{m\to\infty} \frac{2m}{m+n} = 2 \quad (n \text{ fest})$$

$$\Rightarrow -1 < 1 - \frac{2n}{m+n} < 1 \text{ und } -1 < -1 + \frac{2m}{m+n} < 1$$

$$\Longrightarrow \begin{cases} \sup M_3 = 1 \\[2ex] \inf M_3 = -1 \end{cases}$$

$M_3$ hat kein Maximum und kein Minimum.

Beweis:

Habe $M_3$ ein Maximum $\Rightarrow \max M_3 = \sup M_3 = 1 \Rightarrow 1 \overset{!}{\in} M_3$

$\Rightarrow$ Es existieren $m$ und $n$, so dass $\dfrac{m-n}{m+n} = 1 \Leftrightarrow m-n = m+n \Leftrightarrow -n = n \Leftrightarrow n = 0$

$\Rightarrow$ Widerspruch (nach der Aufgabestellung ist $n \in \mathbb{N}\setminus\{0\}$).

Ähnlich beweist man, dass $M_3$ kein Minimum hat.

d) $n = 1 \Rightarrow x = -2$

$n = 2 \Rightarrow x = \dfrac{3}{2}$

Für $n \geq 3$ gilt $|x| = 1 + \dfrac{1}{n} \leq 1 + \dfrac{1}{3} = \dfrac{4}{3}$, d.h. $-\dfrac{4}{3} \leq x \leq \dfrac{4}{3}$

$\Rightarrow \inf M_4 = \min M_4 = -2, \quad \sup M_4 = \max M_4 = \dfrac{3}{2}$

e) $M_5 = \{x \in \mathbb{R} : (x-a)(x-b) \leq 0\}, \ a \leq b$ reelle Konstanten

- $a = b:$  $M_5 = \{x \in \mathbb{R} : (x-a)^2 \leq 0\} = \{x \in \mathbb{R} : (x-a)^2 = 0\} = \{a\} = $
  $\sup M_5 = \max M_5 = \inf M_5 = \min M_5$

- $a < b:$  $M_5 = \{x \in \mathbb{R} : a \leq x \leq b\} \quad \Rightarrow \begin{cases} \inf M_5 = \min M_5 = a \\ \sup M_5 = \max M_5 = b \end{cases}$

f) $M_6 = \{x \in \mathbb{R} : (x-a)(x-b)(x-c) < 0\}, \ a \leq b \leq c, \ a,b,c \in \mathbb{R}$

I) Tabelle:

| $a < b < c$ | $-\infty$ | $a$ | $b$ | $c$ | $\infty$ |
|---|---|---|---|---|---|
| $x - a$ | | $-$ | $+$ | $+$ | $+$ |
| $x - b$ | | $-$ | $-$ | $+$ | $+$ |
| $x - c$ | | $-$ | $-$ | $-$ | $+$ |
| Produkt | | $-$ | $+$ | $-$ | $+$ |

$\Rightarrow M_6 = \{x \in \mathbb{R} : x < a \text{ oder } b < x < c\}$

$\Rightarrow \inf M_6$ und $\min M_6$ existieren nicht, da $M_6$ nicht nach unten beschränkt ist.

$\sup M_6 = c$ und $\max M_6$ existiert nicht.

II) $a = b < c$

Wegen $(x - a)^2 > 0$ für alle $x \neq a$ folgt

$M_6 = \{x : x \neq a, x < c\}$, da dann $(x - c) < 0$

$\Rightarrow \inf M_6$ und $\min M_6$ existieren nicht.

$\sup M_6 = c$ und $\max M_6$ existiert nicht.

III) $b = c$

Wegen $(x - b)^2 > 0$ für alle $x \neq b$ folgt

$M_6 = \{x \in \mathbb{R} : x < a, x \neq b\}$

$\Rightarrow \inf M_6$ und $\min M_6$ existieren nicht.

$\sup M_6 = a$ und $\max M_6$ existiert nicht.

**Aufgabe 3.6**

a) $M$ sei eine i) nach oben beschränkte, ii) nach unten beschränkte, iii) beschränkte Zahlenmenge. Zeigen Sie, dass dann auch $\hat{M} = \{\alpha x : x \in M\}$ für jedes $\alpha > 0$ dieselbe Eigenschaft (i), (ii), (iii) hat.

b) Sei $\alpha \in \mathbb{R}$ beliebig gegeben. In welcher Beziehung zueinander stehen $\sup\{\alpha x : x \in M\}, \sup\{x : x \in M\}$ und $\inf\{\alpha x : x \in M\}, \inf\{x : x \in M\}$?

**Lösung:**

a) i) Sei $M$ beschränkt nach oben durch $C$, d.h. für alle $x \in M$ gilt $x \leq C$ bzw.

$$C - x \geq 0 \overset{\alpha > 0}{\Longrightarrow} \alpha(C - x) \geq 0 \iff \alpha C - \alpha x \geq 0 \iff \alpha x \leq \alpha C$$

$\overset{\text{Def.}}{\Rightarrow} \hat{M}$ ist beschränkt nach oben.

ii) Sei $M$ beschränkt nach unten durch $c$, d.h. für alle $x \in M$ gilt $c \leq x$ bzw.

$$c - x \leq 0 \iff x - c \geq 0 \overset{\alpha > 0}{\Longrightarrow} \alpha(x - c) \geq 0 \iff \alpha x - \alpha c \geq 0 \iff \alpha c \leq \alpha x$$

$\overset{\text{Def.}}{\Rightarrow} \hat{M}$ ist beschränkt nach unten.

iii) Sei $M$ beschränkt durch $c$ und $C$, d.h. für alle $x \in M$ gilt $c \leq x \leq C$

$$\overset{\alpha > 0}{\Longrightarrow} \alpha c \leq \alpha x \leq \alpha C$$

$\overset{\text{Def.}}{\Rightarrow} \hat{M}$ ist beschränkt.

b) Sei

$$\inf\{x : x \in M\} := c$$

$$\sup\{x : x \in M\} := C$$

$$\inf\{\alpha x : x \in M\} := \hat{c}$$

$$\sup\{\alpha x : x \in M\} := \hat{C}$$

1. Fall:   $\alpha > 0$

$\inf\{x : x \in M\} := c \overset{\text{Def.}}{\Rightarrow} c \leq x$  für alle $x \in M$

$\overset{\alpha \geq 0}{\Rightarrow} \alpha c \leq \alpha x$ für alle $x \in M$

$\Rightarrow \alpha c \leq \hat{c}$  (1)

$\inf\{\alpha x : x \in M\} := \hat{c} \Rightarrow \hat{c} \leq \alpha x$  für alle $x \in M$

$\overset{\alpha \geq 0}{\Rightarrow} \dfrac{1}{\alpha}\hat{c} \leq x$ für alle $x \in M$

$\Rightarrow \dfrac{1}{\alpha}\hat{c} \leq c$

$\overset{\alpha \geq 0}{\Rightarrow} \hat{c} \leq \alpha c$  (2)

Aus (1) und (2) folgt $\hat{c} = \alpha c$

$\Leftrightarrow \inf\{\alpha x : x \in M\} = \alpha \inf\{x : x \in M\}$

$\sup\{x : x \in M\} := C \overset{\text{Def.}}{\Rightarrow} x \leq C$  für alle $x \in M$

$\overset{\alpha \geq 0}{\Rightarrow} \alpha x \leq \alpha C$ für alle $x \in M$

$\Rightarrow \hat{C} \leq \alpha C$  (3)

$\sup\{\alpha x : x \in M\} := \hat{C} \Rightarrow \alpha x \leq \hat{C}$ für alle $x \in M$

$\overset{\alpha \geq 0}{\Rightarrow} x \leq \dfrac{1}{\alpha}\hat{C}$ für alle $x \in M$

$\Rightarrow C \leq \alpha\hat{C}$

$\overset{\alpha \geq 0}{\Rightarrow} \alpha C \leq \hat{C}$  (4)

Aus (3) und (4) folgt $\hat{C} = \alpha C$

$\Leftrightarrow \sup\{\alpha x : x \in M\} = \alpha \sup\{x : x \in M\}$

2. Fall:   $\alpha < 0$

Ganz analog dem 1.Fall kann man zeigen, dass im 2. Fall die folgenden Beziehungen entstehen:

$\inf\{\alpha x : x \in M\} = \alpha \sup\{x : x \in M\}$

und $\sup\{\alpha x : x \in M\} = \alpha \inf\{x : x \in M\}$

3. Fall:   $\alpha = 0$

$\Rightarrow \{\alpha x : x \in M\} = \{0\} \Rightarrow \inf\{\alpha x : x \in M\} = \sup\{\alpha x : x \in M\} = 0$

$= \alpha \inf\{x : x \in M\} = \alpha \sup\{x : x \in M\}.$

# Kapitel 4
# Kombinatorik (Binomialkoeffizienten, Binomische Formeln)

**Definition: Binomialkoeffizienten** (Def. 4.4, Kap. 4.2)

$n$ und $k$ seien natürliche Zahlen mit $0 \leq k \leq n$.

$$\binom{n}{k} := \frac{n!}{(n-k)!k!} = \frac{n(n-1)(n-2)\ldots(n-k+1)}{1 \cdot 2 \cdot 3 \ldots k}.$$

**Binomiallehrsatz** (Theorem 4.7, Kap. 4.3)

Für beliebige reelle Zahlen $a, b$ und jede natürliche Zahl $n \geq 1$ gilt

$$(a+b)^n = \sum_{k=0}^{n} \binom{n}{k} a^{n-k} b^k.$$

**Aufgabe 4.1**

Berechnen Sie:

a) die ersten drei Glieder von

   i) $(1+a)^{50}$

   ii) $(a-1)^{10}$

   iii) $(1+a)^{20}$

   iv) $(1+x)^{10}(x-1)^8$

   v) $(1+x)^{13}(x-1)^{19}$

b) die Koeffizienten von $x, x^2$ und $x^3$:

   $(1+2x)^{16} + (x-1)^{15}$

c) $\dfrac{(1+\sqrt{5})^4}{4-\sqrt{5}}$


K. Marti, *Übungsbuch zum Grundkurs Mathematik für Ingenieure,*
*Natur- und Wirtschaftswissenschaftler,* Physica-Lehrbuch,
DOI 10.1007/978-3-7908-2610-4_4, © Springer-Verlag Berlin Heidelberg 2010

**Lösung:**

a) i)

$$(1+a)^{50} = \binom{50}{0}1^{50-0}a^0 + \binom{50}{1}1^{50-1}a^1 + \binom{50}{2}1^{50-2}a^2 + \ldots =$$
$$= 1 + 50a + 1225a^2 + \ldots$$

ii)

$$(a-1)^{10} = \binom{10}{0}a^{10-0}(-1)^0 + \binom{10}{1}a^{10-1}(-1)^1 + \binom{10}{2}a^{10-2}(-1)^2 + \ldots =$$
$$= a^{10} - 10a^9 + 45a^8 - \ldots$$

iii)

$$(1+a)^{20} = \binom{20}{0}1^{20-0}a^0 + \binom{20}{1}1^{20-1}a^1 + \binom{20}{2}1^{20-2}a^2 \ldots =$$
$$= 1 + 20a + 190a^2 + \ldots$$

iv)

$$(1+x)^{10} = \sum_{k=0}^{10} \binom{10}{k}1^{(10-k)}x^k$$
$$= 1 + \binom{10}{1}x + \binom{10}{2}x^2 + \ldots$$
$$= 1 + 10x + 45x^2 + \ldots$$
$$(x-1)^8 = (-1+x)^8 = \sum_{k=0}^{8} \binom{8}{k}(-1)^{(8-k)}x^k$$
$$= 1 - \binom{8}{1}x + \binom{8}{2}x^2 - \ldots$$
$$= 1 - 8x + 28x^2 - \ldots$$

$$\Rightarrow (1+x)^{10}(x-1)^8 = (1 + 10x + 45x^2 + \ldots)(1 - 8x + 28x^2 - \ldots)$$
$$= 1 + (10-8)x + (1 \cdot 28 - 10 \cdot 8 + 1 \cdot 45)x^2 + \ldots$$
$$= 1 + 2x - 7x^2 + \ldots$$

v) $(1+x)^{13}(x-1)^{19}$

$$(1+x)^{13} = \sum_{k=0}^{13} \binom{13}{k}x^k = 1 + \binom{13}{1}x + \binom{13}{2}x^2 + \ldots$$
$$= 1 + 13x + 78x^2 + \ldots$$

$$(x-1)^{19} = ((-1)(1-x))^{19} = -(1-x)^{19}$$

$$= -\sum_{k=1}^{19} \binom{19}{k}(-x)^k$$

$$= -\left(1 + 19(-x) + \frac{19!}{2!(19-2)!}(-x)^2 + \dots\right)$$

$$= -1 + 19x - 171x^2 + \dots$$

$$\Rightarrow (1+x)^{13}(x-1)^{19}$$

$$= (1 + 13x + 78x^2 + \dots)(-1 + 19x - 171x^2 + \dots)$$

$$= -1 + 19x - 171x^2 - 13x + 19 \cdot 13x^2 - 171 \cdot 13x^3 - 78x^2 + 19 \cdot 78x^3 - 171 \cdot$$
$$78x^4 + \dots$$

$$= -1 + 19x - 13x - 171x^2 + 247x^2 - 78x^2 + \dots$$

$$= -1 + 6x - 2x^2 + \dots$$

b)

$$(1+2x)^{16} + (x-1)^{15}$$

$$(1+2x)^{16} = 1 + 32x + 480x^2 + 4480x^3 + \dots$$

$$(x-1)^{15} = -1 + 15x - 105x^2 + 455x^3 - \dots$$

$\Rightarrow$ die Koeffizienten sind:

$$x^1 : 47$$

$$x^2 : 375$$

$$x^3 : 4935$$

c) $(1+\sqrt{5})^4 = \displaystyle\sum_{k=0}^{4} \binom{4}{k} 1^{4-k}(\sqrt{5})^k = \sum_{k=0}^{4} \binom{4}{k}(\sqrt{5})^k$

$$= 1 + 4\sqrt{5} + 6(\sqrt{5})^2 + 4(\sqrt{5})^3 + (\sqrt{5})^4$$

$$= 1 + 4\sqrt{5} + 30 + 20\sqrt{5} + 25$$

$$= 56 + 24\sqrt{5}$$

$$\Rightarrow \frac{(1+\sqrt{5})^4}{4-\sqrt{5}} = \frac{56 + 24\sqrt{5}}{4-\sqrt{5}}$$

$$= \frac{(56 + 24\sqrt{5})(4 + \sqrt{5})}{(4-\sqrt{5})(4+\sqrt{5})}$$

$$= \frac{224 + 56\sqrt{5} + 96\sqrt{5} + 120}{16 - 5}$$

$$= \frac{344 + 152\sqrt{5}}{11}.$$

**Aufgabe 4.2**

Man zeige, dass gilt:

a) $\dbinom{n+1}{k} = \dbinom{n}{k} + \dbinom{n}{k-1}, \quad n \in \mathbb{N}\setminus\{0\}$

b) $\displaystyle\sum_{k=0}^{n} \binom{n}{k} (-1)^k = 0, \quad n \in \mathbb{N}\setminus\{0\}$

c) $\displaystyle\binom{n}{k} = \binom{n}{n-k}, \quad n \in \mathbb{N}\setminus\{0\}$

d) $\displaystyle\binom{n}{k} \leq \frac{n^k}{k!} \leq \frac{n^k}{2^{k-1}}, \quad n \in \mathbb{N}\setminus\{0\}$

e) $\displaystyle\binom{n+1}{m+1} = \sum_{i=m}^{n} \binom{i}{m}$ für alle $m, n \in \mathbb{N}\setminus\{0\}$ mit $m \leq n$.

**Lösung:**

a)

$$\binom{n+1}{k} = \frac{(n+1)!}{k!\,(n+1-k)!} = \frac{(n+1)\,n!}{k!\,(n-k)!\,(n+1-k)} = \frac{n!}{k!\,(n-k)!} \cdot \frac{n+1}{n+1-k}$$

$$= \binom{n}{k} \frac{n+1}{n+1-k} =$$

$$= \binom{n}{k}\left(1 + \frac{k}{n+1-k}\right) = \binom{n}{k} + \frac{n! \cdot k}{(n+1-k)(n-k)!\,k!} =$$

$$= \binom{n}{k} + \frac{n!}{(n+1-k)!\,(k-1)!} = \binom{n}{k} + \frac{n!}{(n-(k-1))!\,(k-1)!}$$

$$= \binom{n}{k} + \binom{n}{k-1}$$

b) Vollständige Induktion:

IA: n=1

Die Aussage ist wahr, weil

$$\binom{1}{0}(-1)^0 + \binom{1}{1}(-1)^1 = -1 + 1 = 0$$

IV: $\displaystyle\sum_{k=0}^{n} \binom{n}{k}(-1)^k = 0$

IS:

$$\sum_{k=0}^{n+1} \binom{n+1}{k}(-1)^k = \binom{n+1}{n+1}(-1)^{n+1} + \binom{n+1}{0}(-1)^0$$

$$+ \sum_{k=1}^{n} \binom{n+1}{k}(-1)^k$$

$$\overset{\text{Aufg. 5.2a}}{=} (-1)^{n+1} + 1 + \sum_{k=1}^{n} \binom{n}{k}(-1)^k + \sum_{k=1}^{n} \binom{n}{k-1}(-1)^k$$

Der Übersichtlichkeit halber betrachten wir nun nur noch die letzten zwei Summen:

$$\sum_{k=1}^{n} \binom{n}{k}(-1)^k = \sum_{k=0}^{n} \binom{n}{k}(-1)^k - \binom{n}{0}(-1)^0 \overset{\text{IV}}{=} 0 - 1 = -1$$

$$\sum_{k=1}^{n} \binom{n}{k-1}(-1)^k = \sum_{j=0}^{n-1} \binom{n}{j}(-1)^{j+1} = (-1)\sum_{j=0}^{n-1} \binom{n}{j}(-1)^j =$$

$$= (-1)\left( \sum_{j=0}^{n} \binom{n}{j}(-1)^j - \binom{n}{n}(-1)^n \right) \overset{\text{IV}}{=} (-1)\left(0 - (-1)^n\right) = -(-1)^{n+1}$$

also gilt für unseren ursprünglichen Ausdruck:

$$\sum_{k=0}^{n+1} \binom{n+1}{k}(-1)^k = (-1)^{n+1} + 1 - 1 - (-1)^{n+1} = 0$$

c) $\binom{n}{k} = \dfrac{n!}{k!(n-k)!}$

$$\binom{n}{n-k} = \frac{n!}{(n-k)!(n-(n-k))!} = \frac{n!}{(n-k)!k!} = \binom{n}{k}$$

d) $\binom{n}{k} \le \dfrac{n^k}{k!} \le \dfrac{n^k}{2^{k-1}} \qquad , n \ge 1$

1. Schritt: $\binom{n}{k} \le \dfrac{n^k}{k!}$

$$\binom{n}{k} = \frac{n!}{k!(n-k)!} \overset{!}{\le} \frac{n^k}{k!}$$

$$\Leftrightarrow \frac{n!}{(n-k)!} \overset{!}{\le} n^k$$

$$\frac{n!}{(n-k)!} = \underbrace{n \cdot (n-1) \cdot (n-2) \cdots (n-k+1)}_{k \text{ Faktoren, jeder } \le n} \le \underbrace{n \cdot n \cdots n}_{k \text{ Faktoren}} = n^k$$

2. Schritt: $\dfrac{n^k}{k!} \le \dfrac{n^k}{2^{k-1}} \Leftrightarrow \dfrac{1}{k!} \le \dfrac{1}{2^{k-1}}$

Also muss man zeigen: $k! \overset{!}{\ge} 2^{k-1}$

$$k! = \underbrace{k \cdot (k-1) \cdot (k-2) \cdots 2}_{k-1 \text{ Faktoren, jeder } \ge 2} \cdot 1 \ge \underbrace{2 \cdot 2 \cdots 2 \cdot 2}_{k-1 \text{ Faktoren}} = 2^{k-1}$$

e) Beweis mittels vollständiger Induktion:

IA: $n = m$:

Die Aussage ist wahr, weil

$$\binom{m+1}{m+1} = 1$$

und

$$\sum_{i=m}^{m} \binom{i}{m} = \binom{m}{m} = 1$$

$$\Rightarrow \quad \binom{m+1}{m+1} = \binom{m}{m}$$

IV:

$$\binom{n+1}{m+1} = \sum_{i=m}^{n} \binom{i}{m} \quad \text{für alle } m \leq n.$$

IS: $n \to n+1$:

$$\binom{(n+1)+1}{m+1} \overset{\text{Aufg. 5.2 a)}}{=} \binom{n+1}{m+1} + \binom{n+1}{m}$$

$$\overset{\text{IV}}{=} \sum_{i=m}^{n} \binom{i}{m} + \binom{n+1}{m}$$

$$= \sum_{i=m}^{n+1} \binom{i}{m}.$$

**Aufgabe 4.3**

Zeigen Sie mit Hilfe der Binomischen Formel:

a) Es gibt ein $a \in \mathbb{R}$, so dass $x^5 - 10x^4 + 40x^3 - 80x^2 + 80x - 32 = (x+a)^5$

b) $(1+x)^n \geq \dfrac{n^2}{4}x^2$, für jede reelle Zahl $x \geq 0$ und jede natürliche Zahl $n \geq 2$.

**Lösung:**

a) auflösen von $(x+a)^5$:

$$\begin{aligned}
(x+a)^5 &= \sum_{k=0}^{5} \binom{5}{k} x^{5-k} \cdot a^k \\
&= \binom{5}{0} x^5 + \binom{5}{1} x^4 a + \binom{5}{2} x^3 a^2 + \binom{5}{3} x^2 a^3 + \binom{5}{4} x a^4 + \binom{5}{5} a^5 \\
&\overset{!}{=} x^5 - 10x^4 + 40x^3 - 80x^2 + 80x - 32
\end{aligned}$$

Koeffizientenvergleich:

$$1 \stackrel{!}{=} \binom{5}{0} = 1,$$

$$-10 \stackrel{!}{=} \binom{5}{1} a = \frac{5!}{4!} a = 5 \cdot a \quad \Rightarrow a = -2$$

$$40 \stackrel{!}{=} \binom{5}{2} a^2 = \frac{5!}{2!\,3!} \cdot a^2 = \frac{120}{12} a^2 = 10\,a^2 \quad \Rightarrow a = \pm 2$$

$$-80 \stackrel{!}{=} \binom{5}{3} a^3 = \frac{5!}{3!\,2!} a^3 = 10 \cdot a^3 \quad \Rightarrow a = -2$$

$$80 \stackrel{!}{=} \binom{5}{4} a^4 = \frac{5!}{4!\,1!} a^4 = 5 \cdot a^4 \quad \Rightarrow a = \pm 2$$

$$-32 \stackrel{!}{=} \binom{5}{5} a^5 = a^5 \quad \Rightarrow a = -2$$

$\Rightarrow$ Die Lösung ist $a = -2$.

$$x^5 - 10x^4 + 40x^3 - 80x^2 + 80x - 32 = (x-2)^5$$

b) $(1+x)^n$

$$= \sum_{k=0}^{n} \binom{n}{k} x^k$$

$$= \binom{n}{0} x^0 + \binom{n}{1} x^1 + \underbrace{\binom{n}{2} x^2}_{*} + \ldots + \underbrace{\binom{n}{n} x^n}_{\geq 0} \geq$$

$$\left\lceil * = \frac{n!}{(n-2)!\,2!} \cdot x^2 = \frac{(n-1)n}{2} \cdot x^2 \right\rfloor$$

$$\stackrel{(x \geq 0)}{\geq} \underbrace{\frac{n(n-1)}{2} x^2 \stackrel{?}{\geq} \frac{n^2}{4} x^2}_{\text{Fallunterscheidung}}$$

Fallunterscheidung: $x = 0 : 0 = 0$
$$x > 0 : \Rightarrow x^2 > 0$$

$$\frac{n(n-1)}{2} x^2 \stackrel{?}{\geq} \frac{n^2}{4} x^2 \underset{x^2 > 0}{\Longleftrightarrow} \frac{(n-1)n}{2} \geq \frac{n^2}{4} \iff n-1 \geq \frac{n}{2} \iff n \geq 2.$$


**Aufgabe 4.4**

Beweisen Sie: für alle $n \in \mathbb{N} \setminus \{0\}$ gilt:

a) $\binom{n}{k} \dfrac{1}{n^k} \leq \dfrac{1}{k!} \quad , \quad k \in \mathbb{N} \setminus \{0\}$

b) $\left(1 + \dfrac{1}{n}\right)^n \leq \displaystyle\sum_{k=0}^{n} \dfrac{1}{k!}.$

c) Sei $a_n := \left(1 + \dfrac{1}{n}\right)^n$. Zeigen Sie: $2 \leq a_n < a_{n+1} < 3$, $n \in \mathbb{N} \setminus \{0\}$.

Hinweise

i) für alle $k \geq 2$ gilt $k! \geq k(k-1)$

ii) Multiplizieren Sie $a_{n+1}$ mit $\left(1 - \dfrac{1}{n+1}\right)^{n+1}$ und verwenden Sie danach die Bernoulli Ungleichung.

**Lösung:**

a) Aufg. 5.2 d) : $\dbinom{n}{k} \leq \dfrac{n^k}{k!} \quad | \cdot \dfrac{1}{n^k}$

$\Rightarrow \dbinom{n}{k} \dfrac{1}{n^k} \leq \dfrac{1}{k!}$

Oder: $\dbinom{n}{k} \dfrac{1}{n^k} = \dfrac{n(n-1)\ldots(n-k+1)}{k!\,n^k} = \underbrace{\dfrac{n}{n} \cdot \dfrac{n-1}{n} \cdots \dfrac{n-k+1}{n}}_{k \text{ Faktoren, jeder} \leq 1} \cdot \dfrac{1}{k!} \leq \dfrac{1}{k!}$

b)    Mit dem Binomischen Satz ist

$$\left(1 + \frac{1}{n}\right)^n = \sum_{k=0}^{n} \binom{n}{k} 1^{n-k} \left(\frac{1}{n}\right)^k = \sum_{k=0}^{n} \binom{n}{k} \frac{1}{n^k} \overset{\text{Aufg. 5.4 a)}}{\leq} \sum_{k=0}^{n} \frac{1}{k!}$$

c) Beh. 1:   $a_n < a_{n+1}$ , $n \in \mathbb{N}\setminus\{0\}$

Beweis (Durch benutzen der Bernoulli-Ungleichung (s. Aufg. 3.9 b))):

$$\left(1 - \frac{1}{n+1}\right)^{n+1} a_{n+1} = \left(1 - \frac{1}{n+1}\right)^{n+1} \left(1 + \frac{1}{n+1}\right)^{n+1}$$

$$= \left(1 - \left(\frac{1}{n+1}\right)^2\right)^{n+1} \overset{\text{Bernoulli}}{>} 1 - (n+1)\frac{1}{(n+1)^2}$$

$$= 1 - \frac{1}{n+1}$$

$$\Rightarrow a_{n+1} = \left(1 + \frac{1}{n+1}\right)^{n+1} > \frac{1 - \dfrac{1}{n+1}}{\left(1 - \dfrac{1}{n+1}\right)^{n+1}} = \frac{1}{\left(1 - \dfrac{1}{n+1}\right)^{n}} = \frac{1}{\left(\dfrac{n}{n+1}\right)^{n}}$$

$$= \left(\frac{n+1}{n}\right)^{n} = \left(1 + \frac{1}{n}\right)^{n} = a_n$$

Beh. 2: $2 \leq a_n < 3$ , $n \in \mathbb{N}$

I. Möglichkeit:   i)   Mit Beh. 1 und $a_1 = 2 \Rightarrow a_n \geq 2$

ii)   $a_n = \left(1 + \dfrac{1}{n}\right)^{n} \leq \sum_{k=0}^{n} \dfrac{1}{k!} =$

$$= 1 + 1 + \sum_{k=2}^{n} \frac{1}{k!} \overset{\text{Hinweis}}{\leq} 2 + \sum_{k=2}^{n} \frac{1}{k(k-1)} = 2 + \sum_{k=2}^{n} \left( \frac{1}{k-1} - \frac{1}{k} \right)$$

$$= 2 + \left( 1 - \frac{1}{n} \right) = 3 - \frac{1}{n} < 3$$

$\Rightarrow$ Beh. 2

II. Möglichkeit:  i)  $2 \leq \left( 1 + \dfrac{1}{n} \right)^{n}$.

Verwende Ungleichung von Bernoulli (s. Aufg. 3.9 a))

Setze $x := \dfrac{1}{n} \implies \left( 1 + \dfrac{1}{n} \right)^{n} \geq 1 + n \cdot \dfrac{1}{n} = 2$

ii)  $\left( 1 + \dfrac{1}{n} \right)^{n} < 3$

$$\left( 1 + \frac{1}{n} \right)^{n} = \sum_{k=0}^{n} \binom{n}{k} \frac{1}{n^k}$$

$$= 1 + \frac{1}{n} \binom{n}{1} + \frac{1}{n^2} \binom{n}{2} + \dots + \frac{1}{n^n} \binom{n}{n}$$

Aufg. 5.4 a):  $\dfrac{1}{n^k} \dbinom{n}{k} \leq \dfrac{1}{2^{k-1}}$

$$\leq 1 + \underbrace{1 + \frac{1}{2} + \dots + \frac{1}{2^{n-1}}}_{S}$$

$$S = \sum_{k=0}^{n-1} \left( \frac{1}{2} \right)^{k} = \frac{1 - \left( \frac{1}{2} \right)^{n}}{1 - \frac{1}{2}} \overset{\text{für } n \geq 1}{<} \frac{1}{1 - \frac{1}{2}} = \frac{1}{\frac{1}{2}} = 2$$

$$< 1 + 2 = 3.$$

# Kapitel 5
# Zahlenfolgen

**Definition: Zahlenfolge** (Def. 5.1, Kap. 5)

Eine *Zahlenfolge* liegt dann vor, wenn jeder natürlichen Zahl $n$ $(\geq k)$ in eindeutiger Weise eine Zahl $a_n$ (oder $b_n$ oder $x_n \ldots$) zugeordnet ist. $a_n$ heißt $n$-tes *Glied der Folge*, und die Zahlenfolge $a_0, a_1, a_2, \ldots, a_n, \ldots$ wird mit dem Symbol $(a_n)$ bezeichnet.

**Aufgabe 5.1**

Gegeben seien die Folgen $(a_n)$ mit $a_n = \dfrac{4}{n^2}$, $(b_n)$ mit $b_n = \dfrac{3}{\sqrt{n}}$ und $(c_n)$ mit $c_n = p^n$, wobei $0 < p < 1$. Für $\varepsilon := 10^{-3}$ finde man jeweils ein $N \in \mathbb{N}\backslash\{0\}$, so dass $|a_n| < \varepsilon$ für alle $n > N$ bzw. $|b_n| < \varepsilon$ für alle $n > N$ bzw. $|c_n| < \varepsilon$ für alle $n > N$.

**Lösung:**

i) $a_n = \dfrac{4}{n^2}$, $\quad \varepsilon = 10^{-3}$, gesucht ist ein $N(\varepsilon) \in \mathbb{R}$ mit der Eigenschaft $\dfrac{4}{n^2} < \varepsilon$, für alle $n > N(\varepsilon)$, $n \in \mathbb{N}\backslash\{0\}$.

$$\Rightarrow \left|\frac{4}{n^2}\right| < 10^{-3} \iff \frac{4}{n^2} < 10^{-3} \iff n^2 > 4000 \overset{n \in \mathbb{N}}{\iff} n > \sqrt{4000}$$

$$= N(\varepsilon) \approx 63,25$$

Somit gilt, dass die Folgenglieder für alle $n > 63$ kleiner sind, als $10^{-3}$. Also $N = 63$.

ii) $|b_n| = \dfrac{3}{\sqrt{n}} < \varepsilon \Leftrightarrow \sqrt{n} > \dfrac{3}{\varepsilon} \Leftrightarrow n > \dfrac{9}{\varepsilon^2}$

$$\Rightarrow N(\varepsilon) = \frac{9}{\varepsilon^2} = \frac{9}{10^{-6}} = 9 \cdot 10^6$$

iii) $c_n = p^n$, $\quad \varepsilon = 10^{-3}$, gesucht ist ein $N(\varepsilon) \in \mathbb{R}$ mit der Eigenschaft $p^n < \varepsilon$, für alle $n > N(\varepsilon)$, $n \in \mathbb{N}\backslash\{0\}$.

$$\Rightarrow p^n < 10^{-3} \iff \ln p^n < \ln 10^{-3} \iff n \ln p < -3 \ln 10 \overset{\ln p < 0}{\iff} n$$

$$> \frac{-3 \ln 10}{\ln p} = N(\varepsilon)$$

K. Marti, *Übungsbuch zum Grundkurs Mathematik für Ingenieure,*
*Natur- und Wirtschaftswissenschaftler*, Physica-Lehrbuch,
DOI 10.1007/978-3-7908-2610-4_5, © Springer-Verlag Berlin Heidelberg 2010

Also sind alle Folgenglieder $c_n < 10^{-3}$ für $n > \dfrac{-3\ln 10}{\ln p}$.

**Aufgabe 5.2**

Gegeben seien die Zahlenfolgen $(a_n)$ mit

a) $a_n = \dfrac{n^2+3}{n^3}$,

b) $a_n = c \cdot n + \dfrac{9}{4}(-1)^n$,

Geben Sie die Beschränktheits- und Monotonieeigenschaften der obigen Folgen an.

**Lösung:**

a) $a_n = \dfrac{n^2+3}{n^3}$,  offensichtlich gilt $a_n > 0$, $n \in \mathbb{N}\backslash\{0\}$. Behauptung: Folge ist monoton fallend (m.f.) $\Longleftrightarrow a_{n+1} \leq a_n \Longleftrightarrow a_{n+1} - a_n \leq 0$.

$$a_{n+1} - a_n = \frac{(n+1)^2+3}{(n+1)^3} - \frac{n^2+3}{n^3} = \frac{1}{n+1} + \frac{3}{(n+1)^3} - \frac{1}{n} - \frac{3}{n^3}$$

$$= \underbrace{\frac{1}{n+1} - \frac{1}{n}}_{<0} + \underbrace{\frac{3}{(n+1)^3} - \frac{3}{n^3}}_{<0} < 0$$

Folge ist sogar streng monoton fallend. Da Folge s.m.f. und $a_n > 0$ gilt, hat die Folge ihren größten Wert beim kleinsten $n$.

$$a_1 = \frac{1^2+3}{1^3} = 4 \quad \Rightarrow a_n \leq 4,\, n \in \mathbb{N}\backslash\{0\}$$

$$\lim_{n\to\infty} a_n = \lim_{n\to\infty} \frac{n^2+3}{n^3} = \lim_{n\to\infty}\left(\frac{1}{n} + \frac{3}{n^3}\right) = 0$$

$\Rightarrow \quad \inf a_n = 0$, $\sup a_n = \max a_n = 4$ und $a_n$ ist monoton fallend.

b) $a_n = c \cdot n + \dfrac{9}{4}(-1)^n$, Folge ist streng monoton fallend, wenn $a_{n+1} \leq a_n$, $n \in \mathbb{N}$.

$$c(n+1) + \frac{9}{4}(-1)^{n+1} \leq c \cdot n + \frac{9}{4}(-1)^n \qquad n \in \mathbb{N}$$

$$\Leftrightarrow cn + c + \frac{9}{4}(-1)(-1)^n \leq cn + \frac{9}{4}(-1)^n \qquad n \in \mathbb{N}$$

$$\Leftrightarrow c - \frac{9}{4}(-1)^n \leq \frac{9}{4}(-1)^n \qquad n \in \mathbb{N}$$

$$\Leftrightarrow c \leq \frac{9}{2}(-1)^n \qquad n \in \mathbb{N}$$

$$\Rightarrow F \text{ ist monoton fallend für } c \leq -\frac{9}{2} \qquad n \in \mathbb{N}$$

Folge ist monoton steigend, wenn $a_{n+1} \geq a_n$, $n \in \mathbb{N}$.

$$c(n+1) + \frac{9}{4}(-1)^{n+1} \geq c \cdot n + \frac{9}{4}(-1)^n \qquad n \in \mathbb{N}$$

$$\vdots$$

$$\Leftrightarrow c \geq \frac{9}{2}(-1)^n \qquad n \in \mathbb{N}$$

$$\Rightarrow F \text{ ist monoton steigend für } c \geq \frac{9}{2} \qquad n \in \mathbb{N}$$

Falls $-\frac{9}{2} < c < \frac{9}{2}$, ist $a_n$ nicht monoton.

Sei $b_n := c \cdot n$ und $c_n := \frac{9}{4}(-1)^n$. $\qquad \Rightarrow a_n = b_n + c_n$

$c_n$ ist nach oben und nach unten beschränkt.

Sei $c < 0$: $\quad b_n$ nach oben beschränkt $\Rightarrow a_n$ nach oben beschränkt.

Sei $c > 0$: $\quad b_n$ nach unten beschränkt $\Rightarrow a_n$ nach unten beschränkt.

**Aufgabe 5.3**

Gegeben seien die Zahlenfolgen $(a_n)$ mit

a) $a_n = \dfrac{c^n}{n!}$ mit festem $c > 0$,

b) $a_n = q^n \cdot n^\alpha$ mit $0 < q < 1,\ \alpha > 0$

Man finde die Beschränktheits- und Monotonieeigenschaften der obigen Folgen.

**Lösung:**

a) Behauptung: $n \geq c \ \Rightarrow a_{n+1} < a_n$

$\quad$ Beweis: $\dfrac{a_{n+1}}{a_n} = \dfrac{c^{n+1} \cdot n!}{(n+1)!\, c^n} = \dfrac{c}{n+1} < 1 \qquad \Rightarrow a_{n+1} < a_n$

Sei $n_0$ mit $n_0 \geq c$ Behauptung: $0 \leq a_n \leq \dfrac{c^2}{n(n-1)}\, a_{n_0}$ für alle $n$ mit $n \geq n_0 + 2$

Beweis: $n \geq n_0 + 2 \Rightarrow 0 \leq a_n = \dfrac{c^n}{n!} = \dfrac{c \cdot c \cdot c \cdot \ldots \cdot c}{n \cdot (n-1) \cdot \ldots \cdot (n_0+1)} \cdot \dfrac{c \cdot \ldots \cdot c}{n_0!}$

$$= \underbrace{\frac{c}{n}}_{} \cdot \underbrace{\frac{c}{n-1}}_{} \cdot \underbrace{\frac{c}{n-2}}_{\leq \frac{c}{n_0}} \cdot \ldots \cdot \underbrace{\frac{c}{n_0+1}}_{\leq \frac{c}{n_0}} \cdot \frac{c^{n_0}}{n_0!} \leq \frac{c^2}{n(n-1)} \cdot \underbrace{\left(\frac{c}{n_0}\right)^{n-n_0-2}}_{\leq 1} \cdot a_{n_0} \leq \frac{c^2}{n(n-1)} \cdot$$

$a_{n_0} \Rightarrow a_n$ ist beschränkt $\Rightarrow a_n$ konvergiert mit $\lim\limits_{n \to \infty} a_n = 0$

b) Behauptung: $(a_n)$ monoton fallend für $n > \dfrac{q^{\frac{1}{\alpha}}}{1 - q^{\frac{1}{\alpha}}}$

$\quad$ Beweis: $\dfrac{a_{n+1}}{a_n} = \dfrac{q^{n+1}(n+1)^\alpha}{q^n\, n^\alpha} = q \cdot \left(1 + \frac{1}{n}\right)^\alpha = \left(q^{\frac{1}{\alpha}}\left(1 + \frac{1}{n}\right)\right)^\alpha < 1$

$$\Leftrightarrow 1 + \frac{1}{n} < q^{-\frac{1}{\alpha}} \Leftrightarrow \frac{1}{n} < q^{-\frac{1}{\alpha}} - 1 \Leftrightarrow n > \frac{1}{q^{-\frac{1}{\alpha}} - 1} = \frac{q^{\frac{1}{\alpha}}}{1 - q^{\frac{1}{\alpha}}}$$

Sei $n_0 \in \mathbb{N}$ mit $n_0 > \dfrac{q^{\frac{1}{\alpha}}}{1-q^{\frac{1}{\alpha}}} \ \Rightarrow \ p := q(1+\tfrac{1}{n_0})^\alpha < 1$

$\Rightarrow (a_n)$ ist monoton fallend. Behauptung: $a_{n_0+k} \leq p^k \cdot a_{n_0}, \quad k \geq 0$

Beweis: $a_{n_0+k} = q^{n_0+k}(n_0+k)^\alpha = q^k \dfrac{(n_0+k)^\alpha}{n_0^\alpha} \underbrace{q^{n_0} \cdot n_0^\alpha}_{a_{n_0}} = q^k \cdot \left(\dfrac{n_0+k}{n_0}\right)^\alpha \cdot a_{n_0}$

$= q^k \cdot \left(\dfrac{n_0+k}{n_0+k-1} \cdot \dfrac{n_0+k-1}{n_0+k-2} \cdot \ldots \cdot \dfrac{n_0+1}{n_0}\right)^\alpha \cdot a_{n_0} \leq q^k \cdot \left(\left(\dfrac{n_0+1}{n_0}\right)^k\right)^\alpha \cdot a_{n_0}$

$= \left(q \cdot \left(\dfrac{n_0+1}{n_0}\right)^\alpha\right)^k \cdot a_{n_0} = p^k \cdot a_{n_0}$

Beschränktheit:

$n \geq n_0 \ \Rightarrow \ 0 \leq a_n \leq a_{n_0} \ \Rightarrow \ (a_n)$ beschränkt

$\Rightarrow \ (a_n)$ konvergent mit

$\lim\limits_{n\to\infty} a_n = \lim\limits_{k\to\infty} p^k a_{n_0} = 0$ , da $p < 1$.

**Aufgabe 5.4**

Gegeben sei die Zahlenfolge $(a_n)$ mit $a_n = \sqrt{4+n^2} - n$, $n \in \mathbb{N}\setminus\{0\}$. Geben Sie die Beschränktheits- und Monotonieeigenschaften der obigen Folge an.

**Lösung:**

$a_n = \sqrt{4+n^2} - n$

Behauptung: $(a_n)$ monoton fallend

Beweis:

$$a_{n+1} - a_n = \sqrt{4+(n+1)^2} - (n+1) - \sqrt{4+n^2} + n$$

$$= \sqrt{4+n^2+2n+1} - \sqrt{4+n^2} - 1 \overset{!}{<} 0$$

$\Leftrightarrow \underbrace{\sqrt{n^2+2n+5} - \sqrt{4+n^2}}_{>0} < \underbrace{1}_{>0} \hspace{4cm} |^2$

$\Leftrightarrow n^2+2n+5 - 2\sqrt{(4+n^2)(n^2+2n+5)} + 4+n^2 < 1$

$\Leftrightarrow \underbrace{2n^2+2n+8}_{>0} < \underbrace{2\sqrt{(4+n^2)(n^2+2n+5)}}_{>0} \hspace{2cm} |\cdot\dfrac{1}{2}$ und $|^2$

$\Leftrightarrow (n^2+n+4)^2 < (4+n^2)(n^2+2n+5)$

$\Leftrightarrow n^4+n^3+4n^2+n^3+n^2+4n+4n^2+4n+16 < 4n^2+8n+20+n^4+2n^3+5n^2$

$\Leftrightarrow 16 < 20$

$\Rightarrow a_{n+1} - a_n < 0 \Leftrightarrow a_{n+1} < a_n \Rightarrow (a_n)$ ist monoton fallend

Behauptung: $a_n$ ist beschränkt

$\hspace{2.5cm} 0 < a_n \Leftrightarrow 0 < \sqrt{4+n^2} - n$

Beweis: $\hspace{1.5cm} \Leftrightarrow n < \sqrt{4+n^2} \hspace{1cm} \Leftrightarrow n^2 < 4+n^2$

$\hspace{2.5cm} \Leftrightarrow 0 < 4$

$\Rightarrow 0 < a_n \,,\, n \in \mathbb{N}\setminus\{0\}$

$$a_n = \sqrt{4+n^2} - n = \frac{(\sqrt{4+n^2}-n)(\sqrt{4+n^2}+n)}{\sqrt{4+n^2}+n}$$

$$= \frac{4+n^2-n^2}{\sqrt{4+n^2}+n} = \frac{4}{\sqrt{\underbrace{4+n^2}_{>n^2}}+n} < \frac{4}{n+n} = \frac{2}{n}$$

$\Rightarrow 0 < a_n < \dfrac{2}{n}$ für alle $n \in \mathbb{N}\setminus\{0\}$, speziell $0 < a_n < 2$ $(n=1)$.

**Aufgabe 5.5**
Überprüfen Sie Beschränktheit und Monotonie von

$$a_n = \sum_{k=1}^{n} \frac{1}{k!}$$

und beweisen Sie die Konvergenz.

**Lösung:**

$a_n = \displaystyle\sum_{k=1}^{n} \frac{1}{k!} \qquad , n \in \mathbb{N}\setminus\{0\}$

$k! \geq 2^{k-1}$ für $k \in \mathbb{N}\setminus\{0\}$, denn

$$k! = \underbrace{\underbrace{k}_{\geq 2} \cdot \underbrace{(k-1)}_{\geq 2} \cdot \underbrace{(k-2)}_{\geq 2} \cdot \,\cdots\, \cdot \underbrace{2}_{\geq 2}}_{(k-1)} \cdot 1 \geq \underbrace{2 \cdot 2 \cdot 2 \cdot \cdots \cdot 2}_{(k-1)} \cdot 1 = 2^{k-1}$$

$$\Rightarrow \frac{1}{k!} \leq \frac{1}{2^{k-1}} = 2 \cdot \left(\frac{1}{2}\right)^{k}$$

$$\Rightarrow a_n = \sum_{k=1}^{n} \frac{1}{k!} \leq \sum_{k=1}^{n} 2 \cdot \left(\frac{1}{2}\right)^{k} = 2 \cdot \left(\frac{1}{2}+\frac{1}{4}+\cdots+\frac{1}{2^n}\right) = 1 + \frac{1}{2} + \cdots + \frac{1}{2^{n-1}}$$

$$\overset{\text{Endliche geometrische Reihe}}{=} \frac{1-\left(\frac{1}{2}\right)^{n}}{1-\frac{1}{2}} = 2\left(1 - \underbrace{\left(\frac{1}{2}\right)^{n}}_{>0 \text{ für alle } n\in\mathbb{N}\setminus\{0\}}\right) \leq 2$$

Wegen $\dfrac{1}{k!} > 0$ für alle $k \in \mathbb{N}\setminus\{0\}$ $\Rightarrow$ $0 < a_n \leq 2$ für alle $n \in \mathbb{N}\setminus\{0\}$

$$a_{n+1} = \sum_{k=1}^{n+1} \frac{1}{k!} = \sum_{k=1}^{n} \frac{1}{k!} + \frac{1}{(n+1)!} = a_n + \underbrace{\frac{1}{(n+1)!}}_{>0} > a_n$$

Also ist $(a_n)$ monoton wachsend und beschränkt $\Rightarrow$ $(a_n)$ konvergiert.

**Aufgabe 5.6**
Überprüfen Sie Beschränktheit und Monotonie von

$$a_n = \sum_{k=1}^{n} \frac{(-1)^k}{k!}.$$

**Lösung:**

$$a_n = \sum_{k=1}^{n} \frac{(-1)^k}{k!} = -\frac{1}{1!} + \frac{1}{2!} - \frac{1}{3!} + \cdots + \frac{(-1)^n}{n!}$$

$$|a_n| = |\sum_{k=1}^{n} \frac{(-1)^k}{k!}| \overset{\text{Dreiecksungleichung(Aufg. 3.3)}}{\leq} \sum_{k=1}^{n} |\frac{(-1)^k}{k!}| = \sum_{k=1}^{n} \frac{1}{k!} = a_n \leq 2$$

$$\Rightarrow -2 \leq a_n \leq 2, \quad n \in \mathbb{N}\setminus\{0\}$$

Wegen $a_{2n+1} = a_{2n} - \dfrac{1}{(2n+1)!} < a_{2n}$ und $a_{2n} = a_{2n-1} + \dfrac{1}{(2n)!} > a_{2n-1}$

ist $(a_n)$ weder monoton wachsend noch fallend.

**Aufgabe 5.7**

Gegeben seien die Folgen $(a_n), (b_n)$ und $(c_n)$ mit

$$a_n = \left(1 + \frac{1}{n}\right)^n, \qquad b_n = \sum_{k=0}^{n} \frac{1}{k!}, \qquad c_n = \left(1 + \frac{1}{n}\right)^{n+1}.$$

Zeigen Sie:

a) $a_n \leq b_n$ für alle $n \in \mathbb{N}\setminus\{0\}$

b) $\dfrac{a_{n+1}}{a_n} > 1$ für alle $n \in \mathbb{N}\setminus\{0\}$

c) Es gilt: $b_n \leq c_n$ für alle $n \in \mathbb{N}\setminus\{0\}$, und $(b_n)$ konvergiert gegen $e$. Beweisen Sie damit, dass $(a_n)$ konvergiert und zwar ebenfalls gegen $e$.

**Lösung:**

a) Binomischer Satz

$$a_n = \left(1 + \frac{1}{n}\right)^n = \sum_{k=0}^{n} \binom{n}{k}\left(\frac{1}{n}\right)^k$$

$$= \sum_{k=0}^{n} \frac{n!}{k!(n-k)!} \cdot \frac{1}{n^k}$$

$$= \sum_{k=0}^{n} \frac{1}{k!} \cdot \frac{n(n-1)(n-2)\cdot\ldots\cdot(n-k+1)}{n\cdot n\cdot n\cdot\ldots\cdot n}$$

$$= \sum_{k=0}^{n} \frac{1}{k!} \cdot \underbrace{\underbrace{\frac{n}{n}}_{\leq 1} \cdot \underbrace{\frac{n-1}{n}}_{\leq 1} \cdot \underbrace{\frac{n-2}{n}}_{\leq 1} \cdot \ldots \cdot \underbrace{\frac{n-k+1}{n}}_{\leq 1}}_{\text{k-Faktoren}} \leq \sum_{k=0}^{n} \frac{1}{k!} = b_n$$

b)

$$\frac{a_{n+1}}{a_n} = \frac{\left(1+\frac{1}{n+1}\right)^{n+1}}{\left(1+\frac{1}{n}\right)^n} = \left(1+\frac{1}{n+1}\right) \cdot \frac{\left(1+\frac{1}{n+1}\right)^n}{\left(1+\frac{1}{n}\right)^n}$$

$$= \left(\frac{n+1}{n+1}+\frac{1}{n+1}\right)\left(\frac{1+\frac{1}{n+1}}{1+\frac{1}{n}}\right)^n$$

$$= \frac{n+2}{n+1}\left(\frac{\left(1+\frac{1}{n+1}\right)n(n+1)}{\left(1+\frac{1}{n}\right)n(n+1)}\right)^n$$

$$= \frac{n+2}{n+1}\left(\frac{n(n+1)+n}{n(n+1)+n+1}\right)^n$$

$$= \frac{n+2}{n+1}\left(\frac{n(n+1)+n}{n^2+n+n+1}\right)^n$$

$$= \frac{n+2}{n+1}\left(\frac{n(n+1)+n}{(n+1)^2}\right)^n$$

$$= \frac{n+2}{n+1}\left(\frac{n^2+2n+1-1}{(n+1)^2}\right)^n$$

$$= \frac{n+2}{n+1}\left(\frac{(n+1)^2-1}{(n+1)^2}\right)^n = \frac{n+2}{n+1}\left(1-\underbrace{\frac{1}{(n+1)^2}}_{\leq 1}\right)^n$$

$$\overset{\text{Ungleichung von Bernoulli}}{\geq} \quad \frac{n+2}{n+1}\left(1-\frac{n}{(n+1)^2}\right)$$

$$\geq \quad \frac{n+2}{n+1}\left(\frac{(n+1)^2-n}{(n+1)^2}\right)$$

$$= \quad \frac{n+2}{n+1}\left(\frac{n^2+n+1}{(n+1)^2}\right)$$

$$= \quad \frac{(n+2)(n^2+n+1)}{(n+1)^3}$$

$$= \quad \frac{n^3+2n^2+n^2+2n+n+2}{(n+1)^3}$$

$$= \quad \frac{n^3+3n^2+3n+1+1}{(n+1)^3}$$

$$= \quad \frac{(n+1)^3+1}{(n+1)^3}$$

$$= \quad 1+\frac{1}{(n+1)^3} > 1\,, \quad n \in \mathbb{N}\backslash\{0\}$$

c) Aus b), a) folgt: $a_n$ ist streng monoton wachsend und nach oben beschränkt durch die konvergente Folge $(b_n)$

$\Rightarrow a_n$ ist konvergent

Ferner gilt: $c_n = a_n\left(1+\dfrac{1}{n}\right)$

$$\Rightarrow \lim_{n\to\infty} c_n = \lim_{n\to\infty} a_n \cdot \lim_{n\to\infty}\left(1+\frac{1}{n}\right) = \lim_{n\to\infty} a_n$$

$$\overset{a_n \leq b_n \leq c_n}{\Rightarrow} \lim_{n\to\infty} a_n \leq \underbrace{\lim_{n\to\infty} b_n}_{e} \leq \lim_{n\to\infty} c_n = \lim_{n\to\infty} a_n$$

$$\Rightarrow \lim_{n\to\infty} a_n = e.$$

**Aufgabe 5.8**

Untersuchen Sie das Konvergenzverhalten der Folgen:

a) $a_n = n(\sqrt{n^4+4}-n^2)$

b) $a_n = \sqrt[n]{c}, \quad c > 0$

c) $a_n = \sqrt[3]{n+1}-\sqrt[3]{n}$

**Lösung:**

a) $a_n = n\cdot(\sqrt{n^4+4}-n^2) = n\dfrac{(\sqrt{n^4+4}-n^2)(\sqrt{n^4+4}+n^2)}{\sqrt{n^4+4}+n^2}$

$$= n\cdot\frac{n^4+4-n^4}{\sqrt{n^4+4}+n^2} = \frac{4n}{\sqrt{n^4+4}+n^2} = \frac{\frac{4}{n}}{\sqrt{1+\frac{4}{n^4}}+1}$$

$$\Rightarrow \lim_{n\to\infty} a_n = \frac{0}{\sqrt{1+0}+1} = 0$$

b) $a_n = \sqrt[n]{c}, \ c > 0$

1.Fall: $\quad c \geq 1$

$\quad\quad \sqrt[n]{c} \geq 1 \ \Rightarrow \ \sqrt[n]{c} = 1 + x_n \ \text{ mit } \ x_n \geq 0$

$\quad\quad \Rightarrow c = (1+x_n)^n \geq 1 + nx_n$

$\quad\quad \Rightarrow 0 \leq x_n \leq \dfrac{c-1}{n} \quad \text{für alle } n$

$\quad\quad \lim_{n\to\infty} \dfrac{c-1}{n} = 0 \Rightarrow \lim_{n\to\infty} x_n = 0$

$\quad\quad \Rightarrow \lim_{n\to\infty} \sqrt[n]{c} = \lim_{n\to\infty} (1+x_n) = 1$

2.Fall: $\quad 0 < c < 1$

$\quad\quad$ Dann ist $b := \dfrac{1}{c} > 1$ und wegen 1.Fall gilt $\lim_{n\to\infty} \sqrt[n]{b} = 1$

$$\Rightarrow \lim_{n\to\infty} \sqrt[n]{c} = \lim_{n\to\infty} \sqrt[n]{\frac{1}{b}} = \lim_{n\to\infty} \frac{1}{\sqrt[n]{b}} = 1.$$

c) $a_n = \sqrt[3]{n+1} - \sqrt[3]{n}$

$\quad a_n \geq 0 \quad \text{für alle } n \in \mathbb{N} \quad \Rightarrow (a_n) \text{ ist nach unten beschränkt}$

$\quad a_{n+1} - a_n = \sqrt[3]{n+2} - \sqrt[3]{n+1} - \sqrt[3]{n+1} + \sqrt[3]{n} \leq \sqrt[3]{n+1} - \sqrt[3]{n+1} - \sqrt[3]{n+1} + \sqrt[3]{n} =$

$\quad = \sqrt[3]{n} - \sqrt[3]{n+1} < 0, \quad \text{d.h. } (a_n) \text{ ist monoton fallend}$

$\quad \Rightarrow (a_n) \text{ ist konvergent.}$


**Aufgabe 5.9**

Die Folge $(a_n)$ sei durch die Rekursionsvorschrift gegeben:

$$a_0 = 1, \ a_n = \frac{1}{2}\left(a_{n-1} + \frac{5}{a_{n-1}}\right), \ n = 1,2,3,\dots$$

Zeigen Sie zuerst:

a) $a_n > 0$ und $a_n^2 > 5$ für $n = 1,2,3,\dots$

b) $(a_n)$ streng monoton fallend

c) $(a_n)$ konvergiert gegen einen Grenzwert $a > 0$

Bestimmen Sie dann den Grenzwert.

**Lösung:**

a) $A_n$ sei die Aussage: $a_n > 0$

$\quad$ i) Induktionsanfang: $A_0$ ist wahr, denn $a_0 = 1 > 0$

$\quad$ ii) Induktionsvoraussetzung: $A_n$ sei wahr, d.h. $a_n > 0$

iii) Induktionsschluss: $a_{n+1} = \dfrac{1}{2}\left(\underbrace{a_n}_{>0 \text{ nach IV}} + \dfrac{5}{a_n}\right) > 0$

$\Rightarrow$ die Aussage $A_{n+1}$ (d.h. $a_{n+1} > 0$) ist wahr.

$a_n^2 > 5;\ n \geq 1:$

$$a_n^2 = \frac{1}{4}\left(a_{n-1} + \frac{5}{a_{n-1}}\right)^2 = \frac{1}{4}\left(a_{n-1}^2 + \frac{10a_{n-1}}{a_{n-1}} + \frac{25}{a_{n-1}^2}\right)$$

$$= \frac{1}{4}\cdot 20 + \frac{1}{4}\left(a_{n-1}^2 - 10 + \frac{25}{a_{n-1}^2}\right)$$

$$= 5 + \frac{1}{4}\underbrace{\left(a_{n-1} - \frac{5}{a_{n-1}}\right)^2}_{>0} > 5$$

b) $a_{n+1} < a_n$ für $n \geq 1$

$$\Leftrightarrow\quad a_{n+1} - a_n = \frac{1}{2}\left(a_n + \frac{5}{a_n}\right) - a_n = \frac{1}{2}\left(a_n + \frac{5}{a_n} - 2a_n\right)$$

$$= \frac{1}{2}\left(\frac{5}{a_n} - a_n\right) < 0$$

$\Leftrightarrow \dfrac{5}{a_n} < a_n \Leftrightarrow 5 < a_n^2$ (gilt nach a))

c) a) + b) $\Rightarrow$ Grenzwert existiert.

Sei $a = \lim\limits_{n\to\infty} a_n$

Nach den Grenzwertsätzen gilt dann

$$a = \lim_{n\to\infty} a_n = \lim_{n\to\infty}\left(a_{n-1} + \frac{5}{a_{n-1}}\right)\frac{1}{2}$$

$$= \left(\underbrace{\lim_{n\to\infty} a_{n-1}}_{=a} + \frac{5}{\lim\limits_{n\to\infty} a_{n-1}}\right)\frac{1}{2}$$

$$= \frac{1}{2}a + \frac{5}{2a}$$

$\Leftrightarrow \dfrac{1}{2}a = \dfrac{5}{2a} \Leftrightarrow a = \dfrac{5}{a} \Leftrightarrow a^2 = 5 \overset{\text{nach a) ist } a>0}{\Leftrightarrow} a = \sqrt{5}.$

**Aufgabe 5.10**

Bestimmen Sie die Häufungspunkte bzw. Grenzwerte (soweit vorhanden) der Folgen aus Aufgaben 6.2b, 6.4 und 6.19.

**Lösung:**

a) $a_n = c \cdot n + \dfrac{9}{4}(-1)^n$

Aufgabe 6.2b:

$a_n$ beschränkt $\Leftrightarrow c = 0$

$\Rightarrow a_n$ höchstens konvergent für $c = 0$

$a_n = \dfrac{9}{4}(-1)^n$ nicht konvergent, da $\left(\dfrac{9}{4}\right)_{n \in \mathbb{N}}$ keine Nullfolge

$a_n$ hat für $c = 0$ aber zwei Häufungspunkte:

$$\lim_{n \to \infty} a_{2n} = \lim_{n \to \infty} \frac{9}{4}(-1)^{2n} = \frac{9}{4} \qquad \lim_{n \to \infty} a_{2n-1} = \lim_{n \to \infty} \frac{9}{4}(-1)^{2n+1} = -\frac{9}{4} \Rightarrow \text{HP: } \frac{9}{4},$$

$$-\frac{9}{4}$$

b) $a_n = \sqrt{4 + n^2} - n$

Aufgabe 6.4:

$a_n$ monoton fallend, $0 < a_n < \dfrac{2}{n}$ , $n \in \mathbb{N} \backslash \{0\}$

$\Rightarrow a_n$ konvergent, einziger HP=Grenzwert=0, da $\lim\limits_{n \to \infty} \dfrac{2}{n} = 0$

c) $a_0 = 1, a_n = \dfrac{1}{2}\left(a_{n-1} + \dfrac{5}{a_{n-1}}\right), n = 1, 2, \dots$

Aufgabe 6.9:

$\lim\limits_{n \to \infty} a_n = \sqrt{5} \Rightarrow \text{HP} = \text{Grenzwert} = \sqrt{5}.$

# Kapitel 6
# Der Funktionsbegriff

**Definition: Funktion** (Def. 12.1, Kap.12)
Es sei $D$ irgendeine Menge reeller Zahlen. Unter einer *auf $D$ definierten Funktion $f$*
(oder $g, h, \phi, \psi, \ldots$) versteht man eine Vorschrift, die jeder Zahl $x \in D$ in eindeutiger
Weise eine reelle Zahl $y = f(x)$ zuordnet. $D_f = D$ heißt *Definitionsbereich* von $f$.
$f(x)$ heißt *Bild* von $x$ (bzgl. $f$) oder *Wert* der Funktion $f$ an der Stelle $x$. Die Menge
$W_f = W = \{y = f(x) : x \in D\}$ heißt *Wertebereich* von $f$.

**Aufgabe 6.1**
Entscheiden Sie, ob die folgenden Aussagen wahr sind.

a) Eine Parallele zur $x$-Achse kann Graph einer Funktion sein.
b) Jede Parallele zur $y$-Achse ist Graph einer Funktion.
c) Jede Parallele zur $x$-Achse schneidet den Graphen einer Funktion nur an genau
   einer Stelle.
d) Jede Parallele zur $y$-Achse schneidet den Graphen einer Funktion immer nur an
   genau einer Stelle.

**Lösung:**

a) Ja.
b) Nein, weil die Eindeutigkeit nicht erfüllt ist.
c) Nein, denn eine Funktion muss nicht umkehrbar eindeutig sein.
d) Ja.

**Aufgabe 6.2**
Die Funktion $f(x)$ sei durch den Graphen in der nachfolgenden Abbildung gegeben
(siehe Bild).

a) Geben Sie den Funktionswert $f(1)$ an.
b) Für welche Werte von $x$ ist $f(x) = -2$?

K. Marti, *Übungsbuch zum Grundkurs Mathematik für Ingenieure,*
*Natur- und Wirtschaftswissenschaftler*, Physica-Lehrbuch,
DOI 10.1007/978-3-7908-2610-4_6, © Springer-Verlag Berlin Heidelberg 2010

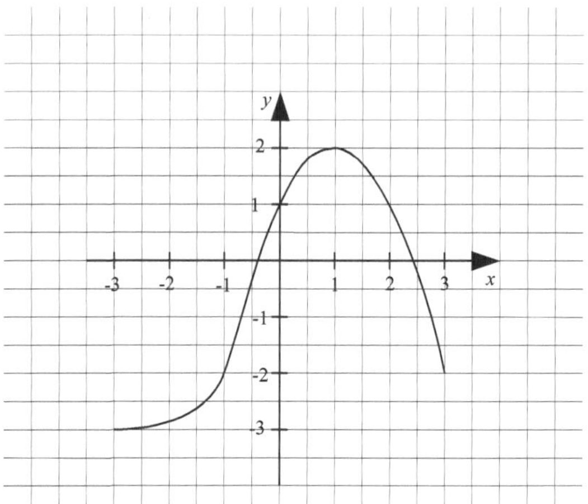

**Abb. 6.1** Graph der Funktion

c) Schätzen Sie alle Werte von $x$ ab, die Nullstellen von $f$ sind.
d) Bestimmen Sie den Definitionsbereich von $f(x)$.
e) Bestimmen Sie den Wertebereich von $f(x)$.

**Lösung:**

a) $f(1) = 2$
b) $x_1 = -1, x_2 = 3$.
c) $x_1 \approx -0,4, x_2 \approx 2,3$.
d) $D_f = [-3,3]$.
e) $W_f = [-3,2]$.

**Aufgabe 6.3**
Zeichnen Sie den Graphen der Funktion $f(x) := (x-1)(2-x), x \in D$, wobei $D :=$
$[-3,3]$. Entscheiden Sie dann, ob $f$ im Definitionsbereich eineindeutig (bijektiv),
monoton, gerade oder ungerade ist.

**Lösung:**

Mit quadratischer Ergänzung erhält man $f(x) = -x^2 + 3x - 2 = -\left(x - \dfrac{3}{2}\right)^2 + \dfrac{1}{4}$.

Damit läßt sich der Graph von $f$ leicht zeichnen (Normalparabel um $\dfrac{3}{2}$ nach rechts
und $\dfrac{1}{4}$ nach oben verschoben, nach unten geöffnet). Aufgrund der folgenden, allgemein gültigen Zusammenstellung einander entsprechender Eingenschaften von
Funktion und Graph kann man sofort ablesen, daß $f$ keine der fraglichen Eigenschaften besitzt.

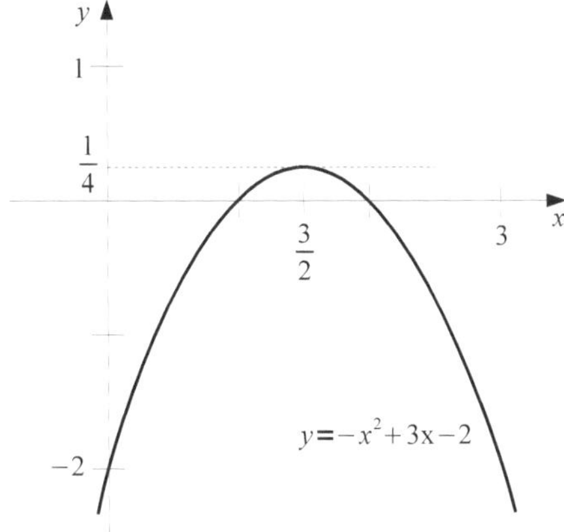



**Abb. 6.2** Graf zur Funktion $y(x) = (x-1)(2-x)$

| Funktion | Graph |
|---|---|
| ist eineindeutig | schneidet Parallelen zur x-Achse in höchstens einem Punkt |
| ist monoton wachsend (fallend) | verläuft von links nach rechts gesehen niemals abwärts (aufwärts) |
| ist streng monoton wachsend (fallend) | verläuft von links nach rechts gesehen stets aufwärts (abwärts) |
| ist gerade | ist achsensymmetrisch zur y-Achse |
| ist ungerade | ist punktsymmetrisch zum Ursprung |

**Aufgabe 6.4**

Definition:    Eine Funktion $f(x)$ heißt auf $E \subseteq D(f)$

- *beschränkt*, wenn gilt:
  es existiert eine Zahl $M \in \mathbb{R}$, so dass $|f(x)| \leq M$ für alle $x \in E$
- *beschränkt nach oben* bzw. *beschränkt nach unten*, falls gilt:
  es existiert eine Zahl $M_1 \in \mathbb{R}$, so dass $f(x) \leq M_1$ für alle $x \in E$
  bzw.
  es existiert eine Zahl $M_2 \in \mathbb{R}$, so dass $f(x) \geq M_2$ für alle $x \in E$

Welche der folgenden Funktionen sind beschränkt nach oben bzw. nach unten?
Welche sind beschränkt?

$$y = \frac{1}{x},\, x > 0,\, y = 4 - \frac{6}{x},\, x \geq 1,\, y = 1 - 2\sin x$$

**Lösung:**

a) $y = \dfrac{1}{x} =: f(x)$ mit $D_f = (0,\infty)$

   weil für alle $x \in D_f \to f(x) > 0$ ist $f$ nach unten (durch 0) beschränkt.

   $f$ ist nicht nach oben beschränkt.

b) $y = 4 - \dfrac{6}{x} =: g(x)$ mit $D_g = [1,\infty)$

   wegen: $g(1) = 4 - 6 = -2$ und $g(x) = 4 - \dfrac{6}{x} \geq 4 - \dfrac{6}{1}$   für alle $x \in D_g$ ist $g$ nach

   unten beschränkt (durch $-2$).

   wegen: $g(x) = 4 - \dfrac{6}{x} < 4$   für alle $x \in D_g$ ist $g$ nach oben (durch 4) beschränkt.

   $\Rightarrow$ $g$ ist beschränkt auf $D_g$.

c) $y = 1 - 2\sin(x) =: h(x)$ mit $D_h = \mathbb{R}$

   $|h(x) - 1| = |2\sin(x)| = 2|\sin(x)| \leq 2 \Rightarrow -2 \leq h(x) - 1 \leq 2 \Leftrightarrow -1 \leq h(x) \leq 3$

   $\Rightarrow$ $h$ ist beschränkt $\Rightarrow$ ($D_h = \mathbb{R}$,   $W_h = [-1,3]$).


**Aufgabe 6.5**

Bestimmen Sie für die Funktion $f(x) = \dfrac{2x - 3}{1 + x}$

a) den maximalen Definitionsbereich und den zugehörigen Wertebereich

b) die Intervalle, auf welchen $f$ monoton wächst bzw. fällt

c) die Intervalle, auf welchen $f > 0$.

Zeigen Sie: $\dfrac{x_1 + x_2}{2} = -1 \Rightarrow \dfrac{f(x_1) + f(x_2)}{2} = 2$

Welche Symmetrie des Graphen von $f$ drückt sich hierin aus? Skizzieren Sie den Graphen.

**Lösung:**

a) $D = \mathbb{R}\setminus \{$'Nullstellen des Nenners', Bereiche in denen ein Radikand negativ wird',...$\}$

   $= \mathbb{R}\setminus\{-1\}$

   $W = \{y : y = f(x), x \in D\}$

   $$y = \frac{2x - 3}{1 + x}, x \neq -1 \Leftrightarrow (x + 1)y = 2x - 3 \Leftrightarrow xy + y - 2x = -3$$

   $$\Leftrightarrow x(y - 2) = -y - 3 \Leftrightarrow x = \frac{y + 3}{2 - y}, y \neq 2$$

   $$\Rightarrow W = \mathbb{R}\setminus\{2\}$$

b) $f(x_1) \leq f(x_2) \Leftrightarrow \dfrac{2x_1 - 3}{1 + x_1} \leq \dfrac{2x_2 - 3}{1 + x_2}$

   $x_1, x_2 > -1$ oder $x_1, x_2 < -1$

   $\Leftrightarrow (1 + x_2)(2x_1 - 3) \leq (1 + x_1)(2x_2 - 3)$

   $\Leftrightarrow 2x_1 + 2x_1 x_2 - 3 - 3x_2 \leq 2x_2 + 2x_1 x_2 - 3 - 3x_1$

   $\Leftrightarrow 5x_1 \leq 5x_2$

$$\Leftrightarrow x_1 \leq x_2$$

c) $f > 0 \Leftrightarrow \dfrac{2x-3}{1+x} > 0$

  $\Leftrightarrow [(2x-3 > 0) \text{ und } (1+x > 0)] \text{ oder } [(2x-3 < 0) \text{ und } (1+x < 0)]$

  $\Leftrightarrow (x > \dfrac{3}{2}) \text{ oder } (x < -1)$

Man zeige: aus $\dfrac{x_1+x_2}{2} = -1$ folgt $\dfrac{f(x_1)+f(x_2)}{2} = 2$

Zur Vereinfachung benütze folgende Form von f:

$$f(x) = \frac{2x-3}{1+x} = \frac{2(x+1)-2-3}{x+1} = 2 - \frac{5}{x+1}$$

$$\Rightarrow \frac{f(x_1)+f(x_2)}{2} = \frac{1}{2}\left(4 - \frac{5}{x_1+1} - \frac{5}{x_2+1}\right)$$

$$= 2 - \frac{5}{2}\frac{x_2+1+x_1+1}{(x_1+1)(x_2+1)} = 2$$

falls $x_2 + x_1 + 2 = 0$ bzw. $\dfrac{x_1+x_2}{2} = -1$

Damit gilt: Liegen die Argumente $x_1, x_2$ symmetrisch zur Geraden $x = -1$, so liegen die zugehörigen Funktionswerte $f(x_1), f(x_2)$ symmetrisch zu den Geraden $y = 2$. Der Graph von f ist symmetrisch zum Punkt $(-1, 2)$.

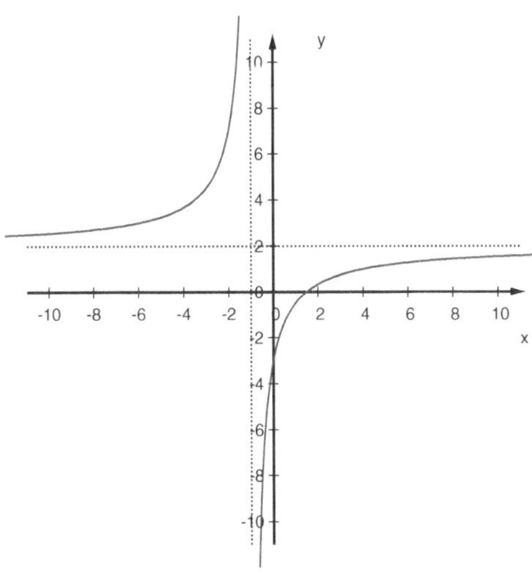

**Abb. 6.3** Graf zur Funktion $f(x) = \dfrac{2x-3}{1+x}$

**Aufgabe 6.6**
Bestimmen Sie für die Funktion

$$f(x) = \frac{3x-2}{x-1}$$

a) den maximalen Definitionsbereich und den zugehörigen Wertebereich
b) die Intervalle in denen $f$ monoton wächst bzw. fällt
c) die Intervalle, für die gilt $f(x) > 0$.

**Lösung:**

a) Definitionsbereich: $D_f = \mathbb{R} \setminus \{x : x-1 = 0\} = \mathbb{R} \setminus \{1\}$
   Wertebereich $\{y : y = f(x), x \in D_f\}$

$$y = \frac{3x-2}{x-1} \overset{x \neq 1}{\Leftrightarrow} (x-1)y = 3x-2$$
$$\Leftrightarrow xy - y - 3x = -2$$
$$\Leftrightarrow x(y-3) = y-2$$
$$\overset{y \neq 3}{\Leftrightarrow} x = \frac{y-2}{y-3}$$
$$\Rightarrow W = \mathbb{R} \setminus \{3\}$$

b) $f(x_1) \leq f(x_2) \Leftrightarrow \dfrac{3x_1 - 2}{x_1 - 1} \leq \dfrac{3x_2 - 2}{x_2 - 1}$

$$\overset{x_1,x_2 \neq 1}{\Longleftrightarrow} (3x_1 - 2)(x_2 - 1) \leq (3x_2 - 2)(x_1 - 1)$$
$$\Leftrightarrow 3x_1 x_2 - 3x_1 - 2x_2 + 2 \leq 3x_1 x_2 - 3x_2 - 2x_1 + 2$$
$$\Leftrightarrow -x_1 \leq -x_2$$
$$\Leftrightarrow x_1 \geq x_2$$

   $f$ fällt auf $(-\infty, 1)$ und $(1, \infty)$.

c) $f(x) > 0 \Leftrightarrow \dfrac{3x-2}{x-1} > 0$

   1.Fall: $3x - 2 > 0$ und $x - 1 > 0$
   $\Leftrightarrow 3x > 2$ und $x > 1$
   $\Leftrightarrow x > \dfrac{2}{3}$ und $x > 1$
   $\Leftrightarrow x > 1$

   2.Fall: $3x - 2 < 0$ und $x - 1 < 0$
   $\Leftrightarrow 3x < 2$ und $x < 1$
   $\Leftrightarrow x < \dfrac{2}{3}$ und $x < 1$
   $\Leftrightarrow x < \dfrac{2}{3}$

   $\Rightarrow f(x) > 0$ für alle $\ x < \dfrac{2}{3}$ oder $x > 1$.

**Aufgabe 6.7**
Stellen Sie die Funktion

$$y = \begin{cases} x^2 & \text{für } 0 \le x < 1 \\ 2x - 1 & \text{für } 1 \le x < 2 \\ -x + 5 & \text{für } 2 \le x < 5 \end{cases} \qquad D = [0,5), W = ?$$

graphisch dar.

**Lösung:**

$f(x) = x^2$, $g(x) = 2x - 3$, $h(x) = 5 - x$

$W = [0,3]$

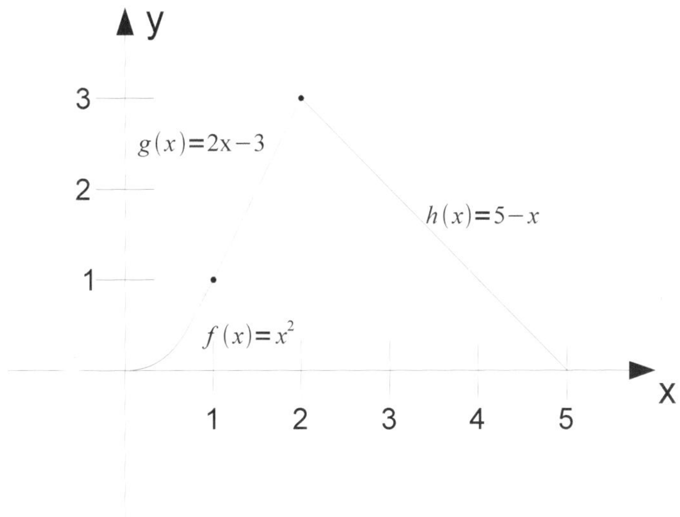


**Abb. 6.4** Graph der Funktion

**Aufgabe 6.8**

Eine Rolltreppe überwindet in 25 Sekunden einen Höhenunterschied von 10 Metern. Ein Mensch benötigt beim normalen Treppensteigen für 10 Meter Höhenunterschied 20 Sekunden. Menschen, die es eilig haben, benutzen die Rolltreppe und steigen dabei noch zusätzlich die einzelnen Stufen hoch.

Stellen Sie für die drei beschriebenen Vorgänge Funktionsgleichungen auf und berechnen Sie, wie lange Menchen, die es eilig haben, brauchen, um 10 Meter Höhe zu überwinden.

**Lösung:**

Die in $t$ sec erreichte Höhe $h$ lässt sich wie folgt bestimmen:
Rolltreppe:
$$h = f_1(t) = \frac{10}{25}t = \frac{2}{5}t = 0,4t$$

Treppe:
$$h = f_2(t) = \frac{10}{20}t = 0,5t$$
Zusammen:
$$h = f_3(t) = (0,4+0,5)t = 0,9t$$
$$\Rightarrow t = \frac{h}{0,9} = \frac{10}{9}h$$
Für $h = 10$ Meter braucht man somit
$$t = \frac{10}{9} \cdot 10 \approx 11 \text{ Sekunden.}$$

**Aufgabe 6.9**

Ein rechteckiges Stück Land sei von einem Zaun der gegebenen Länge $U$ [m] umgeben. Bezeichnet $x$ [m] die Länge einer der Seiten, so ist die Fläche $F$ [m$^2$] des Landstückes eine Funktion von $x$. Bestimme Zuordnungsvorschrift, Definitions- und Wertebereich von $F$.

**Lösung:**

Da $x$ die Länge einer der Seiten ist, beträgt die der anderen

$$\frac{1}{2}(U - 2x) = \frac{1}{2}U - x.$$

Damit gilt

$$F(x) = x\left(\frac{1}{2}U - x\right) = \frac{1}{2}Ux - x^2 = \frac{1}{16}U^2 - \left(x - \frac{1}{4}U\right)^2,$$

$$D_F = \left(0, \frac{1}{2}U\right) \text{ und } W_F = \left(0, \frac{1}{16}U^2\right].$$

**Aufgabe 6.10**

Beschreiben Sie die Länge $l$ einer Sehne in einem Kreis vom gegebenen Radius $r$ [cm] als Funktion des Abstandes $x$ [cm] der Sehne vom Kreismittelpunkt. Bestimmen Sie Definitions- und Wertebereich von $l$.

**Lösung:**

$$l = 2\sqrt{r^2 - x^2}$$
$$D_l = [0, r]$$
$$W_l = [0, 2r].$$

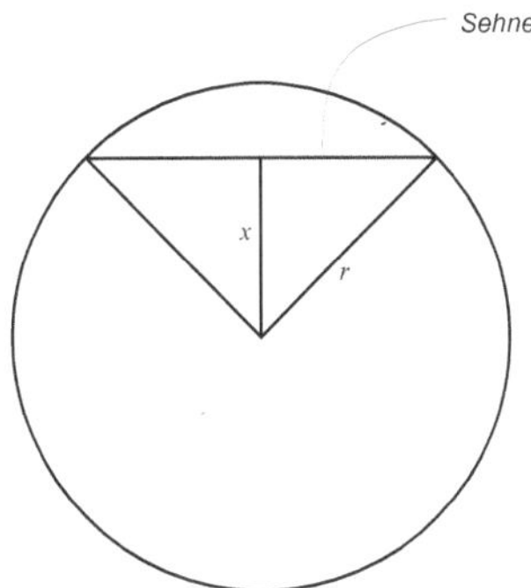


**Abb. 6.5**  Sehne im Kreis

# Kapitel 7
# Elementare Funktionen

Zu den elementaren Funktionen zählen Potenzfunktionen, Polynome, rationale Funktionen, trigonometrische Funktionen und algebraische Funktionen. (K.Marti und D.Gröger „Grundkurs Mathematik für Ingenieure, Natur- und Wirtschaftswissenschaftler" (Physica-Verlag, 2.Auflage, 2004))

**Aufgabe 7.1**

Vereinfachen Sie die folgenden Ausdrücke:

a) $\dfrac{\sqrt[4]{x^6}\,\sqrt[3]{x^2}}{\sqrt[8]{x^2}\,\sqrt[5]{x^2}\,\sqrt[120]{x^2}}$

b) $\sqrt[3]{\xi^{\frac{3}{2}}\left(\xi^8\xi\right)^{-\frac{1}{2}}}$

c) $\sqrt{\dfrac{\zeta^4\zeta^{-\frac{1}{2}}}{\zeta^{-3}}}$

**Lösung:**

a) $\dfrac{\sqrt[4]{x^6}\,\sqrt[3]{x^2}}{\sqrt[8]{x^2}\,\sqrt[5]{x^2}\,\sqrt[120]{x^2}} = |x|^{\frac{6}{4}+\frac{2}{3}-\frac{1}{4}-\frac{2}{5}-\frac{2}{120}} = |x|^{\frac{90}{60}} = |x|^{\frac{3}{2}} = |x|\sqrt{|x|}, x \neq 0$

b) $\sqrt[3]{\xi^{\frac{3}{2}}\left(\xi^8\xi\right)^{\frac{-1}{2}}} = \xi^{\frac{1}{2}}\xi^{-4}\xi^{\frac{-1}{2}} = \xi^{-4},\ \xi \neq 0$

c) $\sqrt{\dfrac{\zeta^4\zeta^{-\frac{1}{2}}}{\zeta^{-3}}} = \left(\dfrac{\zeta^7}{\zeta^{\frac{1}{2}}}\right)^{\frac{1}{2}} = \dfrac{\zeta^{\frac{7}{2}}}{\zeta^{\frac{1}{4}}} = \zeta^{\frac{14-1}{4}} = \zeta^{\frac{13}{4}},\ \zeta > 0.$

**Aufgabe 7.2**

Bestimmen Sie den (maximalen) Definitions- und Wertebereich der Funktionen

a) $y = -x^2 - 1,$

b) $y = \sqrt{x-4}+2$

c) $f(x) = \sqrt{-x^2+4x-3},$

K. Marti, *Übungsbuch zum Grundkurs Mathematik für Ingenieure,*
*Natur- und Wirtschaftswissenschaftler*, Physica-Lehrbuch,
DOI 10.1007/978-3-7908-2610-4_7, © Springer-Verlag Berlin Heidelberg 2010

d) $g(x) = \dfrac{1}{x^2 + x - 2}$.

**Lösung:**

a) $D_f = \mathbb{R} \quad W_f = (-\infty, -1]$

b) $D_f = [4, \infty) \quad W_f = [2, \infty)$

c) $-x^2 + 4x - 3 = 0$

$$x_{1,2} = \frac{-2 \pm \sqrt{4-3}}{-1} = 1; 3$$

$$\Rightarrow -x^2 + 4x - 3 \geq 0 \text{ für } x \in [1, 3]$$

$$\Rightarrow D_f = [1, 3] \quad W_f = [0, 1]$$

d) $x^2 + x - 2 = 0$

$$x_{1,2} = \frac{-1 \pm \sqrt{1+8}}{2} = -2; 1$$

$$\Rightarrow D_f = \mathbb{R} \backslash \{-2, 1\} \quad W_f = \mathbb{R} \backslash (-\frac{4}{9}, 0].$$

**Aufgabe 7.3**

Begründen Sie, warum die Wurzelgesetze nicht anwendbar sind

a) $f(x) = \sqrt{-1-x}\sqrt{x-1} \neq \sqrt{1-x^2}$

b) $f(x) = \sqrt{(1-x^2)}\sqrt{1-x^2} \neq 1-x^2; \qquad f(x) \neq |1-x^2|$

c) $f(x) = \sqrt{(1-x^2)^4} \neq (1-x^2)^2$

d) $f(x) = \sqrt[12]{(1-x^2)^4} \neq \sqrt[3]{1-x^2}$

**Lösung:**

a) $f(x)$ ist definiert für $-1 - x \geq 0$ und $x - 1 \geq 0$

    $\Leftrightarrow x \leq -1$ und $x \geq 1$

    $\Rightarrow D_f = \emptyset$

    $f^*(x) := \sqrt{1-x^2} \qquad D_{f^*} = [-1, 1] \neq D_f$

b) $D_f = [-1, 1] \qquad f^*(x) := 1 - x^2 \qquad D_{f^*} = \mathbb{R} \qquad f^{**}(x) = |1 - x^2| \qquad D_{f^{**}} = \mathbb{R} \neq D_f$

c) Kürzungsregel nur für $(1 - x^2) \geq 0$ erlaubt

    $\Rightarrow D_f = [-1, 1], \ f^* = (1 - x^2)^2, \ D_{f^*} = \mathbb{R} \neq D_f$

d) Kürzungsregel $\dfrac{kp}{kq} = \dfrac{p}{q}$ bei $kq = 2, 4, 6, \ldots$ nicht erlaubt; $f(x) = \sqrt[3]{|1 - x^2|}$.

**Aufgabe 7.4**

Bestimmen Sie die Lösungsmenge der folgenden Gleichungen:

a) $2 + \sqrt{3x(x-2)} = x$

b) $1 - \sqrt{2x-3} = x$

c) $x + \sqrt{1-x} = \dfrac{1}{2}$

d) $\sqrt{x+1} + \sqrt{1-3x} = 2$

**Lösung:**

a) $\quad 2 + \sqrt{3x(x-2)} = x$

$\Leftrightarrow \sqrt{3x(x-2)} = x - 2 \quad ; x \geq 2$

quadrieren ergibt:

$\Leftrightarrow 3x(x-2) = (x-2)^2$

$\Leftrightarrow (x-2)^2 - 3x(x-2) = 0$

$\Leftrightarrow (x-2)\underbrace{(x-2-3x)}_{-2x-2 = -2(x+1)} = 0 \quad | \cdot (-\tfrac{1}{2})$

$\Leftrightarrow (x-2)(x+1) = 0$

$\Rightarrow x = 2 \quad x = -1 \quad \Rightarrow x = 2$ ist die einzige Lösung

b) $\quad 1 - \sqrt{2x-3} = x$

$\Leftrightarrow \sqrt{2x-3} = 1 - x$

$\Rightarrow 1.) \; 1 - x \geq 0 \Leftrightarrow x \leq 1$

$\Rightarrow 2.) \; 2x - 3 \geq 0 \Leftrightarrow 2x \geq 3 \Rightarrow x \geq \dfrac{3}{2}$

$\Rightarrow$ keine Lösung 1.)Widerspruch zu 2.)

c) $x + \sqrt{1-x} = \dfrac{1}{2}$

$\Leftrightarrow \sqrt{1-x} = \dfrac{1}{2} - x; \; x \leq \dfrac{1}{2} \; | \cdot ()^2$

$\Leftrightarrow 1 - x = (\dfrac{1}{2} - x)^2$

$\Leftrightarrow 1 - x = \dfrac{1}{4} - x + x^2$

$\Leftrightarrow x^2 = \dfrac{3}{4} \Leftrightarrow x = \pm\dfrac{\sqrt{3}}{2}, \; \dfrac{\sqrt{3}}{2}$ ist aber $> \dfrac{1}{2}$

$\Rightarrow$ Die einzige Lösung ist $x = -\dfrac{\sqrt{3}}{2}$

d) $\sqrt{x+1} + \sqrt{1-3x} = 2; \; x \geq -1 \text{ und } x \leq \dfrac{1}{3} \; | \cdot ()^2$

$\Leftrightarrow x + 1 + 1 - 3x + 2\sqrt{(x+1)(1-3x)} = 4$

$\Leftrightarrow \sqrt{(x+1)(1-3x)} = x + 1 \; | \cdot ()^2$

$\Leftrightarrow (x+1)(1-3x) = (x+1)^2$

$\Leftrightarrow (x+1)(1-3x) - (x+1)^2 = 0$

$\Leftrightarrow (x+1)(1 - 3x - (x+1)) = 0$

$\Leftrightarrow (x+1)(1 - 3x - 1 - x) = 0$

$$\Leftrightarrow (x+1)(-4x) = 0$$
$$\Leftrightarrow x = -1;\; x = 0.$$

**Aufgabe 7.5**

Definition: Addition, Subtraktion, Multiplikation von zwei Funktionen:
$f : D_f \to \mathbb{R}, g : D_g \to \mathbb{R}$

$$f \overset{\pm}{\underset{\cdot}{}} g :\quad D_f \cap D_g \to \mathbb{R}, \qquad\qquad \left(f \overset{\pm}{\underset{\cdot}{}} g\right)(x) := f(x) \overset{\pm}{\underset{\cdot}{}} g(x)$$

Es seien folgende Funktionen gegeben:
$f(x) = \sqrt{x+1}$, $g(x) = \sqrt{4-x^2}$.

a) Bestimmen Sie den Definitions- und Wertebereich von $f(x)$ und $g(x)$
b) Bestimmen Sie die Funktionen $\left(f \overset{\pm}{\underset{\cdot}{}} g\right)(x)$ und die (maximalen) Definitionsbereiche von $\left(f \overset{\pm}{\underset{\cdot}{}} g\right)(x)$

**Lösung:**

a) $D_f = \{x \in \mathbb{R};\ x+1 \geq 0\} = \{x \in \mathbb{R};\ x \geq -1\} = [-1, \infty)$
Wurzelfunktion ist monoton steigend und stetig
Also $W_f = \mathbb{R}_0^+$

$D_g = \{x \in \mathbb{R};\ 4 - x^2 \geq 0\} = \{x \in \mathbb{R};\ (2-x)(2+x) \geq 0\} = [-2, 2]$
$W_g = \{y \in \mathbb{R};\ y = \sqrt{4 - x^2},\ x \in [-2, 2]\} = [0, \sqrt{4}] = [0, 2]$

b) $(f + g)(x) = \sqrt{x+1} + \sqrt{4 - x^2} = \sqrt{x+1} + \sqrt{(2-x)(2+x)}$
$(f - g)(x) = \sqrt{x+1} - \sqrt{4 - x^2} = \sqrt{x+1} - \sqrt{(2-x)(2+x)}$
$(f \cdot g)(x) = \sqrt{x+1}\sqrt{4 - x^2} = \sqrt{(x+1)(4 - x^2)} = \sqrt{(x+1)(2-x)(2+x)}$
Nach a) gilt $D_{f \overset{\pm}{\underset{\cdot}{}} g} = D_f \cap D_g = [-1, 2]$.

**Aufgabe 7.6**

Bestimmen Sie für die Funktionen $f(x) = x^2 + 1, g(x) = \sqrt{x}$

$$(f \cdot g)(x)$$

und

$$D_f, W_f, D_g, W_g, D_{f \cdot g}, W_{f \cdot g}.$$

**Lösung:**

$$f(x) = x^2 + 1, \quad g(x) = \sqrt{x}$$
$$D_f = \mathbb{R}, \quad D_g = \mathbb{R}_0^+ = [0, \infty)$$
$$x^2 \geq 0 \Rightarrow x^2 + 1 \geq 1 \Rightarrow W_f \subset [1, \infty) \text{ mit } f(0) = 1 \text{ folgt } W_f = [1, \infty), \text{ da } f \text{ stetig.}$$
$$\sqrt{x} \geq 0 \Rightarrow W_g \subset \mathbb{R}_0^+, \text{ aus } g(0) = 0 \text{ folgt } W_g = \mathbb{R}_0^+$$
$$(f \cdot g)(x) := f(x) \cdot g(x)$$
$$\Rightarrow D_{f \cdot g} = D_f \cap D_g = \mathbb{R}_0^+$$
$$(f \cdot g)(x) = (x^2 + 1)\sqrt{x} \geq 0 \text{ und } (f \cdot g)(0) = 0 \Rightarrow W_{f \cdot g} = \mathbb{R}_0^+.$$

**Aufgabe 7.7**

Geben Sie das Polynom kleinsten Grades an, das folgende Nullstellen und die angegebenen Funktionswerte besitzt:

a) $x_1 = -4, x_2 = 4, p(0) = 4$

b) $x_1 = x_2 = 1, x_3 = x_4 = x_5 = 0, x_6 = -2, p(-1) = 4$

**Lösung:**

a) $x_1 = -4, x_2 = 4, p(0) = 4$
$$\Rightarrow p(x) = a(x - 4)(x + 4)$$
$$\Rightarrow 4 \overset{!}{=} p(0) = a(-4)(4) = -16a$$
$$\Rightarrow a = -\frac{1}{4}$$
$$\Rightarrow p(x) = -\frac{1}{4}(x - 4)(x + 4) = -\frac{1}{4}(x^2 - 16) = -\frac{1}{4}x^2 + 4$$

b) $x_1, x_2 = 1, x_3, x_4, x_5 = 0, x_6 = -2, p(-1) = 4$
$$\Rightarrow p(x) = a(x - 1)^2 x^3 (x + 2)$$
$$\Rightarrow p(-1) = a(-1 - 1)^2 (-1)^3 \cdot (-1 + 2) \overset{!}{=} 4$$
$$\Leftrightarrow a(-2)^2 \cdot (-1) \cdot 1 = 4$$
$$\Leftrightarrow -4a = 4 \Leftrightarrow a = -1$$
$$\Rightarrow p(x) = -(x - 1)^2 \cdot x^3 (x + 2)$$
$$= -(x^2 - 2x + 1)(x^4 + 2x^3)$$
$$= -(x^6 + 2x^5 - 2x^5 - 4x^4 + x^4 + 2x^3)$$
$$= -x^6 + 3x^4 - 2x^3$$

**Aufgabe 7.8**

Berechnen Sie die Lösungen der Gleichungen

a) $1 - \cos x = \tan \dfrac{x}{2}$

b) $\sin x + \cos x = 1$

c) $\cos(2x) - \sin(2x) = 1, \ 0 \leq x < 2\pi.$

**Lösung:**

a)

$$1 - \cos x = \tan \frac{x}{2}$$

$$1 - (\cos^2 \frac{x}{2} - \sin^2 \frac{x}{2}) = \tan \frac{x}{2}$$

$$1 - (1 - \sin^2 \frac{x}{2} - \sin^2 \frac{x}{2}) = \tan \frac{x}{2}$$

$$2\sin^2 \frac{x}{2} = \frac{\sin \frac{x}{2}}{\cos \frac{x}{2}}$$

$\Rightarrow$

1.Fall: $\sin \frac{x}{2} = 0 \Leftrightarrow x \in \{2k\pi, k \in \mathbb{Z}\}$

oder

2.Fall:

$$2\sin \frac{x}{2} = \frac{1}{\cos \frac{x}{2}}$$

$$2\sin \frac{x}{2} \cos \frac{x}{2} = 1$$

$$\sin x = 1$$

$$\Leftrightarrow x \in \left\{ \left( (2m + \frac{1}{2})\pi \right), m \in \mathbb{Z} \right\}$$

$$\Rightarrow x \in \{2k\pi, k \in \mathbb{Z}\} \cup \left\{ \left( (2m + \frac{1}{2})\pi \right), m \in \mathbb{Z} \right\}$$

b)

$$\sin x + \cos x = 1$$
$$\Leftrightarrow \sin x = 1 - \cos x$$
$$\Leftrightarrow 2\sin\frac{x}{2}\cos\frac{x}{2} = 2\sin^2\frac{x}{2}$$
$$\Leftrightarrow \sin\frac{x}{2}(\cos\frac{x}{2} - \sin\frac{x}{2}) = 0$$
$$\Leftrightarrow$$

1. Fall: $\sin\frac{x}{2} = 0 \iff \frac{x}{2} = \pi k, k \in \mathbb{Z} \iff x = 2\pi k, k \in \mathbb{Z}$

oder

2. Fall: $\sin\frac{x}{2} \neq 0$

und $\cos\frac{x}{2} - \sin\frac{x}{2} = 0 \mid : \sin\frac{x}{2}$

$$\Leftrightarrow \cot\frac{x}{2} = 1$$
$$\Leftrightarrow \frac{x}{2} = \frac{\pi}{4} + \pi k, k \in \mathbb{Z}$$
$$\Leftrightarrow x = \frac{\pi}{2} + 2\pi k, k \in \mathbb{Z}$$

$\Rightarrow$ Die Lösung ist $x = 2\pi k$ oder $x = \frac{\pi}{2} + 2\pi k, k \in \mathbb{Z}$

c)

$$\cos(2x) - \sin(2x) = 1$$
$$\Leftrightarrow 1 - 2\sin^2 x - 2\sin x \cos x = 1$$
$$\Leftrightarrow \sin x(\sin x + \cos x) = 0$$
$$\Leftrightarrow$$

1. Fall: $\sin x = 0 \overset{x \overset{!}{\in} [0,2\pi)}{\Leftrightarrow} x = 0$ oder $x = \pi$

oder

2. Fall: $\sin x \neq 0$

und $\sin x + \cos x = 0 \mid : \sin x$

$$\Leftrightarrow \cot x = -1 \overset{x \overset{!}{\in} [0,2\pi)}{\Leftrightarrow} x = \frac{3\pi}{4} \text{ oder } x = \frac{7\pi}{4}$$

$\Rightarrow$ Die Lösung ist $x \in \{0, \frac{3\pi}{4}, \pi, \frac{7\pi}{4}\}$.

**Aufgabe 7.9**

Zeichnen Sie jeweils in derselben Abbildung die Graphen der Funktionen

a) $\sin x, 4\sin x, \dfrac{1}{2}\sin x$ im Bereich $0 \le x \le 2\pi$

b) $\sin x, \sin(\pi x), \sin \dfrac{\pi}{10}x$ im Bereich $0 \le x \le 10$

c) $\sin x, \sin\left(x + \dfrac{\pi}{4}\right), \sin(x-1)$ im Bereich $-\dfrac{\pi}{4} \le x \le 2\pi + 1$.

**Lösung:**

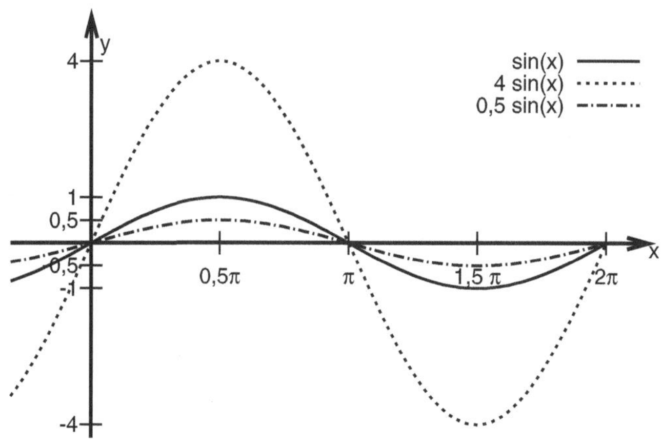


**Abb. 7.1** Grafik zu Teilaufgabe a)

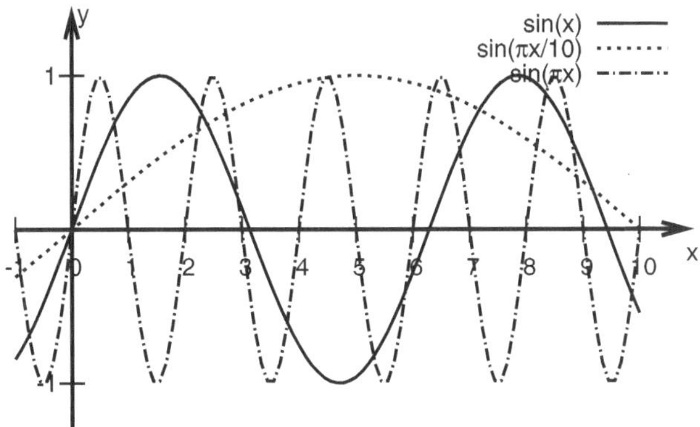

**Abb. 7.2** Grafik zu Teilaufgabe b)

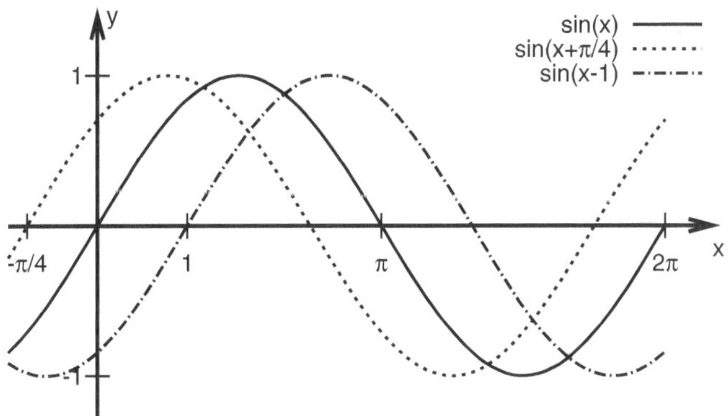

**Abb. 7.3** Grafik zu Teilaufgabe c)

**Aufgabe 7.10**

Stellen Sie die Funktion $y(x) = \sin x + \sqrt{3}\cos x$ in der Form

$$y(x) = A\cos(x - x_0) \text{ mit } A > 0 \text{ und } x_0 \in (0, 2\pi)$$

dar, untersuchen Sie sie in Bezug auf Beschränktheit, Symmetrie und Periodizität und skizzieren Sie ihren Graphen im Intervall $[0, 2\pi]$.

**Lösung:**

$y(x) = \sin x + \sqrt{3}\cos x \overset{!}{=} A\cos(x - x_0),\ A > 0,\ x_0 \in (0, 2\pi)$
Additionstheoreme:
$A\cos(x - x_0) = A(\cos x \cos x_0 + \sin x \sin x_0)$
Koeffizientenvergleich:
$A\cos x_0 = \sqrt{3},\ A\sin x_0 = 1$
$\Rightarrow A^2\cos^2 x_0 = 3,\ A^2\sin^2 x_0 = 1 \Rightarrow A^2 \underbrace{(\cos^2 x_0 + \sin^2 x_0)}_{=1} = 3 + 1 \Rightarrow A^2 = 4 \overset{A > 0}{\Rightarrow} A = 2$

also: $2\cos x_0 = \sqrt{3} \Leftrightarrow \cos x_0 = \dfrac{1}{2}\sqrt{3}$

und: $2\sin x_0 = 1 \Leftrightarrow \sin x_0 = \dfrac{1}{2}$

$\overset{x_0 \in (0, 2\pi)}{\Leftrightarrow} x_0 = \dfrac{\pi}{6}$

$\Rightarrow y(x) = 2\cos\left(x - \dfrac{\pi}{6}\right)$

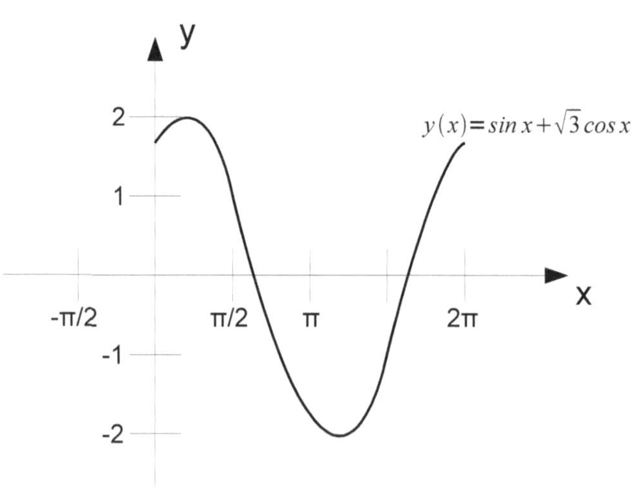


**Abb. 7.4** Grafik der Funktion $y(x) = \sin x + \sqrt{3}\cos x$

| | beschränkt | | | |
|---|---|---|---|---|
| oben | unten | gerade | ungerade | periodisch |
| $C = 2$ | $C = -2$ | $-$ | $-$ | $T = 2\pi$ |

**Aufgabe 7.11**

a) Was bewirkt die Ersetzung des Arguments $x$ in $\sin x (\cos x)$ durch $x - x_0$ mit $x_0 > 0$ oder $x_0 < 0$ bzw. durch $\omega x$, wobei $x_0, \omega$ feste Zahlen sind?

b) **Überlagerung von Schwingungen**: Seien $a, b, \omega$ gegebene feste Zahlen. Finden Sie Zahlen A (= *Amplitude*) und $\delta$ (= *Phasenverschiebung*), so dass

$$a \sin \omega x + b \cos \omega x \equiv A \sin(\omega x - \delta).$$

Hinweis: Additionstheoreme.

c) $\sin x + \cos x = A \sin(\omega x - \delta), A =?, \omega =?, \delta =?$

d) $3 \sin x - 4 \cos x = A \sin(\omega x - \delta), A =?, \omega =?, \delta =?$

**Lösung:**

a) i) Die Ersetzung des Arguments $x$ durch $x - x_0$ bewirkt eine Verschiebung in $x$-Richtung um $x_0$:

Für $x_0 > 0$ erhält man eine Verschiebung in positiver $x$-Richtung

Für $x_0 < 0$ erhält man eine Verschiebung in negativer $x$-Richtung

ii) Aus $\sin(\omega x + 2\pi) = \sin \omega \left( x + \dfrac{2\pi}{\omega} \right) = \sin(\omega x)$ folgt:

$\sin(\omega x)$ ist periodisch mit der Periode $T_0 = \dfrac{2\pi}{\omega}$

b) Sei $a, b \in \mathbb{R} \backslash \{0\}$ ; $\dfrac{a}{\sqrt{a^2 + b^2}} =: \cos \alpha$ ; $\dfrac{b}{\sqrt{a^2 + b^2}} =: \sin \alpha$ mit $\alpha \in [0, 2\pi)$

Dann gilt:

$$a \sin(\omega x) + b \cos(\omega x) = \sqrt{a^2 + b^2}(\sin(\omega x) \cos \alpha + \cos(\omega x) \sin \alpha)$$

$$= \sqrt{a^2 + b^2}(\sin(\omega x + \alpha)) \overset{!}{=} A \sin(\omega x - \delta)$$

$\Rightarrow A := \sqrt{a^2 + b^2} > 0;$

$\tan \alpha = \dfrac{\sin \alpha}{\cos \alpha} = \dfrac{b}{a}$, mit $\alpha \in \left( -\dfrac{\pi}{2}, +\dfrac{\pi}{2} \right);$

$-\delta = \alpha = \arctan \left( \dfrac{b}{a} \right)$

c) $a, b = 1, \omega = 1 \overset{8.11b)}{\Rightarrow} A = \sqrt{2}, \omega = 1, \delta = -\dfrac{\pi}{4}$

$$\Rightarrow \sin x + \cos x = \sqrt{2} \sin \left( x + \dfrac{\pi}{4} \right)$$

d) $a = 3, b = 4, \omega = 1$

$\Rightarrow A = \sqrt{9 + 16} = 5,$

$\tan \alpha = \dfrac{4}{3} \Rightarrow \alpha = \arctan \dfrac{4}{3} \approx 0{,}93 \approx 53° \Rightarrow \delta = -\alpha \approx -0{,}93$

$$\Rightarrow 3\sin x + 4\cos x = 5\sin(x - 0,93).$$

**Aufgabe 7.12**

Bestimmen Sie gegebenenfalls die Perioden folgender Funktionen

a) $y = \dfrac{7}{2}\cos\left(\dfrac{5}{2}x\right),$

b) $y = \cos x + \sin\dfrac{3}{4}x$

c) $y = \dfrac{\sin x}{x},$

d) $y = 2\sin\left(x - \dfrac{5\pi}{6}\right)$

**Lösung:**

a)

$$f(x) = 3,5\cos\left(\frac{5}{2}x\right)$$

$$= 3,5\cos\left(\frac{5}{2}x + 2\pi\right) = 3,5\cos\left(\frac{5}{2}\left(x + \frac{2}{5}\cdot 2\pi\right)\right)$$

$$= 3,5\cos\left(\left(\frac{5}{2}\left(x + \frac{4}{5}\pi\right)\right)\right)$$

$$= f\left(x + \frac{4}{5}\pi\right) = f(x + T) \quad \text{mit} \quad T = \frac{4}{5}\pi$$

b)

$$f(x) = \cos x + \sin\left(\frac{3}{4}x\right) = \cos(x + 2k_1\pi) + \sin\left(\frac{3}{4}x + 2k_2\pi\right)$$

$$= \cos(x + \underbrace{2k_1\pi}_{T_1}) + \sin\left(\frac{3}{4}\left(x + \underbrace{\frac{4}{3}\cdot 2k_2\pi}_{T_2}\right)\right)$$

$$\text{für } k_1 = k_2 = 1 \Rightarrow \left.\begin{array}{l} T_1 = 2\pi \\ T_2 = \frac{8}{3}\pi \end{array}\right\} \text{ k.g.v } \{T_1, T_2\} = \left\{\frac{6\pi}{3}, \frac{8\pi}{3}\right\} = \frac{24\pi}{3} = 8\pi = T$$

damit gilt:

$$f(x+T) = f(x+8\pi) = \cos(x+8\pi) + \sin\left(\frac{3}{4}(x+8\pi)\right)$$

$$= \cos x + \sin\left(\frac{3}{4}x + 6\pi\right) = \cos x + \sin\left(\frac{3}{4}x\right) = f(x)$$

c) $f(x) = \dfrac{\sin x}{x}$ , $f$ ist nicht periodisch $\Rightarrow T = +\infty$

d)

$$f(x) = 2\sin\left(x - \frac{5\pi}{6}\right)$$

$$= 2\sin\left(x - \frac{5\pi}{6} + 2\pi\right) = 2\sin\left((x+2\pi) - \frac{5\pi}{6}\right) = f(x+2\pi), \quad x \in \mathbb{R}$$

$$\Rightarrow T = 2\pi.$$

**Aufgabe 7.13**

Beweisen Sie mit Hilfe der Additionstheoreme für die sinus- und cosinus-Funktion das Additionstheorem für die Tangens-Funktion

$$\tan(x \pm y) = \frac{\tan x \pm \tan y}{1 \mp \tan x \tan y} \quad .$$

**Lösung:**

$$\frac{\tan x \pm \tan y}{1 \mp \tan x \tan y} = \frac{\dfrac{\sin x}{\cos x} \pm \dfrac{\sin y}{\cos y}}{1 \mp \dfrac{\sin x}{\cos x} \cdot \dfrac{\sin y}{\cos y}}$$

$$= \frac{\dfrac{\sin x \cos y \pm \sin y \cos x}{\cos x \cos y}}{\dfrac{\cos x \cos y \mp \sin y \cos x}{\cos x \cos y}}$$

$$\overset{\text{Add.Th.}}{=} \frac{\sin(x \pm y)}{\cos x \cos y} \cdot \frac{\cos x \cos y}{\cos(x \pm y)}$$

$$= \frac{\sin(x \pm y)}{\cos(x \pm y)} = \tan(x \pm y).$$

# Kapitel 8
# Grenzwerte von Funktionen

Man unterscheidet zwei Arten von Grenzwerten: Grenzwerte im „Endlichen"  und
Grenzwerte im „Unendlichen" .

**Definition: Grenzwert im „Endlichen"** (Def. 14.3, Kap. 14.2).
Es seien $f$ eine auf $D$ definierte Funktion und $x_0 \in \mathbb{R}$, so dass in jeder Umgebung
von $x_0$ mindestens ein von $x_0$ verschiedenes Element $x$ von $D$ liegt. Eine Zahl $a$ heißt
*Grenzwert von f in $x_0$*, wenn es zu jedem (noch so kleinen) $\varepsilon > 0$ ein $\delta = \delta(\varepsilon) > 0$
gibt, so dass

$$|f(x) - a| < \varepsilon \quad \text{für alle } x \in D \quad \text{mit } x \neq x_0 \text{ und } |x - x_0| < \delta.$$

**Definition: Grenzwert im „Unendlichen"** $\pm\infty$ (Def. 14.1,14.2, Kap. 14.1).
Der Definitionsbereich $D$ einer Funktion $f$ sei so beschaffen, dass in jedem Inter-
vall $(c, +\infty)$ (bzw. $(-\infty, c)$) mindestens ein Element $x$ von $D$ liegt. Eine Zahl $a$ heißt
*Grenzwert von f für $x \to +\infty$ (bzw. $-\infty$)*, wenn es zu jedem (noch so kleinen) $\varepsilon > 0$
eine Zahl $X = X(\varepsilon)$ gibt, so dass $|f(x) - a| < \varepsilon$ für alle $x \in D$ mit $x > X$ (bzw. $x < X$).

**Definition: Exponentialfunktion** (Def. 14.4, Kap. 14.3)
Es sei $a > 0$ und $x \in \mathbb{R}$. Man setzt

$$a^x := \lim_{n \to \infty} a^{r_n},$$

wobei $(r_n)$ irgendeine gegen $x$ konvergente Folge rationaler Zahlen ist.
Für ein beliebiges $a > 0$ heißt die Funktion

$$f : x \to a^x, x \in \mathbb{R}$$

die *Exponentialfunktion mit der Basis a*.

**Aufgabe 8.1**
a) Welche Schranke $X(\varepsilon)$ muß $x$ überschreiten, damit $f(x) = \dfrac{x^2}{3x^2 + x}$ vom Grenz-

wert $G$ für $x \to +\infty$ um weniger als $\varepsilon = \dfrac{1}{999}$ abweicht?

K. Marti, *Übungsbuch zum Grundkurs Mathematik für Ingenieure,*
*Natur- und Wirtschaftswissenschaftler*, Physica-Lehrbuch,
DOI 10.1007/978-3-7908-2610-4_8, © Springer-Verlag Berlin Heidelberg 2010

Hinweis: Bestimmen Sie zuerst den Grenzwert $G$ mit Hilfe der Rechenregeln für Grenzwerte und der Beziehung $\lim\limits_{x\to\pm\infty}\dfrac{1}{x}=0$, und lösen sie sodann die Ungleichung

$$|f(x)-G|<\varepsilon \text{ nach } x \text{ auf.}$$

b) Wie nahe muß $x$ an $x_0=4$ mindestens heranrücken, damit $\dfrac{16}{(x-4)^4}>M$, mit $M=10.000$, gilt?

Hinweis: Lösen Sie die Ungleichung nach $|x-4|$ auf.

**Lösung:**

a)

$$\lim_{x\to\infty}\frac{x^2}{3x^2+x}=\lim_{x\to\infty}\frac{x^2}{x^2(3+\frac{1}{x})}=1\cdot\lim_{x\to\infty}\frac{1}{3+\frac{1}{x}}=\frac{1}{3}=G\quad\text{mit }\varepsilon=\frac{1}{999}\text{ und}$$

$$|f(x)-G|<\varepsilon\text{ folgt:}$$

$$\left|\frac{x^2}{3x^2+x}-\frac{1}{3}\right|<\frac{1}{999}\quad\Rightarrow\quad\left|\frac{-1}{9x+3}\right|<\frac{1}{999}$$

$$\Rightarrow\quad\left|\frac{-1}{3x+1}\right|<\frac{1}{333}\quad\Rightarrow\quad\underbrace{|-3x-1|}_{\text{immer }<0}>333$$

$$\Rightarrow\quad 3x>332$$

$$\Rightarrow\quad x>\frac{332}{3}\approx110,66\Rightarrow X(\varepsilon)=110$$

b)

$$\text{Mit }x_0=4\text{ und }M=10000\text{ folgt:}\quad\frac{16}{(x-4)^4}>10000$$

$$\Rightarrow 16>10000(x-4)^4\quad\Big|\sqrt[4]{}$$

$$2>10|x-4|\quad\Big|()^2$$

$$\frac{4}{100}>x^2-8x+16$$

$$0>x^2-8x+15,96$$

$$x^2-8x+15,96=0\text{ für }x_{1,2}=4\pm\sqrt{16-15,96}$$

$$\Leftrightarrow\text{ für }x_1=4,2;\ x_2=3,8$$

$$\Rightarrow x^2-8x+15,96<0\text{ für }x\in(3,8;4,2)$$

$$\Rightarrow x\text{ näher als }x_0\pm0,2.$$

**Aufgabe 8.2**

Untersuchen Sie die Existenz oder Nichtexistenz des folgenden Grenzwerts
$$\lim_{x\to 0}\frac{\sin x+\cos x}{x}.$$

**Lösung:**

Der Grenzwert existiert nicht, da
$$\lim_{x\to\downarrow 0}\frac{\sin x+\cos x}{x}=\infty \quad\text{und}\quad \lim_{x\to\uparrow 0}\frac{\sin x+\cos x}{x}=-\infty.$$

**Aufgabe 8.3**

a) Man bestimme den Grenzwert $G_1=\lim\limits_{x\to+\infty}f_1(x)$ für $f_1(x)=\dfrac{x-1}{2x+1},\,x\ge 0$.

   Sodann berechne man zu gegebenem $\varepsilon>0$ ein $X_1=X_1(\varepsilon)>0$, so dass $|f_1(x)-G_1|<\varepsilon$, falls $x>X_1(\varepsilon)$.

b) Man finde zu $\varepsilon>0$ eine Schranke $X_2(\varepsilon)<0$, so dass $|f_2(x)-G_2|<\varepsilon$ für $x<X_2(\varepsilon)$, wobei $f_2(x)=\dfrac{\sin x}{x}$ und $G_2=0$.

**Lösung:**

a)
$$G_1=\lim_{x\to\infty}\frac{x-1}{2x+1}=\lim_{x\to\infty}\frac{1-\frac{1}{x}}{2+\frac{1}{x}}=\frac{1-\lim\limits_{x\to\infty}\frac{1}{x}}{2+\lim\limits_{x\to\infty}\frac{1}{x}}=\frac{1}{2}$$

$$|f_1(x)-G_1|=\left|\frac{x-1}{2x+1}-\frac{1}{2}\right|=\left|\frac{-3}{2(2x+1)}\right|\overset{x\ge 0}{=}\frac{3}{2(2x+1)}\le\varepsilon$$

$$\Leftrightarrow \frac{3}{2\varepsilon}<2x+1 \Leftrightarrow x>\frac{1}{2}\left(\frac{3}{2\varepsilon}-1\right)$$

$$\Rightarrow \quad X_1(\varepsilon)=\frac{1}{2}\left(\frac{3}{2\varepsilon}-1\right)$$

b)
$$\left|\frac{\sin x}{x}-0\right|\le\left|\frac{1}{x}\right|\overset{x<0}{=}\frac{1}{-x}<\varepsilon \Leftrightarrow -x>\frac{1}{\varepsilon}\Leftrightarrow x<-\frac{1}{\varepsilon}\Rightarrow X_2(\varepsilon)=-\frac{1}{\varepsilon}.$$

**Aufgabe 8.4**

Zeigen Sie mit Hilfe der $\varepsilon$-$\delta$-Definition des Grenzwertes an der Stelle $x_0$, dass gilt:

a) $\lim\limits_{x\to 1}\dfrac{2x^4-6x^3+x^2+3}{x-1}=-8$

b) $\lim\limits_{x\to 0}\dfrac{1}{x}$ existiert nicht.

**Lösung:**

a) Es sei $\varepsilon > 0$. Gesucht ist ein $\delta > 0$ mit:

$$\left| \frac{2x^4 - 6x^3 + x^2 + 3}{x-1} - (-8) \right| < \varepsilon \text{ für } 0 < |x-1| < \delta$$

Umformen ergibt für $x \neq 1$:

$$\frac{2x^4 - 6x^3 + x^2 + 3}{x-1} + 8 = (2x^3 - 4x^2 - 3x - 3) + 8 = 2x^3 - 4x^2 - 3x + 5$$

$$= 2(x-1)^3 + 2x^2 - 9x + 7 = 2(x-1)^3 + 2(x-1)^2 - 5x + 5$$

$$= 2(x-1)^3 + 2(x-1)^2 - 5(x-1)$$

Setzt man zunächst $\delta \leq 1$ fest, so folgt für $0 < |x-1| < \delta$:

$$\left| \frac{2x^4 - 6x^3 + x^2 + 3}{x-1} + 8 \right| \leq 2|x-1|^3 + 2|x-1|^2 + 5|x-1| < 2\delta^3 + 2\delta^2 + 5\delta < 2\delta$$
$$+ 2\delta + 5\delta = 9\delta$$

Da $9\delta \leq \varepsilon$ für $\delta \leq \dfrac{\varepsilon}{9}$, setzt man endgültig $\delta = \min\left\{ 1, \dfrac{\varepsilon}{9} \right\}$.

b) Angenommen, es existiert $a = \lim\limits_{x \to 0} \dfrac{1}{x}$. Dann gibt es nach der $\varepsilon$-$\delta$-Definition ein $\delta > 0$, so dass

$$\left| \frac{1}{x} - a \right| < 1, \text{ d.h. } a - 1 < \frac{1}{x} < a + 1, \text{ für alle } \underbrace{0 < |x| < \delta}_{I}$$

Wähle $x \in I: x := \pm\dfrac{\delta}{n}$ $(\delta > 0)$ und $n \geq 2$

$$\Rightarrow a - 1 < \frac{1}{\pm\frac{\delta}{n}} < a + 1 \text{ für alle } n \geq 2$$

$$\Rightarrow a - 1 < \pm\frac{n}{\delta} < a + 1 \text{ für alle } n \geq 2$$

$$\Rightarrow \underbrace{\delta(a-1)}_{\text{fest}} < \pm n < \underbrace{\delta(a+1)}_{\text{fest}} \text{ für alle } n \geq 2.$$

$$\underbrace{\phantom{\delta(a-1) < \pm n < \delta(a+1)}}_{\text{Widerspruch}}$$

**Aufgabe 8.5**

Zeigen Sie mit Hilfe der Definition des Grenzwertes an der Stelle $x_0$ oder im Unendlichen, dass

a) $\lim\limits_{x \to 1} (4x^3 + 3x^2 - 24x + 22) = 5$

b) $\lim\limits_{x \to +\infty} \dfrac{x}{x+1} = 1$

c) $\lim\limits_{x \to -3} \dfrac{1}{x+3}$ nicht existiert.

d) $\lim\limits_{x \to 0} x \cdot \sin \dfrac{1}{x} = 0$

e) $\lim\limits_{x \to \pm\infty} \dfrac{8x}{x^2+4} = 0$

f) $\lim\limits_{x \to \pm\infty} \dfrac{x^2+2x+3}{(x+1)^2} = 1$

**Lösung:**

a) $\lim\limits_{x \to 1}(4x^3 + 3x^2 - 24x + 22) = 5$

$$|4x^3 + 3x^2 - 24x + 22 - 5| < \varepsilon \ \text{ für alle } x: 0 < |x-1| < \delta$$

$$4x^3 + 3x^2 - 24x + 17 = (4x^3 - 12x^2 + 12x - 4) + 15x^2 - 36x + 21$$

$$= 4(x-1)^3 + 15(x^2 - 2x + 1) - 6x + 6$$

$$= 4(x-1)^3 + 15(x-1)^2 - 6(x-1)$$

$$|4x^3 + 3x^2 - 24x + 17| = |4(x-1)^3 + 15(x-1)^2 - 6(x-1)|$$

$$|4(x-1)^3 + 15(x-1)^2 - 6(x-1)| \le 4|x-1|^3 + 15|x-1|^2 + 6|x-1|$$

$$\le 4\delta^3 + 15\delta^2 + 6\delta$$

$$\text{mit } \delta \le 1 \ \le 4\delta + 15\delta + 6\delta = 25\delta < \varepsilon$$

$$\Rightarrow 25\delta < \varepsilon \Leftrightarrow \delta < \frac{\varepsilon}{25} \ \Rightarrow \delta := \min\left\{1, \frac{\varepsilon}{25}\right\}$$

b)

$$\lim\limits_{x \to \infty} \frac{x}{x+1} = 1$$

$$\left| \frac{x}{x+1} - 1 \right| < \varepsilon$$

$$\left| \frac{x}{x+1} - \frac{x+1}{x+1} \right| = \left| \frac{-1}{x+1} \right| = \frac{|-1|}{|x+1|} = \frac{1}{|x+1|}$$

ohne Einschränkung $x+1 > 0$, da $\lim\limits_{x \to +\infty}$ gesucht ist

$$\Rightarrow \frac{1}{|x+1|} = \frac{1}{x+1} < \varepsilon \Leftrightarrow 1 < \varepsilon(x+1)$$

$$\frac{1}{\varepsilon} < x+1$$

$$x > \underbrace{\frac{1}{\varepsilon} - 1}_{X(\varepsilon)}$$

$$\Rightarrow \lim_{x\to\infty} \frac{x}{x+1} = 1$$

c) $\displaystyle\lim_{x\to -3} \frac{1}{x+3}$ existiert nicht

setze $y := x+3 \Rightarrow x = y-3 \Rightarrow \dfrac{1}{x+3} = \dfrac{1}{y-3+3} = \dfrac{1}{y}$

$x \to -3 \Rightarrow y-3 \to -3 \Rightarrow y \to 0$

$\Rightarrow \displaystyle\lim_{x\to -3} \frac{1}{x+3} = \lim_{y\to 0} \frac{1}{y}$ existiert nicht! (s. Aufgabe 9.4 b)

d) Sei $\varepsilon > 0$. Gesucht: $\delta = \delta(\varepsilon) > 0$ mit:

$|x \sin \frac{1}{x} - 0| = |x| |\sin \frac{1}{x}| < \varepsilon$

falls $0 < |x-0| = |x| < \delta$.

Verschärfung durch Abschätzen:

$|\sin \frac{1}{x}| \leq 1$

$\Rightarrow |x| |\sin \frac{1}{x}| \leq |x| < \varepsilon$

Wähle $\delta := \varepsilon$, so gilt: $|x \sin \frac{1}{x} - 0| < \varepsilon$ für $0 < |x-0| < \delta$

e) Es sei $\varepsilon > 0$. Gesucht ist ein $x^+ = x^+(\varepsilon)$ (bzw. $x^- = x^-(\varepsilon)$)   mit

$$\left| \frac{8x}{x^2+4} - 0 \right| = \frac{8|x|}{x^2+4} < \varepsilon \text{ für } x > x^+ \ (x < x^-)$$

(i) $x \to +\infty$, also $x > 0$

$\dfrac{8|x|}{x^2+4} < \varepsilon \Leftrightarrow 8x < (x^2+4)\varepsilon$

$\Leftrightarrow x^2 - \dfrac{8}{\varepsilon} x + 4 > 0$

Nullstellen: $x_{1/2} = \dfrac{4}{\varepsilon} \pm \dfrac{2}{\varepsilon} \sqrt{4 - \varepsilon^2}$

sei $\varepsilon < 2$

$\Leftrightarrow x > \dfrac{4}{\varepsilon} + \dfrac{2}{\varepsilon} \sqrt{4 - \varepsilon^2} =: X^+(\varepsilon)$

Als Schranke für $x$ erhält man also $X^+(\varepsilon) := \dfrac{4}{\varepsilon} + \dfrac{2}{\varepsilon} \sqrt{4 - \varepsilon^2}$

(ii) $x \to -\infty$, also $x < 0$

$\dfrac{8|x|}{x^2+4} < \varepsilon \Leftrightarrow -8x < (x^2+4)\varepsilon$

$$\Leftrightarrow x^2 + \frac{8}{\varepsilon}x + 4 > 0$$

Nullstellen: $x_{1/2} = -\frac{4}{\varepsilon} \pm \frac{2}{\varepsilon}\sqrt{4 - \varepsilon^2}$

sei $\varepsilon < 2$

$$\Leftrightarrow x < -\frac{4}{\varepsilon} - \frac{2}{\varepsilon}\sqrt{4 - \varepsilon^2} =: X^-(\varepsilon)$$

f) $\left|\dfrac{x^2 + 2x + 3}{(x+1)^2} - 1\right| = \left|\dfrac{\overbrace{(x^2 + 2x + 1)}^{(x+1)^2} + 2}{(x+1)^2} - \dfrac{(x+1)^2}{(x+1)^2}\right| = \left|\dfrac{2}{(x+1)^2}\right| = \dfrac{2}{(x+1)^2}$

$\left|\dfrac{x^2 + 2x + 3}{(x+1)^2} - 1\right| < \varepsilon \Leftrightarrow \dfrac{2}{(x+1)^2} < \varepsilon \overset{(x+1)^2 > 0, \varepsilon > 0}{\Leftrightarrow} \dfrac{2}{\varepsilon} < (x+1)^2 \Leftrightarrow \sqrt{\dfrac{2}{\varepsilon}} < |x+1|$ $(*)$

i) $x \to \infty \Rightarrow x + 1 > 0 \Rightarrow x > -1$

$\overset{(*)}{\Rightarrow} \sqrt{\dfrac{2}{\varepsilon}} < |x+1| \Leftrightarrow \sqrt{\dfrac{2}{\varepsilon}} < x+1 \Leftrightarrow x > \sqrt{\dfrac{2}{\varepsilon}} - 1$

ii) $x \to -\infty \Rightarrow x + 1 < 0 \Rightarrow x < -1$

$\overset{(*)}{\Rightarrow} \sqrt{\dfrac{2}{\varepsilon}} < |x+1| \Leftrightarrow \sqrt{\dfrac{2}{\varepsilon}} < -(x+1) \Leftrightarrow \sqrt{\dfrac{2}{\varepsilon}} < -x - 1 \Leftrightarrow x < -1 - \sqrt{\dfrac{2}{\varepsilon}}$

Insgesamt gilt also:

für $x > X^+(\varepsilon) = -1 + \sqrt{\dfrac{2}{\varepsilon}}$ gilt $\left|\dfrac{x^2 + 2x + 3}{(x+1)^2} - 1\right| < \varepsilon$

für $x < X^-(\varepsilon) = -1 - \sqrt{\dfrac{2}{\varepsilon}}$ gilt $\left|\dfrac{x^2 + 2x + 3}{(x+1)^2} - 1\right| < \varepsilon.$

**Aufgabe 8.6**

Unter Rückgriff auf die Definition des Grenzwerts zeige man

$$\lim_{x \to \pm\infty} x \sin \frac{2}{x} = 2$$

unter Zuhilfenahme von $\left|\dfrac{\sin y}{y} - 1\right| \leq \dfrac{y^2}{2}$ für $y \in \left(0; \dfrac{\pi}{2}\right)$

**Lösung:**

$f(x) = x \sin\dfrac{2}{x}$ ist gerade, darum genügt es, den Grenzwert $x \to +\infty$ zu betrachten.

$|f(x) - 2| = \left|x \sin\dfrac{2}{x} - 2\right| = 2 \cdot \left|\dfrac{x}{2}\sin\dfrac{2}{x} - 1\right| = 2 \cdot \left|\dfrac{\sin\dfrac{2}{x}}{\dfrac{2}{x}} - 1\right|$

$\dfrac{2}{x} \overset{x \to +\infty}{\in} \left(0, \dfrac{\pi}{2}\right) \Rightarrow$ man kann den Hinweis benutzen und es gilt:

$$0 < \frac{2}{x} < \frac{\pi}{2} \quad \Leftrightarrow \quad \frac{2}{\pi} < \frac{x}{2} \quad \Leftrightarrow \quad x > \frac{4}{\pi}$$

$$\text{Falls } x > \frac{4}{\pi} \quad \Rightarrow \quad |f(x) - 2| = 2 \cdot \left| \frac{\sin \frac{2}{x}}{\frac{2}{x}} - 1 \right| \le 2 \cdot \frac{\left(\frac{2}{x}\right)^2}{2} = \frac{4}{x^2}$$

$$\text{Also } |f(x) - 2| < \varepsilon \quad \Leftrightarrow \quad \frac{4}{x^2} < \varepsilon \quad \Leftrightarrow \quad x > \frac{2}{\sqrt{\varepsilon}}$$

$$\text{Für } x > X(\varepsilon) := \max\left\{ \frac{4}{\pi}, \frac{2}{\sqrt{\varepsilon}} \right\} \quad \text{ist} \quad |f(x) - 2| < \varepsilon.$$

**Aufgabe 8.7**

Berechnen Sie mit Hilfe der Rechenregeln für Grenzwerte die folgenden Grenzwerte

a) $\displaystyle\lim_{x \to \pm\infty} \frac{x \sin x}{x^2 + 1}$,

b) $\displaystyle\lim_{x \to +\infty} \frac{x+1}{x-1} \cdot \frac{x^n - 1}{x^n + 1}$

c) $\displaystyle\lim_{x \to \frac{\pi}{4}} \frac{\cos^2 x - \sin^2 x}{\frac{\pi}{4} - x} \quad \left( \text{Hinweis: } \lim_{x \to 0} \frac{\sin x}{x} = 1 \right)$

d) $\displaystyle\lim_{x \to 0} \frac{\sqrt{\frac{1}{2}(1 - \cos x)}}{|x|}$,

e) $\displaystyle\lim_{x \to +\infty} \left( 1 + \frac{1}{x^2} + \frac{\sqrt{x}}{x^3} \right)$

f) $\displaystyle\lim_{x \to 1} \left( \frac{1}{1-x} - \frac{3}{(1-x)(1+x+x^2)} \right)$

g) $\displaystyle\lim_{x \to -1} \frac{(x+3)(2x-1)}{x^2 + 3x - 2}$

h) $\displaystyle\lim_{h \to 0} \frac{(x+h)^3 - x^3}{h}$

i) $\displaystyle\lim_{x \to 0} \frac{\sin x}{\sqrt{x}}$

**Lösung:**

a) $\displaystyle |f(x)| = \left| \frac{x}{x^2 + 1} \right| \cdot |\sin x| \le \left| \frac{x}{x^2 + 1} \right| = \frac{|x|}{x^2 + 1} \to 0, x \to \pm\infty$

$\displaystyle \Rightarrow \lim_{x \to \pm\infty} \frac{x \sin x}{x^2 + 1} = 0$

b) $\displaystyle \lim_{x \to +\infty} \frac{x+1}{x-1} \cdot \frac{x^n - 1}{x^n + 1} = \lim_{x \to +\infty} \frac{x+1}{x-1} \cdot \lim_{x \to +\infty} \frac{x^n - 1}{x^n + 1} = 1 \cdot 1 = 1$

c) $\dfrac{\cos^2 x - \sin^2 x}{\dfrac{\pi}{4} - x} = \dfrac{\cos 2x}{\dfrac{\pi}{4} - x} = \dfrac{\sin\left(\dfrac{\pi}{2} - 2x\right)}{\dfrac{\pi}{4} - x} = \dfrac{\sin\left(2\left(\dfrac{\pi}{4} - x\right)\right)}{\dfrac{\pi}{4} - x} = \dfrac{2\sin\left(2\left(\dfrac{\pi}{4} - x\right)\right)}{2\left(\dfrac{\pi}{4} - x\right)}$

setze: $y := 2\left(\dfrac{\pi}{4} - x\right) \quad x \to \dfrac{\pi}{4} \Rightarrow y \to 0$

$\displaystyle\lim_{x\to\frac{\pi}{4}} \dfrac{\cos^2 x - \sin^2 x}{\dfrac{\pi}{4} - x} = \lim_{y\to 0} 2\dfrac{\sin y}{y} = 2\cdot\lim_{y\to 0}\dfrac{\sin y}{y} = 2\cdot 1 = 1$

d) $\dfrac{\sqrt{\dfrac{1}{2}(1 - \cos x)}}{|x|} = \dfrac{\sqrt{\sin^2\dfrac{x}{2}}}{|x|} = \dfrac{\left|\sin\dfrac{x}{2}\right|}{|x|} = \dfrac{1}{2}\cdot\dfrac{\left|\sin\dfrac{x}{2}\right|}{\left|\dfrac{x}{2}\right|}$

$\Rightarrow \displaystyle\lim_{x\to 0}\dfrac{\sqrt{\dfrac{1}{2}(1 - \cos x)}}{|x|} = \lim_{x\to 0}\dfrac{1}{2}\cdot\dfrac{\left|\sin\dfrac{x}{2}\right|}{\left|\dfrac{x}{2}\right|} = \dfrac{1}{2}\cdot\lim_{x\to 0}\dfrac{\left|\sin\dfrac{x}{2}\right|}{\left|\dfrac{x}{2}\right|} \overset{\text{Subst.: } y:=\frac{x}{2}}{=} \dfrac{1}{2}\cdot\lim_{y\to 0}\dfrac{|\sin y|}{|x|} =$

$\dfrac{1}{2}\cdot 1 = \dfrac{1}{2}$

e) $\displaystyle\lim_{x\to\infty}\left(1 + \dfrac{1}{x^2} + \dfrac{\sqrt{x}}{x^3}\right) = \lim_{x\to\infty} 1 + \lim_{x\to\infty}\dfrac{1}{x^2} + \lim_{x\to\infty}\dfrac{1}{x^{\frac{5}{2}}} = 1 + 0 + 0 = 1$

f) $\dfrac{1}{1-x} - \dfrac{3}{(1-x)(1+x+x^2)} = \dfrac{1}{1-x}\left(1 - \dfrac{3}{1+x+x^2}\right)$

$= \dfrac{1}{1-x}\cdot\dfrac{1+x+x^2 - 3}{1+x+x^2} = \dfrac{1}{1-x}\cdot\dfrac{(x+2)(x-1)}{1+x+x^2} = -\dfrac{x+2}{x^2+x+1}$

$\Rightarrow \displaystyle\lim_{x\to 1}\left(\dfrac{1}{1-x} - \dfrac{3}{(1-x)(1+x+x^2)}\right) = \lim_{x\to 1}\left(-\dfrac{x+2}{x^2+x+1}\right) - -1$

g) $\displaystyle\lim_{x\to -1}\dfrac{(x+3)(2x-1)}{x^2+3x-2}$

$= \dfrac{\displaystyle\lim_{x\to -1}(x+3)\,\lim_{x\to -1}(2x-1)}{\displaystyle\lim_{x\to -1}(x^2+3x-2)} = \dfrac{2\cdot(-3)}{(-1)^2+3\cdot(-1)-2} = \dfrac{-6}{-4} = \dfrac{3}{2}$

h) $\displaystyle\lim_{h\to 0}\dfrac{(x+h)^3 - x^3}{h}$

$= \displaystyle\lim_{h\to 0}\dfrac{x^3 + 3x^2 h + 3xh^2 + h^3 - x^3}{h} = \lim_{h\to 0}\dfrac{3x^2 h + 3xh^2 + h^3}{h}$

$= \displaystyle\lim_{h\to 0}(3x^2 + 3xh + h^2) = 3x^2$

i) $\displaystyle\lim_{x\to 0}\dfrac{\sin x}{\sqrt{x}}$

$= \displaystyle\lim_{x\to 0}\dfrac{\sin x}{x}\,\lim_{x\to 0}\sqrt{x} = 1\cdot 0 = 0$

denn: $\displaystyle\lim_{x\to 0}\dfrac{\sin x}{x} = 1$ (siehe z.B.: Marti, Gröger: 'Brückenkurs Mathematik', Seite 97).

**Aufgabe 8.8**

Mit Hilfe der Rechenregeln für Grenzwerte und der Beziehung $\lim\limits_{x\to\pm\infty}\dfrac{1}{x}=0$ untersuche man

a) $\lim\limits_{x\to\infty}\dfrac{2x^2+4x-7}{x^3+3x^2-5}$

b) $\lim\limits_{x\to\infty}\dfrac{2x^2-2x+4}{3x^2+x-1}$

c) $\lim\limits_{x\to\pm\infty}\dfrac{a_0x^m+a_1x^{m-1}+\cdots+a_m}{b_0x^n+b_1x^{n-1}+\cdots+b_n}$

wobei $a_0$, $b_0$ und $m$, $n$ natürliche Zahlen sind.

**Lösung:**

a) $\lim\limits_{x\to\infty}\dfrac{2x^2+4x-7}{x^3+3x^2-5}\overset{x\neq0}{=}\lim\limits_{x\to\infty}\dfrac{x^2\left(2+\dfrac{4}{x}-\dfrac{7}{x^2}\right)}{x^3\left(1+\dfrac{3}{x}-\dfrac{5}{x^3}\right)}$

$$=\lim\limits_{x\to\infty}\frac{x^2}{x^3}\cdot\lim\limits_{x\to\infty}\frac{2+\dfrac{4}{x}-\dfrac{7}{x^2}}{1+\dfrac{3}{x}-\dfrac{5}{x^3}}=\left(\lim\limits_{x\to\infty}\frac{1}{x}\right)\cdot 2=0$$

b) $\lim\limits_{x\to\infty}\dfrac{2x^2-2x+4}{3x^2+x-1}=\lim\limits_{x\to\infty}\dfrac{x^2\left(2-\dfrac{2}{x}+\dfrac{4}{x^2}\right)}{x^2\left(3+\dfrac{1}{x}-\dfrac{1}{x^2}\right)}=1\cdot\lim\limits_{x\to\infty}\dfrac{2-\dfrac{2}{x}+\dfrac{4}{x^2}}{3+\dfrac{1}{x}-\dfrac{1}{x^2}}=$

$\dfrac{2}{3}$

c) Für $k\in\mathbb{N}$ gilt wegen $\lim\limits_{x\to\pm\infty}\dfrac{1}{x}=0$ und Rechenregeln für Grenzwerte I, II

$(f(x)\cdot g(x)\to a\cdot b, x\to\pm\infty)$

$(*)\quad\lim\limits_{x\to\pm\infty}\dfrac{c}{x^k}=0,\quad c\in\mathbb{R}\quad$ und offenbar

$(**)\quad x^k$ ist unbeschränkt für $x\to\pm\infty$.

$$h(x):=\frac{a_0x^m+a_1x^{m-1}+\cdots+a_m}{b_0x^n+b_1x^{n-1}+\cdots+b_n}\overset{x\neq0}{=}\frac{x^m\left(a_0+\dfrac{a_1}{x}+\cdots+\dfrac{a_m}{x^m}\right)}{x^n\left(b_0+\dfrac{b_1}{x}+\cdots+\dfrac{b_n}{x^n}\right)}$$

Mit $(*)$, $f(x)\pm g(x)\to a\pm b, x\to\pm\infty$, $\dfrac{f(x)}{g(x)}\to\dfrac{a}{b}, x\to\pm\infty$ gilt

$$\lim\limits_{x\to\pm\infty}\frac{a_0+\dfrac{a_1}{x}+\cdots+\dfrac{a_m}{x^m}}{b_0+\dfrac{b_1}{x}+\cdots+\dfrac{b_n}{x^n}}=\frac{a_0}{b_0}$$

und mit $f(x)\cdot g(x)\to a\cdot b, x\to\pm\infty$, $\dfrac{f(x)}{g(x)}\to\dfrac{a}{b}, x\to\pm\infty$ folgt:

$$\lim_{x\to\pm\infty} h(x) \text{ existiert} \iff \lim_{x\to\pm\infty} x^{m-n} \text{ existiert.}$$

Unter Berücksichtigung von $(*)$, $(**)$ ergibt sich:

$$\text{Fall 1: } m > n \quad \Rightarrow \quad \lim_{x\to\pm\infty} h(x) \text{ existiert nicht}$$

$$\text{Fall 2: } m = n \quad \Rightarrow \quad \lim_{x\to\pm\infty} h(x) = \frac{a_0}{b_0}$$

$$\text{Fall 3: } m < n \quad \Rightarrow \quad \lim_{x\to\pm\infty} h(x) = 0.$$

**Aufgabe 8.9**

Berechnen Sie

a) $\sqrt[3]{8^7}$

b) $\sqrt[6]{(-8)^{14}}$

c) $\sqrt[15]{125^5}$

d) $\sqrt[3]{4} \cdot \sqrt[3]{16}$

e) $\sqrt[5]{\sqrt{32}}$

**Lösung:**

a) $\sqrt[3]{8^7} = \sqrt[3]{(2^3)^7} = 2^{\frac{21}{3}} = 2^7 = 128$

b) $\sqrt[6]{(-8)^{14}} \neq -8^{\frac{7}{3}}$;

$\quad \sqrt[6]{(-8)^{14}} = |-8|^{\frac{14}{6}} = (\sqrt[3]{8})^7 = 128$

c) $\sqrt[15]{125^5} = 125^{\frac{5}{15}} = 125^{\frac{1}{3}} = 5^{3\cdot\frac{1}{3}} = 5$

d) $\sqrt[3]{4} \cdot \sqrt[3]{16} = 4^{\frac{1}{3}} \cdot 4^{\frac{2}{3}} = 4^{\frac{1}{3}+\frac{2}{3}} = 4^{\frac{3}{3}} = 4^1 = 4$

e) $\sqrt[5]{\sqrt{32}} = \sqrt[10]{32} = \sqrt[10]{2^5} = \sqrt{2}.$

**Aufgabe 8.10**

Vereinfachen Sie die folgenden Ausdrücke:

a) $\dfrac{1}{\sqrt{2} + \sqrt{3} + \sqrt{5}}$

b) $\dfrac{a}{\sqrt[5]{a^4}}$, $a \neq 0$

c) $(a+b)^{\frac{2}{3}} \sqrt[3]{(a+b)^4}$

d) $\sqrt[7]{\sqrt[4]{a^{22}}} \sqrt{\sqrt[7]{a^3}}$

e) $\sqrt{\sqrt{6a^3b^2} \sqrt{18ab}}$

f) $\sqrt[3]{a^5 \sqrt[4]{a^5}}$

g) $\dfrac{\sqrt[3]{a^2}}{(\sqrt{a})^3}$, $a \neq 0$

h) $\sqrt[5]{a^{2x}} \sqrt[6]{a^{5x}}$

**Lösung:**

a) $\dfrac{1}{\sqrt{2}+\sqrt{3}+\sqrt{5}} = \dfrac{\sqrt{2}+\sqrt{3}-\sqrt{5}}{(\sqrt{2}+\sqrt{3})^2-(\sqrt{5})^2} = \dfrac{\sqrt{2}+\sqrt{3}-\sqrt{5}}{2+3+2\sqrt{6}-5} = \dfrac{\sqrt{2}+\sqrt{3}-\sqrt{5}}{2\sqrt{6}}$

$\phantom{a)}\; = \dfrac{\sqrt{6}(\sqrt{2}+\sqrt{3}-\sqrt{5})}{12} = \dfrac{2\sqrt{3}+3\sqrt{2}-\sqrt{30}}{12}$

b) $\dfrac{a}{\sqrt[5]{a^4}} = a^{1-\frac{4}{5}} = a^{\frac{1}{5}} = \sqrt[5]{a},\, a \neq 0$

c) $(a+b)^{\frac{2}{3}}\sqrt[3]{(a+b)^4} = (a+b)^{\frac{2}{3}}(a+b)^{\frac{4}{3}} = (a+b)^{\frac{2}{3}+\frac{4}{3}} = (a+b)^{\frac{6}{3}} = (a+b)^2$

d) $\sqrt[7]{\sqrt[4]{a^{22}}}\sqrt{\sqrt[7]{a^3}} = a^{\frac{22}{4\cdot 7}} a^{\frac{3}{7\cdot 2}} = a^{\frac{11}{14}+\frac{3}{14}} = a^{\frac{14}{14}} = a,\, a \geq 0$

e) $\sqrt{\sqrt{6a^3b^2}\sqrt{18ab}} = 6^{\frac{1}{2}\cdot\frac{1}{2}} a^{\frac{3}{2\cdot 2}+\frac{1}{2}\cdot\frac{1}{2}} b^{\frac{2}{2\cdot 2}+\frac{1}{2}\cdot\frac{1}{2}} 18^{\frac{1}{2}\cdot\frac{1}{2}} = 6^{\frac{1}{4}}\cdot 6^{\frac{1}{4}}\cdot 3^{\frac{1}{4}} ab^{\frac{3}{4}} = 2^{\frac{1}{2}}\cdot 3^{\frac{1}{2}+\frac{1}{4}} ab^{\frac{3}{4}}$

$\phantom{e)}\; = a\sqrt{2}\,\sqrt[4]{(3b)^3}$

f) $\sqrt[3]{a^5\sqrt[4]{a^5}} = (a^5(a^5)^{\frac{1}{4}})^{\frac{1}{3}} = (a^5(a^{\frac{5}{4}}))^{\frac{1}{3}} = a^{\frac{5}{3}} a^{\frac{5}{4}\cdot\frac{1}{3}} = a^{\frac{5}{3}+\frac{5}{12}} = a^{\frac{20}{12}+\frac{5}{12}} = a^{\frac{25}{12}}$

$\phantom{f)}\; = a^{\frac{24}{12}+\frac{1}{12}} = a^2\,\sqrt[22]{a}$ mit $a \geq 0$

g) $\dfrac{\sqrt[3]{a^2}}{(\sqrt{a})^3} = \dfrac{a^{\frac{2}{3}}}{a^{\frac{3}{2}}} = a^{\frac{2}{3}-\frac{3}{2}} = a^{\frac{4}{6}-\frac{9}{6}} = a^{-\frac{5}{6}} = \dfrac{1}{\sqrt[6]{a^5}},\, a \neq 0$

h) $\sqrt[5]{a^{2x}}\sqrt[6]{a^{5x}} = a^{\frac{2x}{5}} a^{\frac{5x}{6}} = a^{\frac{2x}{5}+\frac{5x}{6}} = a^{(\frac{2}{5}+\frac{5}{6})x} = a^{(\frac{12+25}{30})x} = [a^{(\frac{30}{30}+\frac{7}{30})}]^x = (a^1 a^{\frac{7}{30}})^x =$

$\phantom{h)}\; a^x\,\sqrt[30]{a^{7x}}.$

# Kapitel 9
# Stetige Funktionen

**Definition: Stetigkeit** (Def 15.1, Kap 15)

a) Es seien $f$ eine Funktion mit Definitionsbereich $D$ und $x_0 \in D$, so dass jede Umgebung von $x_0$ mindestens einen von $x_0$ verschiedenen Punkt von $D$ enthält. $f$ heißt *stetig an der Stelle (im Punkt)* $x_0$, wenn

$$\text{i)} \quad \lim_{x \to x_0} f(x) \ \text{existiert}$$

$$\text{und} \quad \text{ii)} \quad \lim_{x \to x_0} f(x) = f(x_0).$$

b) Ist eine Funktion $f$ stetig in jedem Punkt einer Teilmenge $I$ ihres Definitionsbereiches, so heißt $f$ *stetig auf* $I$. Für „stetig auf $\mathbb{R}$" sagt man auch „überall stetig".

**Aufgabe 9.1**

Für welche Werte von $x$ sind die Funktionen

a) $y = \dfrac{2x^2 - 1}{x^2 - x + 1}$

b) $\dfrac{x^2}{|x| - 1}$

c) $y = \dfrac{x^3}{(x-1)^2}$

nicht definiert? Sind sie dort stetig ergänzbar?

**Lösung:**

a) $f(x) = \dfrac{2x^2 - 1}{x^2 - x + 1}$

wegen $x^2 - x + 1 = x^2 - 2x \cdot \dfrac{1}{2} + \dfrac{1}{4} - \dfrac{1}{4} + 1 = \left(x - \dfrac{1}{2}\right)^2 + \dfrac{3}{4} > 0$ für alle $x \in \mathbb{R}$

folgt:

$D_f = \mathbb{R}$

K. Marti, *Übungsbuch zum Grundkurs Mathematik für Ingenieure,*
*Natur- und Wirtschaftswissenschaftler*, Physica-Lehrbuch,
DOI 10.1007/978-3-7908-2610-4_9, © Springer-Verlag Berlin Heidelberg 2010

b) $f(x) = \dfrac{x^2}{|x|-1}$

Definitionsbereich: $D_f = \mathbb{R}\backslash\{1,-1\}$, $f$ stetig auf $D_f$

$\lim\limits_{x\uparrow 1} f(x) = -\infty,\ \lim\limits_{x\downarrow 1} f(x) = +\infty \quad \Rightarrow \quad$ nicht stetig ergänzbar

c) $f(x) = \dfrac{x^3}{(x-1)^2}$

$D_f = \mathbb{R}\backslash\{1\}$

$\lim\limits_{x\to 1} f(x) = +\infty \quad \Rightarrow \quad f$ kann an der Stelle 1 nicht stetig ergänzt werden.

**Aufgabe 9.2**

Für $x \in \mathbb{R}$ bezeichne $[x]$ die größte Zahl $n \in \mathbb{Z}$ mit $n \le x < n+1$. Untersuchen Sie die durch

a) $f(x) = [x]$

b) $f(x) = [x] + \sqrt{x - [x]}$

gegebenen Funktionen $f : \mathbb{R} \to \mathbb{R}$ auf Stetigkeit und skizzieren Sie ihre Graphen im eingeschränkten Definitionsbereich $[0,3]$.

**Lösung:**

a) $f(x) = [x]$

Für $n \in \mathbb{N}$ und $\varepsilon > 0$, $0 < \varepsilon << 1$, sei $x = n + \varepsilon$

$\left.\begin{array}{l} f(n+\varepsilon) = [n+\varepsilon] = n \\ f(n-\varepsilon) = [n-\varepsilon] = n-1 \end{array}\right\} \Rightarrow \lim\limits_{\varepsilon\to 0}(f(n+\varepsilon) - f(n-\varepsilon)) = 1 \ne 0 \quad \Rightarrow \quad$ uns-

tetig

$$f(x) = \begin{cases} 0, & 0 \le x < 1 \\ 1, & 1 \le x < 2 \\ 2, & 2 \le x < 3 \end{cases}$$

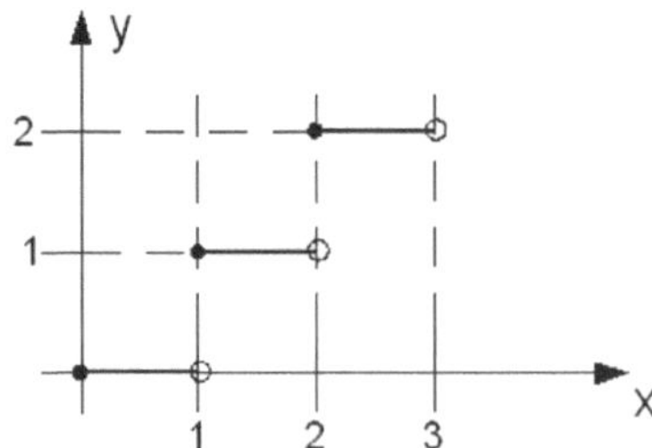


**Abb. 9.1** Bild zu Teilaufgabe a)

b) $f(x) := [x] + \sqrt{x - [x]}$

$f(n + \varepsilon) = [n + \varepsilon] + \sqrt{(n + \varepsilon) - [n + \varepsilon]} = n + \sqrt{n + \varepsilon - n} = n + \sqrt{\varepsilon}$

$\Rightarrow \lim_{\varepsilon \downarrow 0} f(n + \varepsilon) = n$

$f(n - \varepsilon) = [n - \varepsilon] + \sqrt{(n - \varepsilon) - [n - \varepsilon]} = n - 1 + \sqrt{n - \varepsilon - (n - 1)} = n - 1 + \sqrt{1 - \varepsilon}$

$\Rightarrow \lim_{\varepsilon \downarrow 0} f(n - \varepsilon) = n$

$\Rightarrow \lim_{\varepsilon \downarrow 0} (f(n + \varepsilon) - f(n - \varepsilon)) = 0$

$\Rightarrow \quad f(x)$ ist stetig

$$f(x) = \begin{cases} \sqrt{x}, & 0 \le x < 1 \\ 1 + \sqrt{x - 1}, & 1 \le x < 2 \\ 2 + \sqrt{x - 2}, & 2 \le x < 3 \end{cases}$$

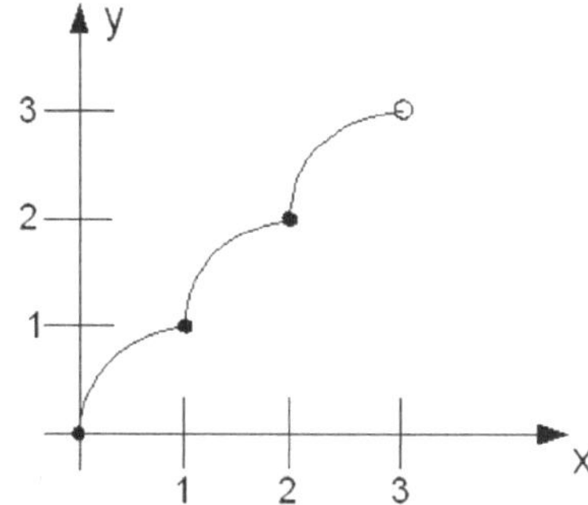

Abb. 9.2 Bild zu Teilaufgabe b)

### Aufgabe 9.3

An welchen Stellen sind die folgenden Funktionen stetig?

a) $f(x) = \begin{cases} \dfrac{x - |x|}{x}, & x \ne 0 \\ 0, & x = 0 \end{cases}$

b) $g(x) = \begin{cases} \dfrac{x^3 - 8}{x^2 - 4}, & x \ne \pm 2 \\ 3 & x = 2 \end{cases}$

**Lösung:**

a) Für $x > 0$ ist $f(x) = \dfrac{x - x}{x} = 0$, für $x < 0$ ist $f(x) = \dfrac{x + x}{x} = 2$. Damit ist $f$ an allen Stellen $x_0 \ne 0$ stetig, denn es gibt stets eine Umgebung von $x_0$, auf der $f$ konstant ist.

Dagegen ist $x_0 = 0$ eine Unstetigkeitsstelle, denn jede Umgebung von 0 enthält Punkte $x < 0$, für die gilt:

$$|f(x) - f(0)| = |2 - 0| = 2 > 1 =: \varepsilon$$

b) Die rationale Funktion $x \to \dfrac{x^3 - 8}{x^2 - 4}$ ist stetig für alle $x \neq \pm 2$, also auch $g$. An der Stelle $x = 2$ hat man

$$\lim_{x \to 2} g(x) = \lim_{x \to 2} \frac{(x^2 + 2x + 4)(x - 2)}{(x + 2)(x - 2)} = 3 = g(2)$$

also ist $g$ dort stetig. Die Stelle $x = -2$ liegt nicht im Definitionsbereich von $g$, braucht also nicht berücksichtigt zu werden.

**Aufgabe 9.4**

Zeigen Sie, dass die aufgeführte Funktion $f = f(x)$ stetig auf ihrem (größtmöglichen) Definitionsbereich $D_f$ ist:

$$f(x) = \frac{1 + \cos x}{3 + \sin x}$$

**Lösung:**

$$f(x) = \frac{1 + \cos x}{3 + \sin x}$$

$3 + \sin x \neq 0$ für alle $x \in \mathbb{R} \Rightarrow D_f = \mathbb{R}$
Die Funktionen $\sin x$, $\cos x$ sind stetig auf $\mathbb{R}$ (s. Kap. 15). Nach Theorem 15.1 (Kap. 15) folgt: $f(x)$ stetig auf $D_f = \mathbb{R}$.

**Aufgabe 9.5**

Untersuchen Sie folgende Funktion auf Stetigkeit in $x_0 = 0$.

$$f(x) = \begin{cases} x \sin \dfrac{1}{x}, & \text{für } x \neq 0 \\ 0, & \text{für } x = 0 \end{cases}$$

**Lösung:**

$$f(x) = \begin{cases} x \sin \dfrac{1}{x}, & x \neq 0 \\ 0, & x = 0 \end{cases}$$

$f$ sicher stetig für $x \neq 0$, da $\sin x$ stetig ist.
$x = 0$: Nach Aufgabe 9.5 d) gilt:
$$\lim_{x \to 0} f(x) = \lim_{x \to 0} x \sin \frac{1}{x} = 0 = f(0)$$
$\Rightarrow f$ stetig in $x = 0$.
$f$ ist stetig.

**Aufgabe 9.6**

Zeigen Sie, dass jede der aufgeführten Funktionen $f = f(x)$ stetig auf ihrem (größtmöglichen) Definitionsbereich $D_f$ ist. Lässt sich $f$ stetig auf $\mathbb{R}$ fortsetzen und - wenn ja - wie?

$$a)\ f(x) = \frac{2+\sin x}{4+\sin x \cos x} \qquad b)\ f(x) = \frac{x}{\sin x}$$

**Lösung:**

a) $f(x) = \dfrac{2+\sin x}{4+\cos x \sin x}$

$4+\cos x \sin x \neq 0$ für alle $x \in \mathbb{R}$, da $\sin x \in [-1,1]$ und $\cos x \in [-1,1]$ und somit $\cos x \sin x \in [-1,1]$

$\Rightarrow D_f = \mathbb{R}$

Da $\sin x$ und $\cos x$ stetig sind, ist es somit auch

$\dfrac{2+\sin x}{4+\cos x \sin x}$

b) $f(x) = \dfrac{x}{\sin x}$

$\sin x = 0 \Leftrightarrow x = 0, \pm\pi, \pm 2\pi, \pm 3\pi, \ldots$

$\Rightarrow D_f = \mathbb{R} \setminus \{k\pi, k \in \mathbb{Z}\}$

Da $x$ und $\sin x$ stetig sind auf $D_f$ ist es auch $f(x)$.

Stetige Fortsetzung: $k = 0$

Beispiel 14.4 a) (s. Kap.14.2): $\lim\limits_{x\to 0} \dfrac{\sin x}{x} = 1 \Rightarrow \lim\limits_{x\to 0} \dfrac{x}{\sin x} = \dfrac{1}{1} = 1$

$\Rightarrow f^*(x) = \begin{cases} f(x) & ,x \neq 0 \\ 1 & ,x = 0 \end{cases}$ stetig in $x_0 = 0$

$k \neq 0$:

$\lim\limits_{x\downarrow k\pi} \dfrac{x}{\sin x} = \begin{cases} +\infty & ,\text{gerades } k > 0 \text{ oder ungerades } k < 0 \\ -\infty & ,\text{ungerades } k > 0 \text{ oder gerades } k < 0 \end{cases}$

$\lim\limits_{x\uparrow k\pi} \dfrac{x}{\sin x} = \begin{cases} -\infty & ,\text{gerades } k > 0 \text{ oder ungerades } k < 0 \\ +\infty & ,\text{ungerades } k > 0 \text{ oder gerades } k < 0 \end{cases}$

$\Rightarrow x_0 = k\pi$ ist für jedes $k \neq 0$ eine unendliche Sprungstelle; also ist $f$ dort nicht stetig fortsetzbar.

**Aufgabe 9.7**

Beweisen Sie mit Hilfe der Grenzwertsätze:

$$\lim_{x\to x_0} \frac{\cos x - \cos x_0}{x - x_0} = -\sin x_0$$

**Lösung:**

Mit Hilfe von Additionstheoremen (Theorem 13.1 (s. Kap. 13.3)) wird $\cos x - \cos x_0$ geschrieben als:

$$\cos x = \cos\left(\frac{x+x_0}{2} + \frac{x-x_0}{2}\right) = \cos\frac{x+x_0}{2}\cos\frac{x-x_0}{2} - \sin\frac{x+x_0}{2}\sin\frac{x-x_0}{2}$$

$$\cos x_0 = \cos\left(\frac{x+x_0}{2} - \frac{x-x_0}{2}\right) = \cos\frac{x+x_0}{2}\cos\frac{x-x_0}{2} + \sin\frac{x+x_0}{2}\sin\frac{x-x_0}{2}$$

$$\Rightarrow \quad \cos x - \cos x_0 = -2\sin\frac{x+x_0}{2}\sin\frac{x-x_0}{2}$$

$$\lim_{x\to x_0}\frac{\cos x - \cos x_0}{x-x_0} = \lim_{x\to x_0}\frac{-2\sin\dfrac{x+x_0}{2}\sin\dfrac{x-x_0}{2}}{x-x_0}$$

$$= \lim_{x\to x_0} -\frac{\sin\dfrac{x-x_0}{2}}{\dfrac{x-x_0}{2}}\sin\frac{x+x_0}{2}$$

$$= -\sin x_0\,,$$

$$\text{denn } \lim_{x\to 0}\frac{\sin x}{x} = 1 \text{ (siehe z.B.: Marti, Gröger: 'Brückenkurs Mathematik',}$$

$$\text{Seite 97 ).}$$

**Aufgabe 9.8**

Untersuchen Sie die folgende Funktion auf Stetigkeit in $x_0 = 0$.

$$f(x) = \begin{cases} \dfrac{\cos x - 1}{x} & , x \neq 0 \\ 0 & , x = 0 \end{cases}$$

**Lösung:**

$$\cos x = \cos\left(2\cdot\frac{x}{2}\right) = \cos\left(\frac{x}{2}+\frac{x}{2}\right) \overset{\text{Additionstheorem}}{=} \cos^2\frac{x}{2} - \sin^2\frac{x}{2}$$

$$\cos^2\frac{x}{2} + \sin^2\frac{x}{2} = 1 \quad\Leftrightarrow\quad \cos^2\frac{x}{2} = 1 - \sin^2\frac{x}{2}$$

$$\text{Also } \cos x = 1 - \sin^2\frac{x}{2} - \sin^2\frac{x}{2} = 1 - 2\sin^2\frac{x}{2}$$

$$\frac{\cos x - 1}{x} = \frac{1}{x}\cos x - \frac{1}{x} = \frac{1}{x}\left(-2\sin^2\frac{x}{2}\right) = -x\cdot\frac{\sin^2\dfrac{x}{2}}{\dfrac{x^2}{2}} = -\frac{x}{2}\cdot\frac{\sin^2\dfrac{x}{2}}{\left(\dfrac{x}{2}\right)^2}$$

$$\lim_{x\to 0}\frac{\cos x - 1}{x} = \lim_{x\to 0}\left(-\frac{x}{2}\cdot\frac{\sin^2\dfrac{x}{2}}{\left(\dfrac{x}{2}\right)^2}\right) = \underbrace{\lim_{x\to 0}\left(-\frac{x}{2}\right)}_{=0}\cdot\underbrace{\lim_{x\to 0}\frac{\sin^2\dfrac{x}{2}}{\left(\dfrac{x}{2}\right)^2}}_{=1} = 0 = f(0)$$

$\Rightarrow f$ ist stetig in $x_0 = 0$.

Oder:

$$\frac{\cos x - 1}{x} = \frac{(\cos x - 1)(\cos x + 1)}{x(\cos x + 1)} = \frac{\cos^2 x - 1}{x(\cos x - 1)} = \frac{-\sin^2 x}{x(\cos x + 1)}$$

$$= -\frac{\sin x}{x} \, \sin x \, \frac{1}{\cos x + 1}$$

$$\lim_{x \to 0} \frac{\cos x - 1}{x} = \lim_{x \to 0} \left( -\frac{\sin x}{x} \right) \lim_{x \to 0} (\sin x) \lim_{x \to 0} \frac{1}{\cos x + 1} = -1 \cdot 0 \cdot \frac{1}{2} = 0 = f(0)$$

$\Rightarrow f$ ist stetig in $x_0 = 0$.

# Kapitel 10
# Zusammengesetzte Funktionen

**Definition: Zusammensetzung von Funktionen** (Def. 17.1, Kap 17)
Es seien $f, g$ zwei Funktionen, so dass mindestens ein Element des Wertebereiches von $f$ im Definitionsbereich von $g$ liegt: $W_f \cap D_g \neq \emptyset$. Dann heißt die durch

$$(g \circ f)(x) := g(f(x)) \quad \text{auf} \quad D_{g \circ f} = \{x : x \in D_f,\ f(x) \in D_g\}$$

erklärte Funktion $g \circ f$ *die Zusammensetzung von g mit f*.

### Aufgabe 10.1
Gegeben sind die beiden Funktionen $f(x)$ und $g(y)$.
Bestimmen Sie die zusammengesetzte Funktion $h(x) = (f \circ g)(x)$.

a) $y = f(x) = x^3$
   $z = g(y) = -3y$

b) $y = f(x) = \cos x$
   $z = g(y) = \dfrac{y}{y^2 + 3}$

c) $y = f(x) = \dfrac{4}{x+2}$ mit $D_f = \mathbb{R} \backslash \{-2\}$
   $z = g(y) = \dfrac{4}{y} - 2$ mit $D_g = \mathbb{R} \backslash \{0\}$

d) $y = f(x) = \dfrac{1}{x^4 + 1}$
   $g = f$

**Lösung:**

a) $h(x) = (f \circ g)(x) = g(f(x)) = -3x^3$

b) $h(x) = (f \circ g)(x) = g(f(x)) = \dfrac{\cos x}{\cos^2 x + 3}$

c) $h(x) = (f \circ g)(x) = g(f(x)) = \dfrac{4}{\dfrac{4}{x+2}} - 2 = x + 2 - 2 = x$

K. Marti, *Übungsbuch zum Grundkurs Mathematik für Ingenieure,*
*Natur- und Wirtschaftswissenschaftler*, Physica-Lehrbuch,
DOI 10.1007/978-3-7908-2610-4_10, © Springer-Verlag Berlin Heidelberg 2010

d) $h(x) = (f \circ g)(x) = g(f(x)) = f(f(x)) = \dfrac{1}{\left(\dfrac{1}{x^4+1}\right)^4 + 1} = \dfrac{(x^4+1)^4}{1+(x^4+1)^4}$

**Aufgabe 10.2**

Geben Sie die zusammengesetzte Funktion $(g \circ f)(x)$ für die Funktionen $f(x) =$ $\cos x$ und $g(x) = \dfrac{1}{2}\left(\dfrac{1}{x+1} - \dfrac{1}{x-1}\right)$ (mit $D_g = \mathbb{R}\backslash\{-1,1\}$) an.

Verwenden Sie $\sin^2 x + \cos^2 x = 1$, um den entstehenden Ausdruck zu vereinfachen. Bestimmen Sie den Definitionsbereich dieser Funktion.

**Lösung:**

$(g \circ f)(x) = \dfrac{1}{2}\left(\dfrac{1}{\cos x+1} - \dfrac{1}{\cos x-1}\right) = \dfrac{1}{2} \cdot \dfrac{\cos x - 1 - (\cos x+1)}{\cos^2 x - 1} = \dfrac{1}{2} \cdot \dfrac{-2}{-\sin^2 x} =$
$\dfrac{1}{\sin^2 x}$

$\sin^2 x \overset{!}{\neq} 0 \Leftrightarrow \sin x \overset{!}{\neq} 0 \Rightarrow x \neq \pi k, k \in \mathbb{Z}$
$D_{g \circ f} = \mathbb{R}\backslash\{\pi k, k \in \mathbb{Z}\}.$

**Aufgabe 10.3**

Bestimmen Sie den (maximalen) Definitions- und Wertebereich von $(f \circ g)(x)$ und $(g \circ f)(x)$ für die Funktionen $f(x) = \sqrt{x+1}, g(x) = \sqrt{4-x^2}$.

**Lösung:**

$D_f = \{x \in \mathbb{R}; \; x+1 \geq 0\} = \{x \in \mathbb{R}; \; x \geq -1\} = [-1, \infty)$
Wurzelfunktion ist monoton steigend und stetig
Also $W_f = \mathbb{R}_0^+$
$D_g = \{x \in \mathbb{R}; \; 4-x^2 \geq 0\} = \{x \in \mathbb{R}; \; |x| \leq 2\} = [-2,2]$
Und $W_g = \{y \in \mathbb{R}; \; y = \sqrt{4-x^2}, \, x \in [-2,2]\} = [0, \sqrt{4}] = [0,2]$

a) $(f \circ g)(x) = f(g(x)) = f(\sqrt{4-x^2}) = \sqrt{\sqrt{4-x^2}+1}$
   $W_g = [0,2] \subset [-1,\infty) = D_f$
   also $D_{f \circ g} = D_g = [-2,2]$
   $W_{f \circ g} = [1, \sqrt{3}]$   ($\sqrt{x+1}$ monoton wachsend)

b) $(g \circ f)(x) = g(f(x)) = g(\sqrt{x+1}) = \sqrt{4-(\sqrt{x+1})^2} = \sqrt{4-(x+1)} = \sqrt{3-x}$
   $\mathbb{R}_0^+ = W_f \not\subset D_g = [-2,2]$
   also $D_{g \circ f} \neq D_f = [-1,\infty)$
   Für welche $x \in \mathbb{R}$ ist $-2 \leq f(x) \leq 2$ erfüllt:
   $0 \leq \sqrt{x+1} \leq 2 \Leftrightarrow 0 \leq x+1 \leq 4 \Leftrightarrow -1 \leq x \leq 3$
   Schränkt man den Definitionsbereich von $f$ auf $[-1,3]$ ein, dann ist
   $W_f = [0,2] \subset [-2,2] = D_g$
   also $D_{g \circ f} = [-1,3]$ und $W_{g \circ f} = [0, \sqrt{4}] = [0,2]$.

**Aufgabe 10.4**

Fassen Sie die Funktion $h(x)$ als zusammengesetzte Funktion auf, d.h. $h(x) = (g \circ f)(x)$, und geben Sie die beiden Funktionen $f(x)$ und $g(y)$ an.

a) $z = h(x) = e^{-5x}$

b) $z = h(x) = (x-2)\cos(3x)$

**Lösung:**

a) $y = f(x) = -5x$
   $z = g(y) = e^y$

b) $y = f(x) = x-2$
   $z = g(y) = y\cos(3(y+2))$.

**Aufgabe 10.5**

Gegeben seien die Funktionen

$f_1(x) = x^2 - x - 2$

$f_2(x) = x + 1$.

Bestimmen Sie die zusammengesetzten Funktionen $h(x) = (f_1 \circ f_2)(x)$ und $h(x) = (f_2 \circ f_1)(x)$.

Beurtcilen Sie, ob die Verknüpfung zweier Funktionen kommutativ ist, d.h. ob gilt $h(x) = (f_1 \circ f_2)(x) = h(x) = (f_2 \circ f_1)(x)$.

**Lösung:**

$h(x) = (f_1 \circ f_2)(x) = f_1(f_2(x)) = (x+1)^2 - (x+1) - 2$
$= x^2 + 2x + 1 - x - 1 - 2 = x^2 + x - 2$
$g(x) = (f_2 \circ f_1)(x) = f_2(f_1(x)) = (x^2 - x - 2) + 1 = x^2 - x - 1$

Nicht kommutativ.

**Aufgabe 10.6**

Bestimmen Sie für die Funktionen $f(x) = x^2 + 1, g(x) = \sqrt{x}$

$$(f \circ g)(x), (g \circ f)(x)$$

und

$$D_f, W_f, D_g, W_g, D_{f \circ g}, W_{f \circ g}, D_{g \circ f}, W_{g \circ f}.$$

**Lösung:**

$D_f = \mathbb{R}, \quad D_g = \mathbb{R}_0^+ = [0, \infty)$
$W_f = [1, \infty), \quad W_g = \mathbb{R}_0^+$

$$(f \circ g)(x) = f(g(x)) = f(\sqrt{x}) = (\sqrt{x})^2 + 1 = x + 1 \text{ auf } D_g$$
$\overset{W_g \subset D_f}{\Leftrightarrow} D_{f \circ g} = D_g \Rightarrow W_{f \circ g} = W_f$

$$(g \circ f)(x) = g(f(x)) = g(x^2 + 1) = \sqrt{x^2 + 1}$$
$\overset{W_f \subset D_g}{\Leftrightarrow} D_{g \circ f} = D_f$
$\Rightarrow \text{für } x \in \mathbb{R} : \sqrt{x^2 + 1} \geq 1 \Rightarrow W_{g \circ f} = [1, +\infty) \neq W_g.$

**Aufgabe 10.7**

Gegeben ist die Funktion $f(x) = \sqrt{x}$. Geben Sie eine Funktion $g(x)$ an, so dass der Definitionsbereich von $(f \circ g)(x)$

a) nur die Zahl 0 enthält

b) nur die Zahl 1 enthält.

**Lösung:**

$(f \circ g)(x) = f(g(x)) = \sqrt{g(x)}$
$f(x) = \sqrt{x}$ ist definiert für alle $x \geq 0 \Rightarrow$ gesucht ist

a) $g(x)$ mit $W_g = (-\infty, 0]$ und $g(0) = 0$.
   $g(x) := -x^2$
b) $g(x)$ mit $W_g = (-\infty, 0]$ und $g(1) = 0$.
   $g(x) := -(x-1)^2$.

**Aufgabe 10.8**

An welchen Stellen ist die Funktion $\varphi(x) = \left( \sin \left( \dfrac{\pi + x - 2}{x^2 - 1} \right) \right)^4 , x \neq \pm 1$ stetig?

Man berechne $\lim\limits_{x \to 2} \varphi(x)$.

**Lösung:**

$f(x) := \dfrac{\pi + x - 2}{x^2 - 1}$ ist nach Theorem 15.1 (Kap. 15) stetig an jeder Stelle $x \neq \pm 1$.

$g(x) := \sin x$ und $h(x) := x^4$ sind überall stetig. Nach Theorem 17.1 (Kap. 17) ist dann

$\varphi = h \circ g \circ f$ stetig auf $\mathbb{R} \setminus \{-1, 1\}$.

$$\lim\limits_{x \to 2} \varphi(x) = \varphi(2) = \left( \sin \frac{\pi}{3} \right)^4 = \left( \frac{\sqrt{3}}{2} \right)^4 = \frac{9}{16}.$$

**Aufgabe 10.9**

Sei $\varphi(x) = (f \circ g)(x)$.

Ermitteln Sie die Funktionen $f(x)$ und $g(x)$ bei den folgenden Funktionen:

a) $\varphi(x) = \cos(x^3)$
b) $\varphi(x) = \cos^3 x$
c) $\varphi(x) = \dfrac{1}{2 + x^4}$.

**Lösung:**

a) $g(x) = x^3, f(x) = \cos x$
b) $g(x) = \cos x, f(x) = x^3$
c) $g(x) = 2 + x^4, f(x) = x^{-1}$. Oder: $g(x) = x^4, f(x) = \dfrac{1}{2 + x}$.

**Aufgabe 10.10**

Gegeben sind die Funktionen $f(x) = \cos x$ mit

a) $D_f = [0, \frac{\pi}{2}]$

b) $D_f = [-\frac{\pi}{2}, 0]$

und $g(x) = \sqrt{1 - x^2}$ mit $D_g = [-1, 1]$.

Man bestimme die zusammengesetzte Funktion $(g \circ f)(x)$ für den Fall a) und für den Fall b).

Ist es die selbe Funktion in beiden Fällen?

**Lösung:**

$$(g \circ f)(x) = \sqrt{1 - \cos^2 x} = \sqrt{\sin^2 x} = |\sin x|$$

a) $W_f = [0, 1] \subset [-1, 1] = D_g$

$\quad \Rightarrow D_{g \circ f} = D_f = [0, \frac{\pi}{2}]$

$\quad$ Für $x \in D_{g \circ f}$ ist $\sin x \geq 0 \Rightarrow (g \circ f)(x) = \sin x$

b) $W_f = [0, 1] \subset [-1, 1] = D_g$

$\quad \Rightarrow D_{g \circ f} = D_f = [-\frac{\pi}{2}, 0]$

$\quad$ Für $x \in D_{g \circ f}$ ist $\sin x \leq 0 \Rightarrow (g \circ f)(x) = -\sin x$.

# Kapitel 11
# Umkehrfunktionen

**Definition: Umkehrfunktionen** (Def. 18.1, Kap. 18)

Es sei $f$ eine eineindeutige Funktion.

Die durch

$$y \mapsto f^{-1}(y), \quad y \in W_f$$

erklärte Funktion $f^{-1}$ heißt *Umkehrfunktion von $f$*.

Achtung: $f^{-1} \neq \dfrac{1}{f}$

**Eigenschaften der Umkehrfunktion.** (Theorem 18.1, Kap. 18)

Für die Umkehrfunktion einer eineindeutigen Funktion $f$ gilt:

$$D_{f^{-1}} = W_f, \quad W_{f^{-1}} = D_f$$
$$f^{-1}(f(x)) = x \quad \text{für alle } x \in D_f$$
$$f(f^{-1}(y)) = y \quad \text{für alle } y \in W_f.$$

## 11.1 Mit Arcusfunktionen

Umkehrfunktionen der trigonometrischen Funktionen heißen Arcusfunktionen (Arcussinus, Arcuscosinus, Arcustangens, Arcuscotangens).

**Aufgabe 11.1**

Skizzieren Sie die Graphen der Funktionen

a) $y(x) = \cos(2\arccos x)$
b) $y(x) = \sin(\arccos x)$
c) $y(x) = \arccos(\sin x)$.

Eine Funktion $y = f(x)$ mit dem Definitionsbereich $D_f$ heißt

(i) **beschränkt nach oben** (bzw. **nach unten**), wenn ein festes $C \in \mathbb{R}$ existiert, so dass $f(x) \leq C$ (bzw. $f(x) \geq C$)

K. Marti, *Übungsbuch zum Grundkurs Mathematik für Ingenieure,*
*Natur- und Wirtschaftswissenschaftler,* Physica-Lehrbuch,
DOI 10.1007/978-3-7908-2610-4_11, © Springer-Verlag Berlin Heidelberg 2010

(ii) **gerade** (bzw. **ungerade**), wenn $f(-x) = f(x)$ bzw. $f(-x) = -f(x)$

(iii) **periodisch mit der Periode** $T > 0$, wenn $f(x+T) = f(x)$ für alle $x \in D_f$.

Halten Sie in einer Tabelle für diese Funktionen fest, ob sie die Eigenschaften (i), (ii) bzw. (iii) besitzen.

**Lösung:**

i) $y = \cos(2\arccos x)$

Definitionsbereich von $\arccos x : |x| \leq 1$

$\cos(2\alpha) = \cos^2\alpha - \sin^2\alpha = \cos^2\alpha - (1 - \cos^2\alpha) = 2\cos^2\alpha - 1$

$\Rightarrow \cos(2\arccos x) = 2(\cos(\arccos x))^2 - 1 = 2x^2 - 1, \ |x| \leq 1$

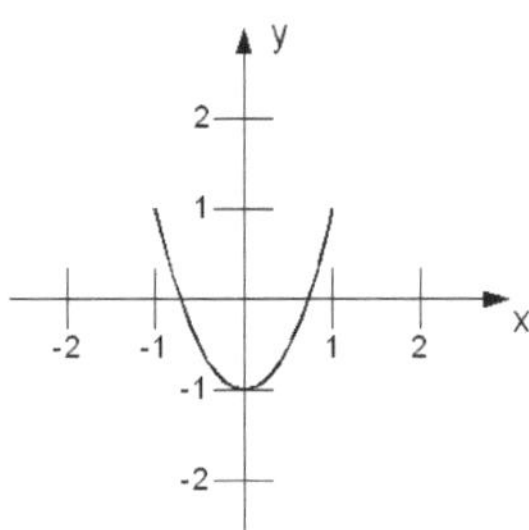

**Abb. 11.1**   $y = \cos(2\arccos x)$

ii) $y = \sin(\arccos x)$

Definitionsbereich $\arccos x : |x| \leq 1$

Wertebereich $\arccos x : [0, \pi]$

$\sin^2\alpha = 1 - \cos^2\alpha \Rightarrow \sin\alpha = \pm\sqrt{1 - \cos^2\alpha}$

$\Rightarrow \sin(\arccos x) = \sqrt{1 - (\cos(\arccos x))^2} = \sqrt{1 - x^2}$

Nur positive Wurzel, da sin auf $[0, \pi]$ nicht negativ wird!

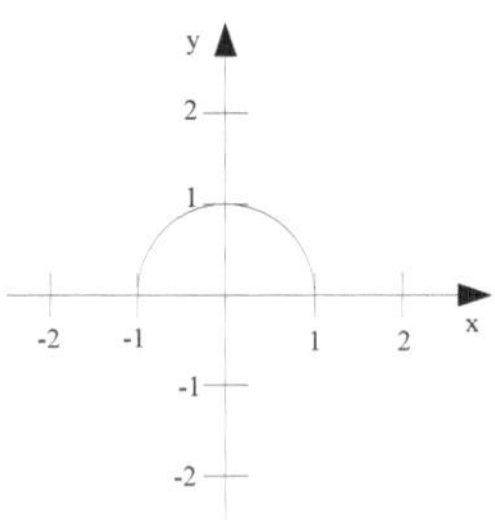

**Abb. 11.2**   $y = \sin(\arccos x)$

iii) $y = \arccos(\sin x)$

Da $\sin x$ periodisch ist mit der Periode $2\pi$ ist es auch $\arccos(\sin x)$.

$$\sin x = \cos(\pm(\frac{\pi}{2} - x))$$

Mit dem Wertebereich $[0, \pi]$ von arccos folgt somit:

a) $0 \leq \dfrac{\pi}{2} - x \leq \pi \Leftrightarrow -\dfrac{\pi}{2} \leq x \leq \dfrac{\pi}{2}$

$\Rightarrow y = \dfrac{\pi}{2} - x, \ x \in [-\dfrac{\pi}{2}, \dfrac{\pi}{2}]$

b) $0 \leq x - \dfrac{\pi}{2} \leq \pi \Leftrightarrow \dfrac{\pi}{2} \leq x \leq \dfrac{3}{2}\pi$

$\Rightarrow y = x - \dfrac{\pi}{2}, \ x \in \left[\dfrac{\pi}{2}, \dfrac{3\pi}{2}\right]$

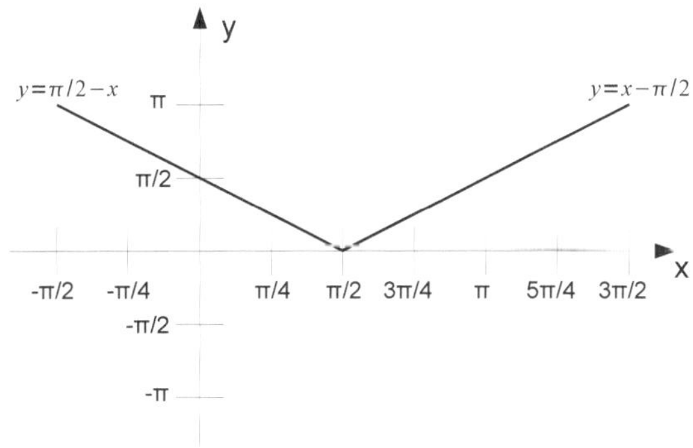


**Abb. 11.3** $y = \arccos(\sin x)$

|  | beschränkt | | | | |
|---|---|---|---|---|---|
|  | oben | unten | gerade | ungerade | periodisch |
| $y = \cos(2\arccos x)$ | $C = 1$ | $C = -1$ | $+$ | $-$ | $-$ |
| $y = \sin(\arccos x)$ | $C = 1$ | $C = 0$ | $+$ | $-$ | $-$ |
| $y = \arccos(\sin x)$ | $C = \pi$ | $C = 0$ | $-$ | $-$ | $T = 2\pi.$ |

**Aufgabe 11.2**

Bestimmen Sie die Definitions- und Wertebereiche der Funktionen $f(x)$. Vereinfachen Sie die Funktionen soweit als möglich und skizzieren Sie diese.

a) $y = \sin(\arcsin x)$

b) $y = \cos(\arcsin x)$

c) $y = \arcsin(\sin x)$

d) $y = \arcsin(\cos x)$

**Lösung:**

a) $y = \sin(\arcsin x) = f(g(x))$ mit $u = g(x) = \arcsin x$

$\qquad D_g = [-1; 1] \qquad W_g = [-\dfrac{\pi}{2}, \dfrac{\pi}{2}]$

$$D_f = \mathbb{R} \qquad W_f = [-1; 1] \qquad W_g \subset D_f$$
$$\Rightarrow D_{f \circ g} = D_g = [-1, 1] \qquad W_{f \circ g} = [-1, 1]$$
$$\Rightarrow y = x \qquad\qquad -1 \leq x \leq 1 \qquad \text{nicht periodisch}$$

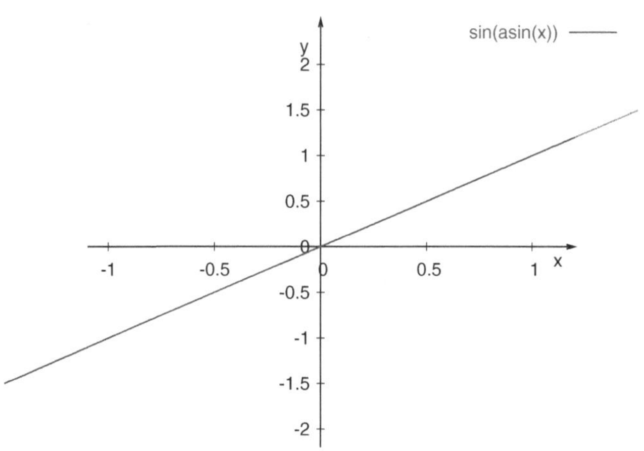


**Abb. 11.4**  $y = \sin(\arcsin x))$

b)  $y = \cos(\arcsin x) = f(g(x)) \qquad \text{mit} \qquad u = g(x) = \arcsin x$

$$D_g = [-1, 1] \qquad\qquad W_g = [-\frac{\pi}{2}, \frac{\pi}{2}] \qquad\qquad D_f = \mathbb{R}$$
$$W_g \subset D_f \Rightarrow D_{f \circ g} = D_g = [-1, 1]$$
$$y = \cos u = \sqrt{1 - \sin^2 u} = \sqrt{1 - \sin^2(\arcsin x)} = \sqrt{1 - x^2} \qquad 0 \leq y \leq 1$$

nicht periodisch

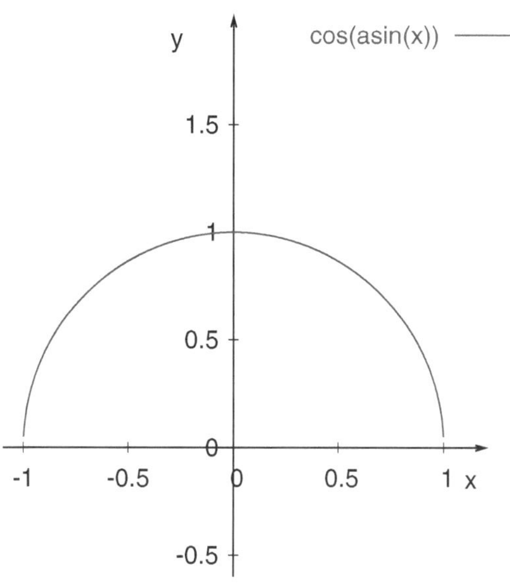

**Abb. 11.5**  $y = \cos(\arcsin x)$

c)  $y = \arcsin(\sin x) = f(g(x))$    mit    $u = g(x) = \sin x$
   $y$ ist periodisch mit $T = 2\pi$
   Nach Def. ist $y$ der Bogen zum sin-Wert $u$, also $u = \sin y$ und $u = \sin x$
   Es gilt somit $u = \sin y = \sin x = \sin(\pi - x)$; zu beachten ist $-\dfrac{\pi}{2} \le y \le \dfrac{\pi}{2}$

   i)  $-\dfrac{\pi}{2} \le y \le \dfrac{\pi}{2}$    $y = x$    $-\dfrac{\pi}{2} \le x \le \dfrac{\pi}{2}$

   ii)  $-\dfrac{\pi}{2} \le y \le \dfrac{\pi}{2}$    $y = \pi - x$    $-\dfrac{\pi}{2} \le \pi - x \le \dfrac{\pi}{2} \Rightarrow$    $\dfrac{\pi}{2} \le x \le \dfrac{3\pi}{2}$

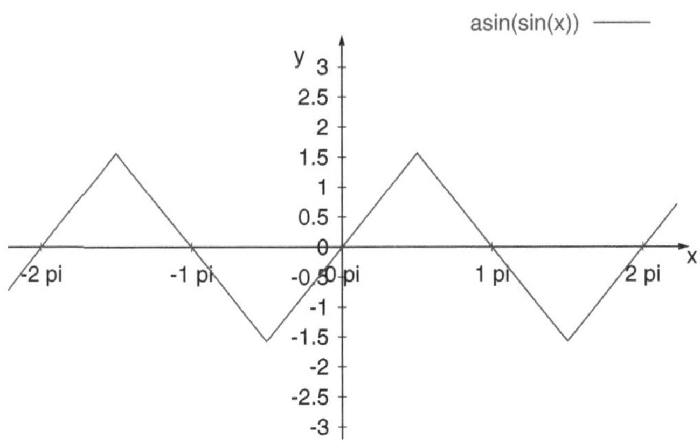


**Abb. 11.6**  $y = \arcsin(\sin x)$

d) $y = \arcsin(\cos x) = f(g(x))$      mit      $u = g(x) = \cos x$

y ist der Bogen zum sin-Wert $u$, also $u = \sin y$

Es ist zu beachten, dass $-\dfrac{\pi}{2} \le y \le \dfrac{\pi}{2}$, da $y = \arcsin u$ der Hauptwert der Umkehrfunktion zum sin ist. Ferner gilt $\cos x = \sin(\dfrac{\pi}{2} - x) = \sin(\dfrac{\pi}{2} + x)$

$u = \sin y = \sin(\dfrac{\pi}{2} - x) = \sin(\dfrac{\pi}{2} + x)$ wobei stets gilt: $-\dfrac{\pi}{2} \le y \le \dfrac{\pi}{2}$

i) $-\dfrac{\pi}{2} \le y \le \dfrac{\pi}{2}$, $y = \dfrac{\pi}{2} - x \;\Rightarrow\; -\dfrac{\pi}{2} \le \dfrac{\pi}{2} - x \le \dfrac{\pi}{2} \;\Rightarrow\; 0 \le x \le \pi$

ii) $-\dfrac{\pi}{2} \le y \le \dfrac{\pi}{2}$, $y = \dfrac{\pi}{2} + x \;\Rightarrow\; -\dfrac{\pi}{2} \le \dfrac{\pi}{2} + x \le \dfrac{\pi}{2} \;\Rightarrow\; -\pi \le x \le 0.$

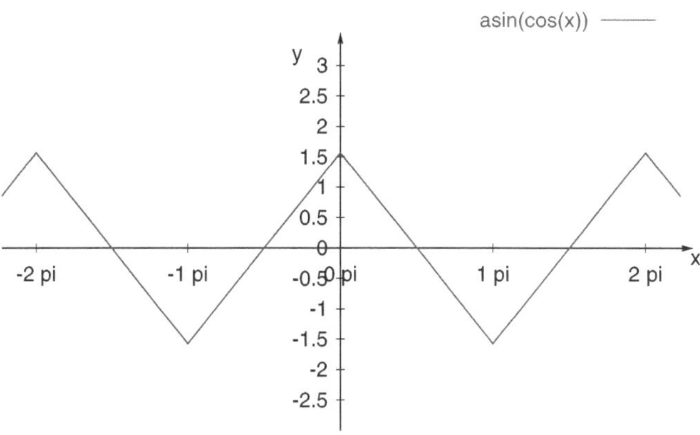


**Abb. 11.7** $y = \arcsin(\cos x)$

### Aufgabe 11.3

Skizzieren Sie die Funktionen nach Vereinfachung

a) $y = \arcsin\sqrt{1 - \cos^2 x}$
b) $y = \sin(\arctan x)$
c) $y = \sin(4\arccos x)$

**Lösung:**

a) $y = \arcsin\sqrt{1 - \cos^2 x} = f(x)$

$\sqrt{1 - \cos^2 x} \geq 0 \Rightarrow y \geq 0 \Rightarrow 0 \leq y \leq \dfrac{\pi}{2}$

$f(-x) = f(x) \Rightarrow \quad$ gerade Funktion
$y(x + T) = y(x)$ periodisch mit $T = \pi$;
$y = \arcsin|\sin x|$ nach Definition $|\sin x| = \sin y$
Beschränkung auf die $x$-Werte einer Periode:
$\sin y = +\sin x = \sin(\pi - x)$

i) $0 \leq y \leq \dfrac{\pi}{2} \qquad \Rightarrow y = x \qquad$ für $\qquad 0 \leq x \leq \dfrac{\pi}{2}$

ii) $0 \leq y \leq \dfrac{\pi}{2} \qquad \Rightarrow y = \pi - x \qquad$ für $\qquad \dfrac{\pi}{2} \leq x \leq \pi$

Periodische Fortsetzung!

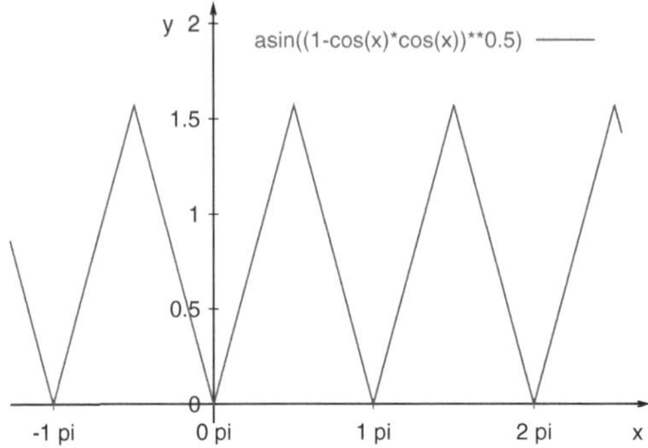



**Abb. 11.8**  $y = \arcsin\sqrt{1 - \cos^2 x}$

b) $y = \sin\underbrace{\arctan x}_{u}$     nicht periodisch;     $\dfrac{-\pi}{2} < \arctan x < \dfrac{\pi}{2}$     $x \in \mathbb{R}$

$$
\begin{aligned}
y = \sin u &= \frac{\sin u}{\sqrt{\sin^2 u + \cos^2 u}} = \\[2mm]
&= \frac{\sin u}{\cos u\sqrt{1 + \tan^2 u}} = \\[2mm]
&= \frac{\tan u}{\sqrt{1 + \tan^2 u}} = \\[2mm]
&= \frac{\tan(\arctan x)}{\sqrt{1 + \tan(\arctan x)^2}} = \\[2mm]
&= \frac{x}{\sqrt{1 + x^2}}
\end{aligned}
$$

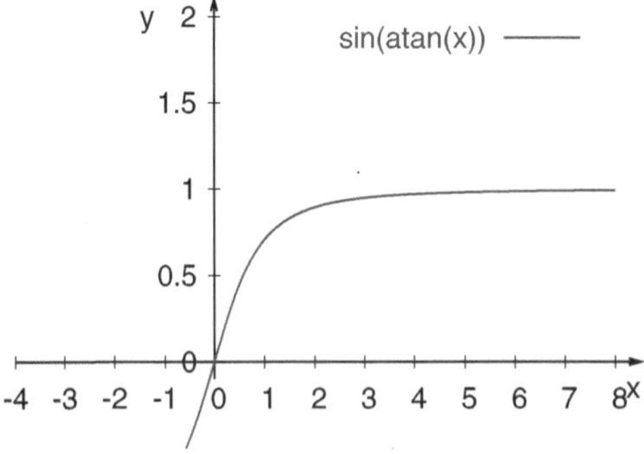



**Abb. 11.9**  $y = \sin(\arctan x)$

c) $y = \sin(4\arccos x) = f(x)$   $D_{arccos} = [-1,1]$   $D_f = [-1,1] = W_f$

$z := \arccos x$

$\sin 4z = 2\sin 2z \cos 2z = 4(\sin z \cos z)(\cos^2 z - \sin^2 z) = 4\sin z \cos z(2\cos^2 z - 1)$

$y = \sin 4z = 4\sqrt{1 - \cos^2 z}\,\cos z(2\cos^2 z - 1)$

mit    $\cos z = \cos(\arccos x) = x$   $\Rightarrow$   $y = \sin 4z = 4\sqrt{1 - x^2}\,x(2x^2 - 1).$

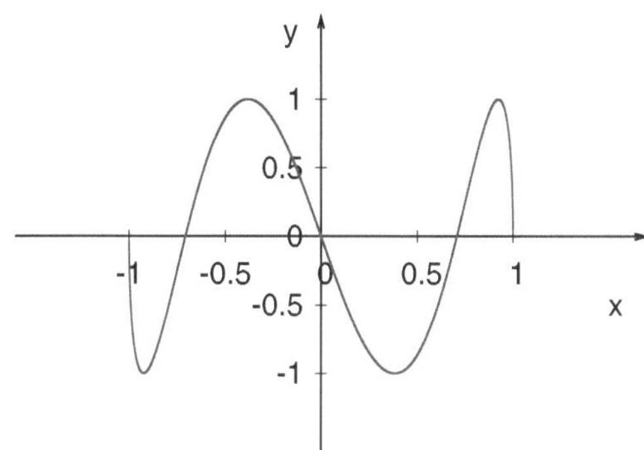

**Abb. 11.10**   $y = \sin(4\arccos x)$

**Aufgabe 11.4**

Zeigen Sie, dass $\arcsin x + \arccos x = \dfrac{\pi}{2}$ für alle $x \in [-1,1]$.

**Lösung:**

Mit dem Additionstheorem für sin erhält man

$$\sin\left(\frac{\pi}{2} - \arccos x\right) = \cos(\arccos x) = x.$$

Wegen $\dfrac{\pi}{2} - \arccos x \in \left[-\dfrac{\pi}{2}, \dfrac{\pi}{2}\right]$ folgt hieraus $\arcsin x = \dfrac{\pi}{2} - \arccos x$.

**Aufgabe 11.5**

Zeigen Sie mit Hilfe der Additionstheoreme der trigonometrischen Funktionen, dass

a) $\arccos x + \arccos y = \arccos\left(xy - \sqrt{1 - x^2}\sqrt{1 - y^2}\right)$

b) $\arcsin x + \arcsin y = \arcsin\left(x\sqrt{1 - y^2} + y\sqrt{1 - x^2}\right)$

c) $\arctan x + \arctan y = \arctan \dfrac{x + y}{1 - xy}$

sofern links der Wertebereich des Hauptzweiges nicht verlassen wird.

**Lösung:**

a)

$$\arccos x + \arccos y = \arccos(xy - \sqrt{1-x^2}\sqrt{1-y^2})$$

$$\arccos x = a \; ; \; \arccos y = b \iff \cos a = x \; ; \; \cos b = y$$

$$\sin a = \sqrt{1 - \cos^2 a} = \sqrt{1-x^2}$$

$$\sin b = \sqrt{1 - \cos^2 b} = \sqrt{1-y^2}$$

$$\cos(a+b) = \cos a \cos b - \sin a \sin b$$

$$\Rightarrow \cos(a+b) = xy - \sqrt{1-x^2}\sqrt{1-y^2}$$

$$\Rightarrow a+b = \arccos(xy - \sqrt{1-x^2}\sqrt{1-y^2})$$

$$\Rightarrow \arccos x + \arccos y = \arccos(xy - \sqrt{1-x^2}\sqrt{1-y^2})$$

b)

$$\arcsin x + \arcsin y = \arcsin(x\sqrt{1-y^2} + y\sqrt{1-yx^2})$$

$$\arcsin x = a \; ; \; \arcsin y = b \iff \sin a = x \; ; \; \sin b = y$$

$$\cos a = \sqrt{1 - \sin^2 a} = \sqrt{1-x^2}$$

$$\cos b = \sqrt{1 - \sin^2 b} = \sqrt{1-y^2}$$

$$\sin(a+b) = \sin a \cos b + \sin b \cos a$$

$$\Rightarrow \sin(a+b) = x\sqrt{1-y^2} + y\sqrt{1-x^2}$$

$$\Rightarrow a+b = \arcsin(x\sqrt{1-y^2} + y\sqrt{1-x^2})$$

$$\Rightarrow \arcsin x + \arcsin y = \arcsin(x\sqrt{1-y^2} + y\sqrt{1-x^2})$$

c) $\arctan x + \arctan y = \arctan \dfrac{x+y}{1-xy}$

$\quad a := \arctan x \qquad \Leftrightarrow \qquad x = \tan a$

$\quad b := \arctan y \qquad \Leftrightarrow \qquad y = \tan b$

$\quad \tan(a+b) = \dfrac{\tan a - \tan b}{1 - \tan a \tan b} = \dfrac{x+y}{1-xy}$

$\quad \Rightarrow a+b = \arctan \dfrac{x+y}{1-xy}$

$\quad \Rightarrow \arctan x + \arctan y = \arctan \dfrac{x+y}{1-xy}.$

**Aufgabe 11.6**

Gegeben sind die Funktionen $f(x) = 2\arcsin\left(\sqrt{\dfrac{x}{A}}\right)$ und $g(x) = \arcsin\left(\dfrac{2x}{A} - 1\right)$ mit $A > 0$. Bestimmen Sie $D := D_f \cap D_g$.

**Lösung:**

$$D_{\arcsin} = [-1, 1]$$

$$W_{\arcsin} = \left[-\frac{\pi}{2}, \frac{\pi}{2}\right]$$

a) $f(x) = 2\arcsin\left(\sqrt{\dfrac{x}{A}}\right)$ mit $A > 0$

$$\Rightarrow x \geq 0, \quad \sqrt{\frac{x}{A}} \in [0, 1] \Leftrightarrow x \in [0, A] = D_f$$

b) $g(x) = \arcsin\left(\dfrac{2x}{A} - 1\right) \Rightarrow \dfrac{2x}{A} - 1 \in [-1, 1]$

$$\Leftrightarrow -1 \leq \frac{2x}{A} - 1 \leq 1 \overset{+1}{\Leftrightarrow} 0 \leq \frac{2x}{A} \leq 2$$

$$\overset{A \geq 0}{\Leftrightarrow} 0 \leq 2x \leq 2A \Leftrightarrow 0 \leq x \leq A$$

$$\Leftrightarrow x \in [0, A] = D_g$$

$$\Rightarrow D_f = D_g \text{ und somit } D_f \cap D_g = [0, A].$$

**Aufgabe 11.7**

Bestimmen Sie die Definitions- und Wertebereiche der Funktionen $f(x)$, und berechnen Sie ihre Umkehrfunktionen in ihren verschiedenen Monotoniebereichen:

a) $f(x) = \arctan\sqrt{4x^2 - 1}$

b) $f(x) = \arcsin\dfrac{1}{\sqrt[4]{\left(\dfrac{x}{2}\right)^4 + 1}}$

**Lösung:**

a) Definitionsbereich:

$$4x^2 - 1 \geq 0 \Rightarrow \quad |x| \geq \frac{1}{2}$$

$$D_f = \left(-\infty, -\frac{1}{2}\right) \cup \left(\frac{1}{2}, +\infty\right)$$

Wertebereich:

$$W_f = [0, +\frac{\pi}{2})$$

Umkehrfunktionen:

$$x = \sqrt{\frac{1}{4}(1 + (\tan y)^2)} = \pm\frac{1}{2}\frac{1}{\cos y}$$

Variablentausch: $y = \sqrt{\frac{1}{4}(1 + (\tan x)^2)} = \pm\frac{1}{2}\frac{1}{\cos x}$

$$y_1 = \frac{1}{2\cos x}$$

$$y_2 = -\frac{1}{2\cos x}$$

b) $D_f = \mathbb{R}$

$$W_f = (0, \frac{\pi}{2}]$$

Umkehrfunktionen:

$$\sin y = \frac{1}{\sqrt[4]{\left(\frac{x}{2}\right)^4 + 1}}$$

$$\Rightarrow \left(\frac{x}{2}\right)^4 + 1 = \frac{1}{(\sin y)^4}$$

$$x = \pm 2\left(\frac{1}{(\sin y)^4} - 1\right)^{\frac{1}{4}} =$$

$$= \pm 2\left(\frac{1 - (\sin y)^4}{(\sin y)^4}\right)^{\frac{1}{4}} =$$

$$= \pm 2\left(\frac{((\cos y)^2 + (\sin y)^2)^2 - (\sin y)^4}{(\sin y)^4}\right)^{\frac{1}{4}} =$$

$$= \pm 2\left(\frac{(\cos y)^4 + 2(\sin y)^2(\cos y)^2}{(\sin y)^4}\right)^{\frac{1}{4}} =$$

$$= \pm 2((\cot y)^4 + 2(\cot y)^4(\tan y)^2)^{\frac{1}{4}} =$$

$$= \pm 2\cot y\sqrt[4]{1 + 2(\tan y)^2}$$

Variablentausch:

$$y_1 = 2\cot x\sqrt[4]{1 + 2(\tan x)^2}$$

$$y_2 = -2\cot x\sqrt[4]{1 + 2(\tan x)^2}.$$

## 11.2 Logarithmusfunktionen

Logarithmusfunktionen sind Umkehrfunktionen der Exponentialfunktionen.

**Aufgabe 11.8**
Vereinfachen Sie folgende Ausdrücke:

a) $\dfrac{\ln 6 - \ln 3}{\ln 2}$

b) $\ln\left(\dfrac{a}{b} \cdot e^a\right)$

(Hinweis: $\ln x := \log_e x$).

**Lösung:**

a) $\dfrac{\ln 6 - \ln 3}{\ln 2} = \dfrac{\ln \dfrac{6}{3}}{\ln 2} = \dfrac{\ln 2}{\ln 2} = 1$

b) $\ln\left(\dfrac{a}{b} \cdot e^a\right) = \ln a - \ln b + \ln e^a = \ln a - \ln b + a.$

**Aufgabe 11.9**
Skizzieren Sie die Graphen der Funktionen

$$y_1(x) = \log_2 x, \ y_2(x) = \log_{\frac{1}{2}} x, \ y_3(x) = \log_4 x, \ y_4(x) = \log_{\frac{1}{4}} x.$$

**Lösung:**

$\log_a x = y \quad \Leftrightarrow \quad a^y = x$

$\log_2 x = y \quad \Leftrightarrow \quad 2^y = x \quad \Rightarrow$

| $y$ | $-3$ | $-2$ | $-1$ | $0$ | $1$ | $2$ | $3$ |
|---|---|---|---|---|---|---|---|
| $x$ | $\frac{1}{8}$ | $\frac{1}{4}$ | $\frac{1}{2}$ | $1$ | $2$ | $4$ | $8$ |

Für die weiteren Aufgaben folgendes Vorgehen:

Allgemein gilt $\log_a x = \dfrac{\ln x}{\ln a}$.

$$\Rightarrow y_2(x) = \log_{\frac{1}{2}} x = \frac{\ln x}{\ln \frac{1}{2}} = \frac{\ln x}{\ln 1 - \ln 2} = -\frac{\ln x}{\ln 2} = -\log_2 x$$

$$y_3(x) = \log_4 x = \frac{\ln x}{\ln 4} = \frac{\ln x}{\ln 2^2} = \frac{\ln x}{2\ln 2} = \frac{1}{2} \cdot \frac{\ln x}{\ln 2} = \frac{1}{2}\log_2 x$$

$$y_4(x) = \log_{\frac{1}{4}} x = \frac{\ln x}{\ln \frac{1}{4}} = \frac{\ln x}{\ln 1 - \ln 4} = \frac{\ln x}{-\ln 2^2} = \frac{\ln x}{-2\ln 2} = -\frac{1}{2} \cdot \frac{\ln x}{\ln 2} = -\frac{1}{2}\log_2 x.$$

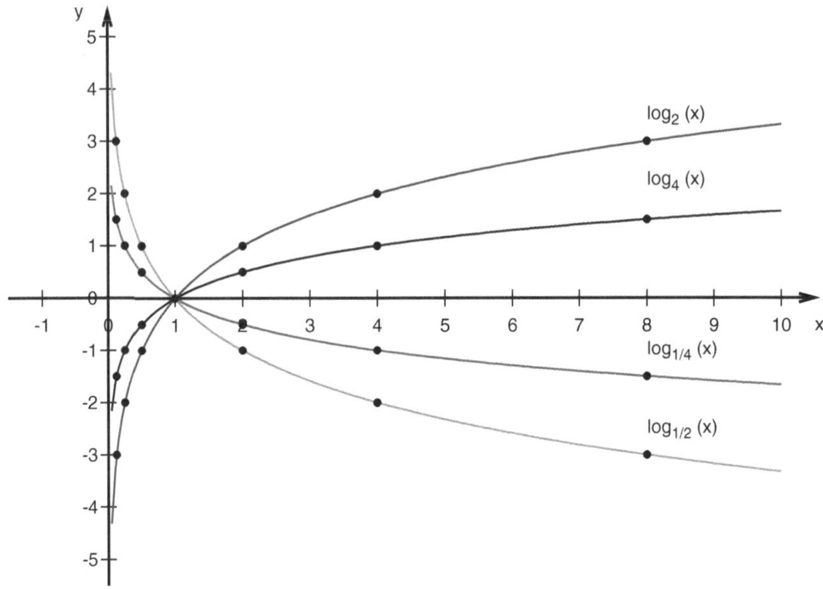


**Abb. 11.11**  Grafik zu Aufgabe 11.9

### Aufgabe 11.10

a) Es seien $0 < a \neq 1$ und $c > 0$. Lösen Sie die Gleichung

i)  $a^b = c$ nach $b$ auf

ii) $b = \log_a c, c \neq 1$, nach $a$ und nach $c$ auf!

b) Wie gewinnt man die Logarithmen zur Basis 10 aus denen zur Basis e (natürliche Logarithmen)?

**Lösung:**

Der Logarithmus ist die Zahl, mit der man die Basis potenzieren muss, damit das Argument rauskommt.

a) $\log_a x$ ist die Umkehrfunktion von $a^x$, d.h.:
$\log_a(a^x) = x$ und $a^{\log_a x} = x$

i)  $a^b = c \Rightarrow \log_a(a^b) = \log_a(c) \Rightarrow b = \log_a(c)$

ii) $b = \log_a(c) \Rightarrow a^b = a^{\log_a(c)} \Rightarrow c = a^b \overset{c \neq 1, b \neq 0}{\Leftrightarrow} a = (a^b)^{\frac{1}{b}} = c^{\frac{1}{b}}$

b) $x = 10^{\log_{10} x} \Rightarrow \ln x = \ln(10^{\log_{10} x}) = \log_{10} x \cdot \ln 10$

$\Rightarrow \log_{10} x = \dfrac{\ln x}{\ln 10}.$

**Aufgabe 11.11**

Für welche $x$ gilt

(i) $\log_4 2^{(x^{-2})} = \dfrac{1}{18}$

(ii) $(2^x)^2 = 3^{(x^2)}$?

**Lösung:**

i) $\log_4 2^{(x^{-2})} = \dfrac{1}{18} \Leftrightarrow 2^{(x^{-2})} \overset{!}{=} 4^{\frac{1}{18}} = \sqrt[18]{4} = \sqrt[9]{2} = 2^{\frac{1}{9}}$

$\Leftrightarrow x^{-2} = \dfrac{1}{9} \Leftrightarrow \dfrac{1}{x^2} = \dfrac{1}{9} \Leftrightarrow x^2 = 9$

$\Leftrightarrow x = 3$ oder $x = -3$

ii) $(2^x)^2 = 3^{(x^2)} \Leftrightarrow 2^{2x} = 3^{(x^2)}$

$\Leftrightarrow \ln(2^{2x}) = \ln(3^{(x^2)})$

$\Leftrightarrow 2x \ln 2 = x^2 \ln 3$

$\Leftrightarrow 2x \ln 2 - x^2 \ln 3 = 0$

$\Leftrightarrow x(2 \ln 2 - x \ln 3) = 0$

$\Leftrightarrow x = 0$ oder $2 \ln 2 - x \ln 3 = 0 \Leftrightarrow x = \dfrac{2 \ln 2}{\ln 3}$.

**Aufgabe 11.12**

Berechnen Sie

a) $\log_2 32$

b) $\log_6 \sqrt[3]{6}$

c) $\log_3 \dfrac{1}{9}$

d) $\log_7 1$

e) $\ln\left(\dfrac{e^x}{e^y}\right)$

**Lösung:**

a) $\log_2 32 = \log_2 2^5 = 5$

b) $\log_6 \sqrt[3]{6} = \log_6 6^{\frac{1}{3}} = \dfrac{1}{3}$

c) $\log_3 \dfrac{1}{9} = \log_3 3^{-2} = -2$

d) $\log_7 1 = \log_7 7^0 = 0$

e) $\ln\left(\dfrac{e^x}{e^y}\right) = \ln e^x - \ln e^y = x - y.$

**Aufgabe 11.13**

a) Seien $a, b, c > 0$ und $x, y, z \in \mathbb{R}$. Stellen Sie $\dfrac{a^x b^y}{c^z}$ als Potenz von $a$ dar.

b) Logarithmieren Sie den Ausdruck $\dfrac{3x^2 \sqrt[3]{y}}{2zu^3}$

**Lösung:**

a)

$$\text{sei } a^\beta = b \Leftrightarrow \log a^\beta = \log b \Leftrightarrow \beta \log a = \log b \Leftrightarrow \beta = \frac{\log b}{\log a} = \log_a b$$

$$\text{sei } a^\gamma = c \Leftrightarrow \log a^\gamma = \log c \Leftrightarrow \gamma \log a = \log c \Leftrightarrow \gamma = \frac{\log c}{\log a} = \log_a c$$

$$\Rightarrow \frac{a^x b^y}{c^z} = \frac{a^x (a^\beta)^y}{(a^\gamma)^z} = \frac{a^{x+\beta y}}{a^{\gamma z}} = a^{x+\beta y - \gamma z} \text{ mit } \beta = \log_a b, \gamma = \log_a c$$

b)

$$\ln\left(\frac{3x^2 \sqrt[3]{y}}{2z\, v^3}\right) = \ln 3x^2 + \ln|\sqrt[3]{y}| - (\ln|2z| + \ln|v^3|)$$

$$= \ln 3 + 2\ln|x| + \frac{1}{3}\ln|y| - \ln 2 - \ln|z| - 3\ln|v|.$$

**Aufgabe 11.14**

Bestimmen Sie die Lösung $x$ von

a) $3^{x-2} = 2^{x+3}$

b) $e^{2x} + e^x - c = 0, c \in \mathbb{R}$

Hinweis: $\log 2 \approx 0,3010$, $\log 3 \approx 0,4771$, wobei $\log := \log_{10}$

**Lösung:**

a)

$$3^{x-2} = 2^{x+3} \quad | \log$$

$$(x-2)\log 3 = (x+3)\log 2$$

$$x\log 3 - 2\log 3 = x\log 2 + 3\log 2$$

$$x\log 3 - x\log 2 = 3\log 2 + 2\log 3$$

$$x(\log 3 - \log 2) = 3\log 2 + 2\log 3$$

$$x = \frac{3\log 2 + 2\log 3}{\log 3 - \log 2}$$

$$x \approx 10,5476$$

b)

$$e^{2x} + e^x - c = 0$$
$$(e^x)^2 + e^x - c = 0$$
$$y := e^x > 0$$
$$y^2 + y - c = 0$$

$$y_{1,2} = \frac{-1 \pm \sqrt{1+4c}}{2}$$

$$y > 0 \Rightarrow \text{Nur Lösung}$$

$$y = -\frac{1}{2} + \frac{\sqrt{1+4c}}{2} \qquad \text{mit} \qquad \sqrt{1+4c} > 1 \qquad (\Rightarrow c > 0)$$

$$-\frac{1}{2} + \frac{\sqrt{1+4c}}{2} = e^x$$

$$\ln\left(-\frac{1}{2} + \frac{\sqrt{1+4c}}{2}\right) = x.$$

Also, für $c \leq 0$ hat die Gleichung keine Lösung,

tur $c > 0$ hat die Gleichung eine Lösung

$$x = \ln\left(-\frac{1}{2} + \frac{\sqrt{1+4c}}{2}\right).$$

**Aufgabe 11.15**

Berechnen Sie die Lösung der Gleichung $\ln(x^2) + \ln(3x^{-3}) = 2\ln(x^{-1}) + 2$.

**Lösung:**

$$\ln(x^2) + \ln(3x^{-3}) = 2\ln(x^{-1}) + 2$$
$$\Rightarrow \ln(x^2 \cdot 3x^{-3}) = \ln\left((x^{-1})^2\right) + 2$$
$$\Rightarrow \ln(3x^{-1}) = \ln\left(x^{-2}\right) + 2$$
$$\Rightarrow e^{\ln(3x^{-1})} = e^{\ln(x^{-2})+2}$$
$$\Rightarrow 3x^{-1} = e^{\ln(x^{-2})} e^2$$
$$\Rightarrow 3x^{-1} = x^{-2} e^2$$
$$\Rightarrow 3x = e^2$$
$$\Rightarrow x = \frac{e^2}{3}.$$

**Aufgabe 11.16**

Für welche $x$ gilt $\log_{27} 3^{2x+1} = \dfrac{1}{2}$?

**Lösung:**

$$\log_{27} 3^{2x+1} = \frac{1}{2}$$
$$\Rightarrow 27^{\log_{27} 3^{2x+1}} = 27^{\frac{1}{2}}$$
$$\Rightarrow 3^{2x+1} = (3^3)^{\frac{1}{2}} = 3^{\frac{3}{2}}$$
$$\Rightarrow 2x+1 = \frac{3}{2}$$
$$\Rightarrow x = \frac{1}{4}.$$

### Aufgabe 11.17

Für welche $x$ gilt

a) $e^{x^2} = (e^x)^2$

b) $2^{x^x} = (2^x)^x$

**Lösung:**

a)

$$e^{x^2} = (e^x)^2$$
$$\Rightarrow \ln e^{x^2} = \ln(e^x)^2$$
$$\Rightarrow x^2 \underbrace{\ln e}_{=1} = 2\ln(e^x)$$
$$\Rightarrow x^2 = 2x \underbrace{\ln e}_{=1}$$
$$\Rightarrow x^2 = 2x$$
$$\Rightarrow x^2 - 2x = 0$$
$$\Rightarrow x(x-2) = 0$$
$$\Rightarrow x_1 = 0, x_2 = 2$$

b)

$$2^{x^x} = (2^x)^x$$
$$\ln 2^{x^x} = \ln(2^x)^x$$
$$\Rightarrow x^x \ln 2 = x \ln 2^x$$
$$\Rightarrow x^x \ln 2 = x\, x \ln 2$$
$$\Rightarrow x^x = x^2 \quad | \ln$$
$$\Rightarrow \ln x^x = \ln x^2$$
$$\Rightarrow x \ln x = 2 \ln x$$
$$\Rightarrow (x-2) \ln x = 0 \;\Rightarrow\; x_1 = 1 \quad x_2 = 2.$$

**Aufgabe 11.18**

Lösen Sie die folgenden Gleichungen nach $y(x)$ auf

a) $-e^{-y} = e^x(x-1) + c \qquad c \in \mathbb{R}$

b) $\ln|y| = -2\ln|x| - \ln c \qquad c > 0$

**Lösung:**

a) $-e^{-y} = e^x(x-1) + c$

$\Rightarrow e^{-y} = -e^x(x-1) - c \qquad\qquad |\ln$

$\Rightarrow -y = \ln(e^x(1-x) - c)$

$\Rightarrow y = -\ln((1-x)e^x - c)$ mit $x$ so, dass $(1-x)e^x - c > 0$

b) $\ln|y| = -2\ln|x| - \ln c$

$\Rightarrow \ln|y| = \ln\dfrac{x^{-2}}{c}$

$\Rightarrow y = \pm\dfrac{1}{cx^2} \qquad c > 0 \qquad x \neq 0.$


**Aufgabe 11.19**

Begründen Sie, warum die Logarithmengesetze nicht gelten:

a) $f(x) = \log(x-2)(x+2) \neq \log(x-2) + \log(x+2)$

b) $f(x) = \dfrac{1}{2}\log(-1-x) + \dfrac{1}{2}\log(x-1) \neq \log\sqrt{1-x^2}$

c) $f(x) = \log\sqrt[12]{(1-x^2)^4} \neq \dfrac{1}{3}\log(1-x^2)$

d) $f(x) = \log(\sqrt[6]{(2-x)^2}\,\sqrt[6]{(2-x)^8}) \neq \dfrac{5}{3}\log(2-x)$

e) $f(x) = \log x^4 \neq 4\log x$

**Lösung:**

a) $f^*(x) := \log(x-2) + \log(x+2) \qquad D_{f^*} = (2,\infty) \neq D_f = (-\infty,-2) \cup (2,\infty)$

b) $f^*(x) := \log\sqrt{1-x^2} \qquad D_{f^*} = (-1,1) \neq D_f = \{\emptyset\}$

c) Kürzungsregel bei der Wurzel gilt nicht: $\sqrt[12]{(1-x^2)^4} = |1-x^2|^{\frac{1}{3}}$

d) wie c): $\sqrt[6]{(2-x)^2}\,\sqrt[6]{(2-x)^8} = |2-x|^{\frac{1}{3}} \cdot |2-x|^{\frac{4}{3}}$

e) $f^*(x) := 4\log x \qquad D_{f^*} = (0,\infty) \qquad D_f = \mathbb{R}\setminus\{0\} \qquad D_{f^*} \neq D_f.$


**Aufgabe 11.20**

Bestimmen Sie graphisch die Umkehrfunktion von $y = f(x) = \ln x$. Geben Sie Definitions- und Wertebereich an.

**Lösung:**

Bei der graphischen Bestimmung der Umkehrfunktion sind folgende Punkte zu beachten:
- Skizze der Funktion $y = f(x)$
- Spiegelung an der Winkelhalbierenden $y = x$
- Bestimmung von Intervallen mit eineindeutiger Beziehung zwischen $x$ und $y$ durch Einschränkung des Definitins- und Wertebereichs.
$$y = f(x) = \ln x \Rightarrow x = f^{-1}(y) = e^y$$
Variablentausch: $y = f^{-1}(x) = e^x$
$D_{\ln} = \mathbb{R}^+$, $W_{\ln} = \mathbb{R}$
$D_{\exp} = \mathbb{R}$, $W_{\exp} = \mathbb{R}^+$.

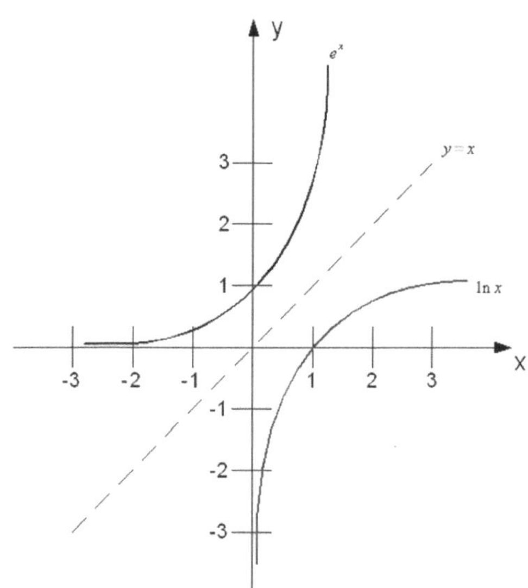


**Abb. 11.12**  Grafik zu Aufgabe 11.20

**Aufgabe 11.21**
Gegeben seien die Funktionen $f(x) = \ln x$,   $g(x) = \sqrt{x}$ und $h(x) = \sin x$.
Man bestimme den Definitionsbereich von

a) $(f \circ g \circ h)(x)$
b) $(f \circ h \circ g)(x)$
c) $(g \circ f \circ h)(x)$
d) $(g \circ h \circ f)(x)$

**Lösung:**

$$D_f = \mathbb{R}^+ \quad W_f = \mathbb{R}$$
$$D_g = \mathbb{R}_0^+ \quad W_g = \mathbb{R}_0^+$$
$$D_h = \mathbb{R} \quad W_h = [-1; 1]$$

a) $(f \circ g \circ h)(x) = f(g(h(x))) = f(g(\sin x)) = f(\sqrt{\sin x}) = \ln \sqrt{\sin x}$

$$D_f = \mathbb{R}^+ \Rightarrow W_{g \circ h} \overset{!}{\subset} \mathbb{R}^+ \Rightarrow \sqrt{\sin x} \overset{!}{>} 0 \Leftrightarrow \sqrt{\sin x} \overset{!}{\neq} 0$$

$$D_g = \mathbb{R}^+ \Rightarrow W_h \overset{!}{\subset} \mathbb{R}^+$$

d.h. $\sin x > 0 \Leftrightarrow 2k\pi < x < (2k+1)\pi, \ k \in \mathbb{Z}$

$\Rightarrow D_{f \circ g \circ h} = (2k\pi; (2k+1)\pi), \ k \in \mathbb{Z}$

b) $(f \circ h \circ g)(x) = f(h(g(x))) = f(h(\sqrt{x})) = f(\sin \sqrt{x}) = \ln (\sin \sqrt{x})$

$$D_f = \mathbb{R}^+ \Rightarrow W_{h \circ g} \overset{!}{\subset} \mathbb{R}^+$$

d.h. $0 < \sin \sqrt{x} \le 1$

$\Leftrightarrow 2k\pi < \sqrt{x} < (2k+1)\pi, \ k \in \mathbb{N}_0$

$\Leftrightarrow (2k\pi)^2 < x < ((2k+1)\pi)^2, \ k \in \mathbb{N}_0$

$\Rightarrow D_{f \circ h \circ g} = ((2k\pi)^2, ((2k+1)\pi)^2), \ k \in \mathbb{N}_0$

c) $(g \circ f \circ h)(x) = g(f(h(x))) = g(f(\sin x)) = g(\ln(\sin x)) = \sqrt{\ln (\sin x)}$

$$D_g = \mathbb{R}_0^+ \Rightarrow W_{f \circ h} \overset{!}{\subset} \mathbb{R}_0^+$$

$$\Rightarrow \ln(\sin x) \ge 0 \Rightarrow \sin x \ge 1 \Leftrightarrow \sin x = 1 \Leftrightarrow x = (2k + \tfrac{1}{2})\pi, \ k \in \mathbb{Z}$$

$$\Rightarrow D_{g \circ f \circ h} = \{(2k + \tfrac{1}{2})\pi, \ k \in \mathbb{Z}\}$$

d) $(g \circ h \circ f)(x) = g(h(f(x))) = g(h(\ln x)) = g(\sin(\ln x)) = \sqrt{\sin (\ln x)}$

$$D_g = \mathbb{R}_0^+ \Rightarrow W_{h \circ f} \overset{!}{\subset} \mathbb{R}_0^+$$

$\Rightarrow 0 \le \sin (\ln x) \le 1 \Leftrightarrow 2k\pi \le \ln x \le (2k+1)\pi, \ k \in \mathbb{Z}$

$\Rightarrow D_{g \circ h \circ f} = [\exp (2k\pi); \exp((2k+1)\pi)], \ k \in \mathbb{Z}.$

# 11.3 Areafunktionen

### Definition: Hyperbelfunktionen

a) *Hyperbolische Sinusfunktion (Sinus hyperbolicus)*:

$$D = \mathbb{R}, \ x \to \sinh x = \frac{e^x - e^{-x}}{2}$$

b) *Hyperbolische Kosinusfunktion (Cosinus hyperbolicus)*:

$$D = \mathbb{R}, \ \cosh x = \frac{e^x + e^{-x}}{2}$$

c) *Hyperbolische Tangensfunktion (Tangens hyperbolicus)*:
$$D = \mathbb{R}, \ \tanh x = \frac{\sinh x}{\cosh x} = \frac{e^x - e^{-x}}{e^x + e^{-x}}$$
d) *Hyperbolische Kotangensfunktion (Cotangens hyperbolicus)*:
$$D = \mathbb{R} \backslash \{0\}, \ \coth x = \frac{\cosh x}{\sinh x} = \frac{e^x + e^{-x}}{e^x - e^{-x}}$$

**Definition: Areafunktionen** Definition: Areafunktionen

a) *Areasinusfunktion* arsinh: Umkehrfunktion von sinh
b) *Areacosinusfunktion* arcosh: Umkehrfunktion von cosh
c) *Areatangensfunktion* artanh: Umkehrfunktion von tanh
d) *Areakotangensfunktion* arcoth: Umkehrfunktion von coth

**Aufgabe 11.22**
Bestimmen Sie graphisch die Umkehrfunktion von $y = f(x)$ für

a) $f(x) = \sinh x$
b) $f(x) = \cosh x$.

Geben Sie deren Definitions- und Wertebereiche an.

**Lösung:**

Bei der graphischen Bestimmung der Umkehrfunktion sind folgende Punkte zu beachten:
- Skizze der Funktion $y = f(x)$
- Spiegelung an der Winkelhalbierenden $y = x$
- Bestimmung von Intervallen mit eineindeutiger Beziehung zwischen $x$ und $y$ durch Einschränkung des Definitins- und Wertebereichs.

a) $y = f(x) = \sinh x \Rightarrow x = f^{-1}(y) = \operatorname{arsinh} y$
   Variablentausch : $y = \operatorname{arsinh} x$
   $D_{\sinh} = \mathbb{R}, \ W_{\sinh} = \mathbb{R}$
   $D_{\operatorname{arsinh}} = \mathbb{R}, \ W_{\operatorname{arsinh}} = \mathbb{R}$

b) $y = f(x) = \cosh x \Rightarrow x = f^{-1}(y) = \operatorname{arcosh} y$
   Variablentausch : $y = \operatorname{arcosh} x$
   $D_{\cosh} = \mathbb{R}, \ W_{\cosh} = [1; +\infty)$
   $D_{\operatorname{arcosh}} = [1; +\infty), \ W_{\operatorname{arcosh}} = \mathbb{R}_0^+$.

**Aufgabe 11.23**
Berechnen Sie jeweils mit Hilfe des natürlichen Logarithmus die Umkehrfunktion $y = \operatorname{arsinh} x$ von $\sinh x$.

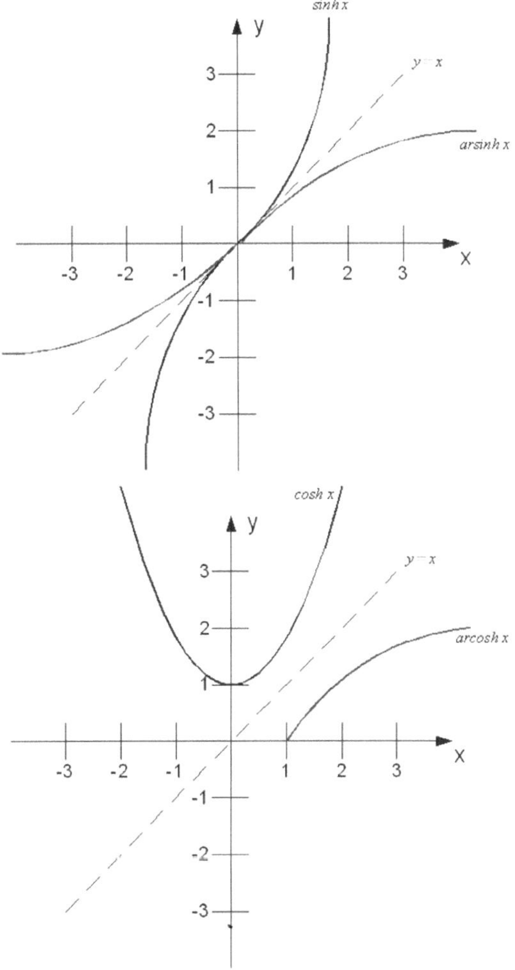



**Abb. 11.13** Grafiken zu Aufgabe 11.22

**Lösung:**

$$y = \sinh x = \frac{1}{2}(e^x - e^{-x}) = \frac{1}{2}\left(e^x - \frac{1}{e^x}\right),\ t := e^x \geq 1,\ x \in [0, \infty)$$

$$\Rightarrow y = \frac{1}{2}\left(t - \frac{1}{t}\right) = \frac{1}{2}\left(\frac{t^2 - 1}{t}\right) = \frac{1}{2t}(t^2 - 1)$$

$$\Leftrightarrow t^2 - 1 = 2ty \Leftrightarrow t^2 - 2ty = 1 \Leftrightarrow t^2 - 2ty + y^2 = 1 + y^2$$

$$\Leftrightarrow (t - y)^2 = y^2 + 1 \Leftrightarrow t - y = \pm\sqrt{y^2 + 1} \Leftrightarrow t = \pm\sqrt{y^2 + 1} + y$$

$$\Rightarrow \text{wegen } t > 1 \text{ und } \sqrt{y^2 + 1} > y \text{ für alle } y \in \mathbb{R}$$

$$\Rightarrow t = \sqrt{y^2 + 1} + y \overset{t = e^x}{\Rightarrow}\ x = \ln(y + \sqrt{y^2 + 1}).$$

**Aufgabe 11.24**

Bestimmen Sie die Intervalle, auf denen $f(x) = \tanh x$ monoton wächst bzw. fällt und geben Sie dort die jeweilige Umkehrfunktion an (Substituieren $t := e^x$). Geben Sie den Definitions- und Wertebereich an.

Die Monotoniebereiche sollen mittels der Definition der Monotonie einer Funktion bestimmt werden (d.h. ohne Ableitung). Erweitern Sie zuvor mit $e^x$.

Hinweis: Behaupten Sie „$f(x_1) < f(x_2)$" und formen Sie äquivalent um.

Welche Symmetrie besitzt die Umkehrfunktion?

**Lösung:**

$$y = \frac{e^x - e^{-x}}{e^x + e^{-x}} = \frac{e^{2x} - 1}{e^{2x} + 1}$$

Behauptung: $f(x) = \tanh x$ wächst monoton für alle $x \in \mathbb{R}$, d.h. $x_1 < x_2 \Leftrightarrow f(x_1) < f(x_2)$

$$f(x_1) < f(x_2): \frac{e^{2x_1} - 1}{e^{2x_1} + 1} < \frac{e^{2x_2} - 1}{e^{2x_2} + 1} \underbrace{\Leftrightarrow}_{e^x + 1 > 0} (e^{2x_1} - 1)(e^{2x_2} + 1) < (e^{2x_2} - 1)(e^{2x_1} + 1)$$

$$\Leftrightarrow 2e^{2x_1} < 2e^{2x_2} \qquad \Leftrightarrow x_1 < x_2$$

Die Behauptung ist für alle $x_1, x_2 \in \mathbb{R}$ wahr!

$\Rightarrow$ eine Umkehrfunktion

$D_f = \mathbb{R}$

$W_f := (-1, 1)$, da $\lim\limits_{x \to \infty} \dfrac{e^x - e^{-x}}{e^x + e^{-x}} = 1$ und $\lim\limits_{x \to -\infty} \dfrac{e^x - e^{-x}}{e^x + e^{-x}} = -1$

Umkehrfunktion:

$$t := e^x > 0; \quad y = \frac{t^2 - 1}{t^2 + 1} \Leftrightarrow t^2 = \frac{1+y}{1-y} > 0$$

$$\ln t^2 = \ln e^{2x} = 2x \Rightarrow x = \frac{1}{2} \ln\left(\frac{1+y}{1-y}\right)$$

Variablentausch:

$$y = \frac{1}{2} \ln\left(\frac{1+x}{1-x}\right) = f^{-1}(x) = \operatorname{artanh} x$$

$$f^{-1}(-x) = \frac{1}{2} \ln\left(\frac{1-x}{1+x}\right) = -\frac{1}{2} \ln\left(\frac{1+x}{1-x}\right) = -f^{-1}(x)$$

$\Rightarrow y = \operatorname{artanh} x$ ist ungerade (Punktsym.).

**Aufgabe 11.25**

Vereinfachen Sie, wenn möglich:

a) $y = \sinh(\operatorname{arcosh} x)$
b) $y = \cosh(\operatorname{arsinh} x)$
c) $y = \sinh(\operatorname{artanh} x)$
d) $y = \operatorname{artanh}(\coth x)$

**Lösung:**

a) $y = \sinh(\operatorname{arcosh} x) = f(g(x)) \qquad x \geq 1 \qquad y \geq 0$
$\quad u := \operatorname{arcosh} x \qquad u \geq 0 \qquad \cosh^2 u - \sinh^2 u = 1$

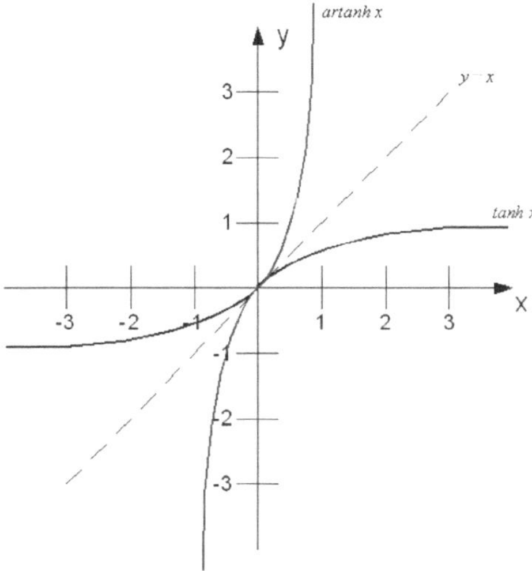


**Abb. 11.14**  Grafik zu Aufgabe 11.24

Es gilt $\cosh(\text{arcosh}\,x) = x \qquad x \geq 1$

$y = \sinh u = \sqrt{\cosh^2 u - 1} = \sqrt{\cosh^2(\text{arcosh}\,x) - 1} = \sqrt{x^2 - 1} \qquad x \geq 1$

b) $y = \cosh(\text{arsinh}\,x) \quad x \in \mathbb{R} \quad y \geq 1 \quad u = \text{arsinh}\,x \quad \cosh^2 u = 1 + \sinh^2 u$

$\sinh(\text{arsinh}\,x) = x \quad x \in \mathbb{R} \quad y = \sqrt{1 + \sinh^2 u} - \sqrt{1 + \sinh^2(\text{arsinh}\,x)}$

$= \sqrt{1 + x^2}$

c) $y = \sinh(\text{artanh}\,x) \quad u = \text{artanh}\,x \quad x \in (-1, 1)$

$\sinh^2 u = \dfrac{\sinh^2 u}{\cosh^2 u - \sinh^2 u} = \dfrac{\tanh^2 u}{1 - \tanh^2 u} \qquad \tanh(\text{artanh}\,x) = x$

$y = \dfrac{\tanh u}{\sqrt{1 - \tanh^2 u}} = \dfrac{\tanh(\text{artanh}\,x)}{\sqrt{1 - \tanh^2(\text{artanh}\,x)}} = \dfrac{x}{\sqrt{1 - x^2}} \qquad x \in (-1, 1)$

d) $y = \text{artanh}\,x(\coth x) = f(g(x))$

$u = g(x) = \coth x \qquad x \in \mathbb{R} \qquad u < -1 \qquad u > 1 \qquad W_g = (-\infty, -1) \cup (1, \infty)$

$y = f(u) = \text{artanh}\,u \qquad D_f = (-1, 1)$

Der Wertebereich von $\coth x$ liegt nicht im Definitionsbereich des $\text{artanh}\,u$: $D_f \cap W_g = \{\emptyset\}$

$\Rightarrow$ Der Definitionsbereich der verketteten Funktion ist leer.

$\Rightarrow$ Die Funktion ist nicht definiert.

**Aufgabe 11.26**

Bestimmen Sie die Umkehrfunktion zu

a) $y = \arcsin(\tanh x)$

b) $y = 5\,\text{arsinh}(\sqrt{x-5}+10)+15$

**Lösung:**

a) $y = \arcsin(\underbrace{\tanh x}_{u})$: $y$ ist der Bogen zum sin-Wert $u$:

$$u = \sin y \qquad -1 < u < 1 \qquad -\frac{\pi}{2} < y < \frac{\pi}{2}$$

$$u = \sin y = \tanh x \qquad \Rightarrow x = \text{artanh}(\sin y) \overset{\text{s. Aufg. 12.24}}{=} \ln\sqrt{\frac{1+\sin y}{1-\sin y}} \qquad |\sin y| \neq 1$$

Die Umkehrfunktion nach Variablentausch $x \leftrightarrow y$ $\qquad y = \ln\sqrt{\dfrac{1+\sin x}{1-\sin x}} \qquad |x| \neq \dfrac{\pi}{2}$

b) $5\,\text{arsinh}(\sqrt{x-5}+10)+15 = f(x) \qquad$ gesucht $\qquad f^{-1}(x)$

$\quad u = \sqrt{x-5}+10 \geq 0 \Rightarrow \text{arsinh}\,u \geq 0 \qquad x-5 \geq 0 \Rightarrow x \geq 5$

$\quad z = \dfrac{y-15}{5} = \text{arsinh}(\sqrt{x-5}+10)$

Nach Definition bedeutet $z = \text{arsinh}\,u$:

$z$ ist die Hyperbeloberfläche, die zum Hyperbelsinus $u$ gehört, also $u = \sinh z$

$$u = \sinh\frac{y-15}{5} = \sqrt{x-5}+10 \qquad \Leftrightarrow \qquad \sinh\frac{y-15}{5} - 10 = \sqrt{x-5} \geq 0$$

$$x = 5 + \left(\sinh\frac{y-15}{5} - 10\right)^2$$

Variablentausch: $\qquad : \qquad y = 5 + \left(\sinh\dfrac{x-15}{5} - 10\right)^2 = f^{-1}(x).$

# Kapitel 12
# Die Ableitung

Es seien $f$ eine Funktion mit dem Definitionsbereich $D$ und $x_0 \in D$, so dass in jeder Umgebung von $x_0$ mindestens ein von $x_0$ verschiedenes Element von $D$ liegt.

**Definition: Differenzenquotient** (Def. 19.1, Kap. 19)

Unter dem *Differenzenquotienten* von $f$ in $x_0$ versteht man die auf $D\backslash\{x_0\}$ definierte Funktion

$$\Delta(x) = \frac{f(x) - f(x_0)}{x - x_0} = \frac{\Delta(f)}{\Delta(x)} \ .$$

**Definition: Differenzierbarkeit, Ableitung, Differenzenquotient** (Def. 19.2, Teil IV, Kap. 19)

$f$ heißt *differenzierbar in* $x_0$, wenn

$$\lim_{x \to x_0} \frac{f(x) - f(x_0)}{x - x_0} = \lim_{h \to 0} \frac{f(x_0 + h) - f(x_0)}{h} = \lim_{\Delta(x) \to 0} \frac{\Delta(f)}{\Delta(x)}$$

existiert. Dieser Grenzwert heißt *Ableitung* oder *Differentialquotient von* $f$ *in* $x_0$ und wird mit $f'(x_0)$ bezeichnet.

Weitere übliche Schreibweisen:

$$\left. \frac{df}{dx} \right|_{x=x_0} = \lim_{\Delta x \to 0} \frac{\Delta f}{\Delta x} = f'(x_0)$$

Ist $f$ in jedem Punkt einer Teilmenge $I$ von $D$ differenzierbar, dann heißt $f$ *differenzierbar auf* $I$.

### Aufgabe 12.1

Die **Ableitung** $f'(x_0) = \dfrac{df}{dx}(x_0)$ einer Funktion $f$ im Punkt $x_0$ ist definiert durch

$$f'(x_0) := \lim_{x \to x_0} \frac{f(x) - f(x_0)}{x - x_0} = \lim_{h \to 0} \frac{f(x_0 + h) - f(x_0)}{h} \tag{12.1}$$

a) Welche geometrische Bedeutung hat (12.1)?

K. Marti, *Übungsbuch zum Grundkurs Mathematik für Ingenieure,*
*Natur- und Wirtschaftswissenschaftler,* Physica-Lehrbuch,
DOI 10.1007/978-3-7908-2610-4_12, © Springer-Verlag Berlin Heidelberg 2010

b) Berechnen Sie nur unter Verwendung von (12.1)

$f'(x)$ für $f(x) = \sqrt{2x-1},\ x > \dfrac{1}{2}$

$g'(x)$ für $g(x) = \sin 2x,\ x \in \mathbb{R}$

$h'(x)$ für $h(x) = \dfrac{1}{1+x},\ x \neq -1$

$i'(x)$ für $i(x) = \sqrt{x+a},\ x > -a$

**Lösung:**

a) $f'(x_0) = \lim\limits_{x \to x_0} \dfrac{f(x) - f(x_0)}{x - x_0} = \lim\limits_{h \to 0} \dfrac{f(x_0 + h) - f(x_0)}{h}$

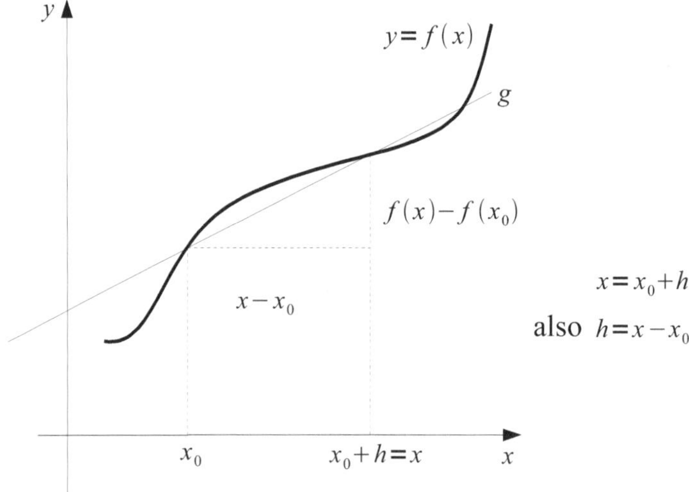


**Abb. 12.1** Bild zu Teilaufgabe a)

Gleichung der Geraden g:

$$y = \frac{f(x) - f(x_0)}{x - x_0}\,(x - x_o) + f(x_0)$$

$\Rightarrow f'$ ist die Grenzsteigung der Geraden $g$ für $x$ gegen $x_0$, also die Tangente von $f$ im Punkt $x_0$

b) i) $f(x) = \sqrt{2x-1},\ x > \dfrac{1}{2}$

Differenzenquotient:

$$\frac{f(x_0+h)-f(x_0)}{h} = \frac{\sqrt{2(x_0+h)-1}-\sqrt{2x_0-1}}{h}$$

$$= \frac{(\sqrt{2(x_0+h)-1}-\sqrt{2x_0-1})(\sqrt{2(x_0+h)-1}+\sqrt{2x_0-1})}{h(\sqrt{2(x_0+h)-1}+\sqrt{2x_0-1})}$$

$$= \frac{2(x_0+h)-1-(2x_0-1)}{h(\sqrt{2(x_0+h)-1}+\sqrt{2x_0-1})}$$

$$= \frac{2h}{h(\sqrt{2(x_0+h)-1}+\sqrt{2x_0-1})}$$

$$\Rightarrow \lim_{h\to 0}\frac{f(x_0+h)-f(x_0)}{h} = \lim_{h\to 0}\frac{2}{\sqrt{2(x_0+h)-1}+\sqrt{2x_0-1}}$$

$$= \frac{1}{\sqrt{2x_0-1}}$$

$$\Rightarrow f'(x) = \frac{1}{\sqrt{2x-1}}\,, \quad x > \frac{1}{2}$$

ii) $g(x) = \sin(2x), \quad x \in \mathbb{R}$

$$g(x_0+h) = \sin(2(x_0+h)) = \sin(2x_0+2h)$$
$$= \sin(2x_0)\cos(2h)+\cos(2x_0)\sin(2h)$$

$$\Rightarrow g(x_0+h)-g(x_0) = \sin(2x_0)\cos(2h)+\cos(2x_0)\sin(2h)-\sin(2x_0)$$
$$= \sin(2x_0)(\cos(2h)-1)+\cos(2x_0)\sin(2h)$$
$$= -\sin(2x_0)(1-\cos(2h))+\cos(2x_0)\sin(2h)$$
$$= -\sin(2x_0)(1-(\cos^2 h-\sin^2 h))+\cos(2x_0)\sin(2h)$$
$$= -\sin(2x_0)(1-(1-\sin^2 h-\sin^2 h))$$
$$\quad +\cos(2x_0)\sin(2h)$$
$$= -\sin(2x_0)\cdot 2\sin^2 h+\cos(2x_0)\sin(2h)$$

$$\Rightarrow \frac{g(x_0+h)-g(x_0)}{h} = -2\sin(2x_0)\underbrace{\sin h}_{h\to 0}\cdot\underbrace{\frac{\sin h}{h}}_{h\to 1}$$

$$\Rightarrow g'(x_0) = 0+\lim_{h\to 0}\cos(2x_0)\frac{\sin(2h)}{h} = \lim_{h\to 0}2\cos(2x_0)\underbrace{\frac{\sin(2h)}{2h}}_{h\to 1} = 2\cos(2x_0)$$

$$\Rightarrow g'(x) = 2\cos(2x)$$

iii) $h(x) = \dfrac{1}{1+x}, \quad x \neq -1$

$$h(x_0 + \varepsilon) = \frac{1}{1 + (x_0 + \varepsilon)} = \frac{1}{(1+x_0) + \varepsilon}$$

$$\begin{aligned}
h(x_0 + \varepsilon) - h(x_0) &= \frac{1}{(1+x_0) + \varepsilon} - \frac{1}{x_0 + 1} \\
&= \frac{1 \cdot (1+x_0) - 1 \cdot ((1+x_0) + \varepsilon)}{((1+x_0) + \varepsilon)(1+x_0)} \\
&= \frac{-\varepsilon}{((1+x_0) + \varepsilon)(1+x_0)}
\end{aligned}$$

$$\Rightarrow \frac{h(x_0 + \varepsilon) - h(x_0)}{\varepsilon} = \frac{\dfrac{-\varepsilon}{((1+x_0) + \varepsilon)(1+x_0)}}{\varepsilon} = \frac{-1}{((1+x_0) + \varepsilon)(1+x_0)}$$

$$\Rightarrow h'(x_0) = \lim_{\varepsilon \to 0} \frac{-1}{((1+x_0) + \varepsilon)(1+x_0)} = -\frac{1}{(1+x_0)^2}$$

$$\Rightarrow h'(x) = -\frac{1}{(1+x)^2}$$

iv) $i(x) = \sqrt{x+a}, \quad x > -a$

$$i(x_0 + h) = \sqrt{(x_0 + h) + a} = \sqrt{(x_0 + a) + h}$$

$$\begin{aligned}
\Rightarrow i(x_0 + h) - i(x_0) &= \sqrt{(x_0 + a) + h} - \sqrt{x_0 + a} \\
&= \frac{(\sqrt{(x_0 + a) + h} - \sqrt{x_0 + a})(\sqrt{(x_0 + a) + h} + \sqrt{x_0 + a})}{\sqrt{(x_0 + a) + h} + \sqrt{x_0 + a}} \\
&= \frac{(x_0 + a) + h - (x_0 + a)}{\sqrt{(x_0 + a) + h} + \sqrt{x_0 + a}} \\
&= \frac{h}{\sqrt{(x_0 + a) + h} + \sqrt{x_0 + a}}
\end{aligned}$$

$$\Rightarrow \frac{i(x_0 + h) - i(x_0)}{h} = \frac{1}{\sqrt{(x_0 + a) + h} + \sqrt{x_0 + a}}$$

$$\Rightarrow i'(x_0) = \lim_{h \to 0} \frac{1}{\sqrt{(x_0 + a) + h} + \sqrt{x_0 + a}} = \frac{1}{2\sqrt{(x_0 + a)}}$$

$$\Rightarrow i'(x) = \frac{1}{2\sqrt{x+a}}.$$

**Aufgabe 12.2**

Die Funktion $y = f(x)$ sei differenzierbar an der Stelle $x$. Wird $x$ um $\Delta x = dx$ geändert, dann ist $\Delta y = f(x + \Delta x) - f(x)$ der Zuwachs in $y$. Es gilt:

$$\Delta y = f'(x)\Delta x + \varepsilon \Delta x = f'(x)dx + \varepsilon dx, \quad \varepsilon \to 0, \Delta x \to 0$$

Der Ausdruck

$$dy := f'(x)dx$$

heißt **Differential** von $y = f(x)$ und ist eine gute Näherung für $\Delta y$, falls $\Delta x = dx$ klein ist.

a) Veranschaulichen Sie in einer Skizze den Unterschied zwischen $\Delta y$ und $dy$, insbesondere für die Funktion $y = x^2$.

b) Berechnen Sie mit Hilfe von Differentialen eine Näherung für $\sqrt[4]{80}, \cos(61°)$, $\sin(60°1')$ und $\sqrt[3]{124}$.

**Lösung:**

a) $f'(x) = \lim\limits_{\Delta x \to 0} \dfrac{f(x + \Delta x) - f(x)}{\Delta x}$

$\Rightarrow$ falls $\Delta x$ nahe bei $0$

$$f'(x) \approx \frac{f(x + \Delta x) - f(x)}{\Delta x}$$

$$\Leftrightarrow f'(x)\underbrace{\Delta x}_{-dx} \approx \underbrace{f(x + \Delta x) - f(x)}_{=\Delta y \approx dy}$$

$$\Rightarrow f'(x)dx =: dy$$

b) $f(x + \Delta x) = f(x) + \Delta y \stackrel{dx\,\text{klein}}{\Longrightarrow} f(x + dx) \approx \underbrace{f(x) + dy}_{f(x) + f'(x)dx}$

$$\Rightarrow f(x + dx) \approx f(x) + f'(x)dx \quad (*)$$

i) $f(x) = \sqrt[4]{x} = x^{\frac{1}{4}} \Rightarrow f'(x) = \dfrac{1}{4}x^{-\frac{3}{4}} = \dfrac{1}{4x^{\frac{3}{4}}} = \dfrac{1}{4\sqrt[4]{x^3}}$

$x = 81 \Rightarrow dx = -1 \Rightarrow dy = f'(x)dx = \dfrac{1}{4\sqrt[4]{81^3}} \cdot (-1)$

$= -\dfrac{1}{4\sqrt[4]{9\cdot 9\cdot 9\cdot 9\cdot 9\cdot 9}} = -\dfrac{1}{4\cdot 9\cdot 3} = -\dfrac{1}{108}$

$\stackrel{(*)}{\Rightarrow} \underbrace{f(x + dx)}_{\sqrt[4]{81-1}} \approx \underbrace{f(x)}_{\sqrt[4]{81}} + \underbrace{dy}_{-\frac{1}{108}}$

$\Rightarrow \sqrt[4]{80} \approx 3 - \dfrac{1}{108} = \dfrac{324}{108} - \dfrac{1}{108} = \dfrac{323}{108} \approx 2,99074\ldots$

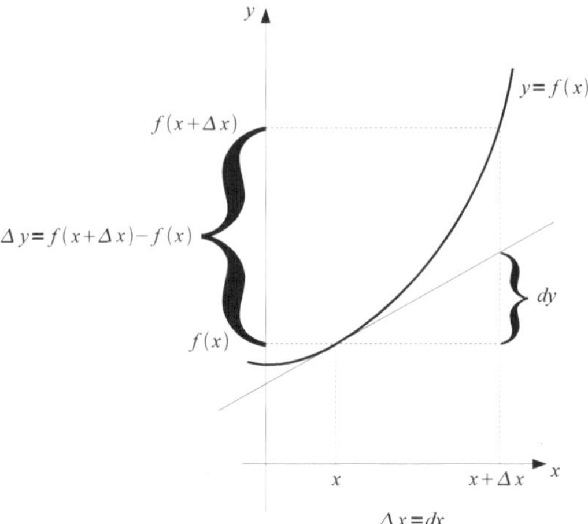


**Abb. 12.2** Bild zu Teilaufgabe a)

(zum Vergleich:   $\sqrt[4]{80} = 2,99069\ldots$)

ii) $f(x) = \cos x \;\Rightarrow\; f'(x) = -\sin x$

$$x = \frac{\pi}{3} = 60° \quad \Rightarrow\; dx = \frac{2\pi \cdot 1°}{360°} \approx 0,01745\ldots$$

$$\Rightarrow\; dy = f'(x)dx \approx -\sin\frac{\pi}{3} \cdot 0,01745 \approx -0,0151149\ldots$$

$$\Rightarrow\; \cos(60° + 1°) \approx \cos\frac{\pi}{3} - 0,0151149 \approx 0,4848851\ldots$$

(zum Vergleich: $\cos(61°) \approx 0,4848096\ldots$)

iii) $f(x) = \sin 60°1' \Rightarrow f'(x) = \cos x$

$$x = \frac{\pi}{3} = 60° \Rightarrow dx = \frac{2\pi}{360°} \cdot 1' = \frac{2\pi}{360°} \cdot \left(\frac{1}{60}\right)^{\circ} \approx 0,00029\ldots$$

$$\Rightarrow\; dy = f'(x)dx \approx \cos\frac{\pi}{3} \cdot 0,00029 \approx 0,000145\ldots$$

$$\sin 60°1' = \sin(60° + 1') \approx \sin\frac{\pi}{3} + 0,000145 \approx 0,86617\ldots$$

(zum Vergleich:   $\sin 60°1' = 0,86689\ldots$)

iv) $f(x) = \sqrt[3]{x} = x^{\frac{1}{3}}$

$$\Rightarrow f'(x) = \frac{1}{3x^{\frac{2}{3}}}$$

$$\sqrt[3]{124} = \sqrt[3]{\underbrace{125}_{x} - \underbrace{1}_{\Delta x = dx}} \quad \Rightarrow dy = f'(x)dx = \frac{1}{3(125)^{\frac{2}{3}}} \cdot (-1) = -\frac{1}{75}$$

$$\Rightarrow \sqrt[3]{124} \approx \sqrt[3]{125} - \frac{1}{75} = 5 - \frac{1}{75} \approx 4,98666\ldots$$

(zum Vergleich: $\sqrt[3]{124} = 4,98663\ldots$).

**Aufgabe 12.3**
Untersuchen Sie die folgenden Funktionen auf Differenzierbarkeit im angegebenen Punkt $x_0 \in D_f$.

a) $f(x) = \sqrt{2x-1}$, $x_0 = 5$

b) $f(x) = \begin{cases} x\sin\dfrac{1}{x}, & \text{für } x \neq 0 \\ 0, & \text{für } x = 0 \end{cases}$, $x_0 = 0$

c) $f(x) = \begin{cases} x^2\sin\dfrac{1}{x}, & \text{für } x \neq 0 \\ 0, & \text{für } x - 0 \end{cases}$, $x_0 = 0$

**Lösung:**

a) $\mathbb{D}_f = \{x : 2x-1 \geq 0\} = \{x : x \geq 0,5\}$

$$\lim_{h \to 0} \frac{f(5+h) - f(5)}{h} = \lim_{h \to 0} \frac{\sqrt{2(5+h)-1} - \sqrt{2 \cdot 5 - 1}}{h}$$

$$= \lim_{h \to 0} \frac{\sqrt{9+2h} - \sqrt{9}}{h}$$

$$= \lim_{h \to 0} \frac{(\sqrt{9+2h} - \sqrt{9})(\sqrt{9+2h} + \sqrt{9})}{h(\sqrt{9+2h} + \sqrt{9})}$$

$$= \lim_{h \to 0} \frac{9+2h-9}{h(\sqrt{9+2h} + \sqrt{9})}$$

$$= \lim_{h \to 0} \frac{2}{\sqrt{9+2h} + 3} = \frac{2}{6} = \frac{1}{3}$$

$\Rightarrow f(x)$ ist an der Stelle $x_0 = 5$ differenzierbar.

b)

$$\lim_{h \to 0} \frac{f(0+h) - f(0)}{h} = \lim_{h \to 0} \frac{h\sin\dfrac{1}{h} - 0}{h}$$

$$= \lim_{h \to 0} \sin\dfrac{1}{h} \quad \text{existiert nicht}$$

$\Rightarrow f(x)$ ist an der Stelle $x_0 = 0$ nicht differenzierbar.

c)

$$\lim_{h\to 0}\frac{f(0+h)-f(0)}{h}=\lim_{h\to 0}\frac{h^2\sin\frac{1}{h}-0}{h}$$

$$=\lim_{h\to 0}h\sin\frac{1}{h}\overset{\text{(s. Aufg. 9.5 d))}}{=}0$$

$\Rightarrow f(x)$ ist an der Stelle $x_0=0$ differenzierbar.

**Aufgabe 12.4**

Untersuchen Sie die Funktion $f(x)=\sqrt{1+x^2}$,   $D_f=\mathbb{R}$ auf Differenzierbarkeit in einem beliebigen Punkt $x_0\in D_f$ unter alleiniger Verwendung der Definition.

**Lösung:**

$f(x)=\sqrt{1+x^2}$;   sei $h>0$, dann gilt:

$$\frac{f(x+h)-f(x)}{h}=\frac{\sqrt{1+(x+h)^2}-\sqrt{1+x^2}}{h}$$

$$=\frac{(\sqrt{1+(x+h)^2}-\sqrt{1+x^2})(\sqrt{1+(x+h)^2}+\sqrt{1+x^2})}{h(\sqrt{1+(x+h)^2}+\sqrt{1+x^2})}$$

$$=\frac{(1+(x+h)^2)-(1+x^2)}{h(\sqrt{1+(x+h)^2}+\sqrt{1+x^2})}=\frac{1+x^2+2hx+h^2-1-x^2}{h(\sqrt{1+(x+h)^2}+\sqrt{1+x^2})}$$

$$=\frac{h(2x+h)}{h(\sqrt{1+(x+h)^2}+\sqrt{1+x^2})}$$

Damit folgt:

$$f'(x)=\lim_{h\to 0}\frac{f(x_0+h)-f(x_0)}{h}=\lim_{h\to 0}\frac{2x_0+h}{\sqrt{1+(x_0+h)^2}+\sqrt{1+x_0^2}}$$

$$=\frac{2x_0}{2\sqrt{1+x_0^2}}=\frac{x_0}{\sqrt{1+x_0^2}}$$

$\Rightarrow f(x)-$ ist überall differenzierbar.

**Aufgabe 12.5**

Zeigen Sie:

$$f(x)=\begin{cases}x^3\sin\dfrac{1}{x^2}, & x\neq 0\\[2mm]0, & x=0\end{cases}$$

ist differenzierbar, aber nicht stetig differenzierbar, d.h. $f'(x)$ existiert, ist aber nicht überall stetig.

**Lösung:**

$$f \text{ differenzierbar in } x_0 = 0 :$$

$$\frac{f(x) - f(0)}{x - 0} = \frac{x^3 \sin \frac{1}{x^2} - 0}{x - 0} = x^2 \sin \frac{1}{x^2}$$

$$\lim_{x \to 0} x^2 \sin \frac{1}{x^2} = 0$$

$$\text{denn: } \left| x^2 \sin \frac{1}{x^2} - 0 \right| \leq |x^2| = x^2$$

$$\Rightarrow -x^2 \leq x^2 \sin \frac{1}{x^2} \leq x^2$$

$$\Rightarrow \lim_{x \to 0} -x^2 \leq \lim_{x \to 0} x^2 \sin \frac{1}{x^2} \leq \lim_{x \to 0} x^2$$

$$0 \leq \lim_{x \to 0} x^2 \sin \frac{1}{x^2} \leq 0$$

$$\Rightarrow \lim_{x \to 0} x^2 \sin \frac{1}{x^2} = 0$$

$$f'(x) = \begin{cases} 3x^2 \sin \frac{1}{x^2} + x^3 \cos \frac{1}{x^2} \cdot (-2) \frac{1}{x^3}, & x \neq 0 \\ 0, & x = 0 \end{cases}$$

$$= \begin{cases} 3x^2 \sin \frac{1}{x^2} - 2 \cos \frac{1}{x^2}, & x \neq 0 \\ 0, & x = 0 \end{cases}$$

$3x^2 \sin \frac{1}{x^2}$ ist sicher stetig, da $\lim_{x \to 0} x^2 \sin \frac{1}{x^2}$ existiert.

Zu prüfen ist die Stetigkeit von $\cos \frac{1}{x^2}$ an der Stelle $x_0 = 0$

$$\cos \frac{1}{x^2} \stackrel{t = \frac{1}{x^2}}{=} \cos t$$

$$\Rightarrow \lim_{x \to 0} \cos \frac{1}{x^2} = \lim_{t \to \infty} \cos t \text{ existiert nicht!}$$

$$\Rightarrow \text{ die Ableitung existiert, ist aber nicht stetig!}$$

# Kapitel 13
# Erste Ableitungsregeln

| | |
|---|---|
| **Summenregel:** | $(f+g)' = f' + g'$ |
| **Produktregel:** | $(f \cdot g)' = f' \cdot g + f \cdot g'$ |
| **Quotientenregel:** | $\dfrac{f}{g} = \dfrac{f' \cdot g - f \cdot g'}{g^2}$ |

(Kap. 20).

**Aufgabe 13.1**

Beweisen Sie mit Hilfe der Grenzwertregeln für Funktionen

a) $(f+g)' = f' + g'$

b) $(\alpha f)' = \alpha f'$, $\alpha$ konstant

c) $(fg)' = f'g + fg'$

d) $\left(\dfrac{f}{g}\right)' = \dfrac{f'g - fg'}{g^2}$

und folgern Sie aus d):

$$\left(\frac{1}{f}\right)' = -\frac{f'}{f^2}.$$

**Lösung:**

a) $F := f + g$

$$
\begin{aligned}
F'(x_0) &= \lim_{h \to 0} \frac{1}{h}(F(x_0 + h) - F(x_0)) \\[2mm]
&= \lim_{h \to 0} \frac{1}{h}((f(x_0 + h) + g(x_0 + h)) - (f(x_0) + g(x_0))) \\[2mm]
&= \lim_{h \to 0} \frac{1}{h}(f(x_0 + h) - f(x_0)) + \lim_{h \to 0} \frac{1}{h}(g(x_0 + h) - g(x_0)) \\[2mm]
&= f'(x_0) + g'(x_0) = (f + g)'(x_0)
\end{aligned}
$$

K. Marti, *Übungsbuch zum Grundkurs Mathematik für Ingenieure,*
*Natur- und Wirtschaftswissenschaftler*, Physica-Lehrbuch,
DOI 10.1007/978-3-7908-2610-4_13, © Springer-Verlag Berlin Heidelberg 2010

b) $F := \alpha f, \quad \alpha \in \mathbb{R}$

$$
\begin{aligned}
F'(x_0) &= \lim_{h \to 0} \frac{1}{h}(F(x_0 + h) - F(x_0)) \\
&= \lim_{h \to 0} \frac{1}{h}(\alpha f(x_0 + h) - \alpha f(x_0)) \\
&= \alpha \cdot \lim_{h \to 0} \frac{1}{h}(f(x_0 + h) - f(x_0)) \\
&= \alpha \cdot f'(x_0)
\end{aligned}
$$

Bemerkung: Nach a) und b) gilt auch: $(f - g)'(x) = f'(x) - g'(x)$, denn $f - g = f + (-1) \cdot g$

c) $F := f \cdot g$

$$
\begin{aligned}
F'(x_0) &= \lim_{h \to 0} \frac{1}{h}(F(x_0 + h) - F(x_0)) \\
&= \lim_{h \to 0} \frac{1}{h}(f(x_0 + h)g(x_0 + h) - f(x_0)g(x_0)]) \\
&= \lim_{h \to 0} \frac{1}{h}(f(x_0 + h)g(x_0 + h) - f(x_0)g(x_0) + f(x_0)g(x_0 + h) \\
&\quad - f(x_0)g(x_0 + h)) \\
&= \lim_{h \to 0} \frac{1}{h}(g(x_0 + h)(f(x_0 + h) - f(x_0)) + f(x_0)(g(x_0 + h) - g(x_0))) \\
&= \lim_{h \to 0} g(x_0 + h) \lim_{h \to 0} \frac{1}{h}(f(x_0 + h) - f(x_0)) + f(x_0) \lim_{h \to 0} \frac{1}{h} \\
&\quad (g(x_0 + h) - g(x_0)) \\
&= g(x_0)f'(x_0) + f(x_0)g'(x_0)
\end{aligned}
$$

d) $F := \dfrac{f}{g}$

$$F(x_0+h) - F(x_0) = \frac{f(x_0+h)}{g(x_0+h)} - \frac{f(x_0)}{g(x_0)}$$

$$= \frac{g(x_0)f(x_0+h) - f(x_0)g(x_0+h)}{g(x_0)g(x_0+h)}$$

$$= \frac{g(x_0)f(x_0+h) - f(x_0)g(x_0+h) + g(x_0)f(x_0) - g(x_0)f(x_0)}{g(x_0+h)g(x_0)}$$

$$= \frac{1}{g(x_0)g(x_0+h)}\left(g(x_0)(f(x_0+h) - f(x_0)) - f(x_0)(g(x_0+h)\right.$$

$$\left. -g(x_0))\right)$$

$$\Rightarrow F'(x_0) = \lim_{h\to 0}\frac{1}{h}\cdot\frac{1}{g(x_0)g(x_0+h)}\left(g(x_0)(f(x_0+h) - f(x_0)) - f(x_0)(g(x_0+h) - \right.$$
$$\left. g(x_0))\right)$$
$$= \lim_{h\to 0}\frac{1}{g(x_0)g(x_0+h)}\left(g(x_0)\lim_{h\to 0}\frac{1}{h}(f(x_0+h) - f(x_0)) - f(x_0)\lim_{h\to 0}\frac{1}{h}\right.$$
$$\left. (g(x_0+h) - g(x_0))\right)$$
$$= \frac{g(x_0)f'(x_0) - f(x_0)g'(x_0)}{g^2(x_0)}$$

Setze in d) $f = 1$

$$\Rightarrow F' = \left(\frac{1}{g}\right)' = \frac{1}{g^2}(\underbrace{g\cdot 1'}_{0,\,da\ 1'=0} - 1\cdot g') = -\frac{g'}{g^2}.$$

**Aufgabe 13.2**

Es sei

$$h(x) = f(x) + g(x)$$
$$r(x) = f(x)g(x).$$

Ferner

$$f(x_0) = 1$$
$$g(x_0) = -2$$
$$f'(x_0) = 4$$
$$g'(x_0) = 3.$$

Man berechne $h'(x_0)$ und $r'(x_0)$.

**Lösung:**

$h'(x) = f'(x) + g'(x)$
$h'(x_0) = f'(x_0) + g'(x_0) = 4 + 3 = 7$
$r'(x) = f'(x)g(x) + f(x)g'(x)$
$r'(x_0) = f'(x_0)g(x_0) + f(x_0)g'(x_0) = 4 \cdot (-2) + 1 \cdot 3 = -8 + 3 = -5.$

**Aufgabe 13.3**

Man berechne die Ableitung der Funktionen:

a) $f(x) = 3x^4 - x^3 + 2x^2 - 5,\ D_f = \mathbb{R}$

b) $g(x) = 2 + \dfrac{3}{x^4},\ D_g = \mathbb{R} \setminus \{0\}$

c) $h(x) = \dfrac{x+8}{x-8},\ D_h = \mathbb{R} \setminus \{8\}.$

**Lösung:**

a) $f'(x) = 3 \cdot 4x^3 - 3 \cdot x^2 + 2 \cdot 2x = 12x^3 - 3x^2 + 4x$

b) $g'(x) = (2)' + (3x^{-4})' = 0 + 3(x^{-4})' = 3 \cdot (-4)x^{-5} = \dfrac{-12}{x^5}$

c) $h(x) = \dfrac{(x+8)'(x-8) - (x+8)(x-8)'}{(x-8)^2} = \dfrac{1 \cdot (x-8) - (x+8) \cdot 1}{(x-8)^2}$

$= \dfrac{x-8-x-8}{(x-8)^2} = -\dfrac{16}{(x-8)^2}.$

**Aufgabe 13.4**

Berechnen Sie $f'(x)$ für $f(x) = x^n\ (n \geq 1)$.

**Lösung:**

$A_n$ sei die Aussage $f'(x) = (x^n)' = nx^{n-1}\ ,\ n \geq 1$

IA:  $A_1$ ist wahr, denn $(x^1)' = x' = \lim\limits_{x \to x_0} \dfrac{x - x_0}{x - x_0} = 1$

und $1 \cdot x^{1-1} = x^0 = 1$

IV:  $A_n$ sei wahr, d.h. $f'(x) = nx^{n-1}\ ,\quad n \geq 1$

IS:  $(x^{n+1})' = (x^n x) \overset{\text{Produktregel}}{=} (x^n)'x + x^n x' \overset{\text{IV}}{=} nx^{n-1}x + x^n \cdot 1 = nx^n + x^n = (n+1)x^n.$

**Aufgabe 13.5**

Betrachten Sie für $c \in \mathbb{R}$ die Funktionenschar $f_c(x)$ mit
$f_c(x) = \sin(c - x)\cos x + \cos(c - x)\sin x.$
Zeigen Sie, dass für die erste Ableitung aller Funktionen $f_c(x)$ gilt: $f_c'(x) = 0$.
Was kann man über die Graphen dieser Funktionen sagen?

**Lösung:**

$f'_c(x) = \cos(c-x)(-1)\cos x + \sin(c-x)(-\sin x) + \sin(c-x)(-1)(-1)\sin x + \cos(c-x)\cos x =$

$= -\cos(c-x)\cos x + \cos(c-x)\cos x - \sin(c-x)\sin x + \sin(c-x)\sin x = 0$

Alle Graphen sind die Geraden parallel zur $x$-Achse.

### Aufgabe 13.6

Ermitteln Sie die Gleichung der Tangente an den Graphen von $f(x)$ mit $f(x) = \dfrac{x+1}{x}$ im Punkt $P(1, f(1))$.

**Lösung:**

Quotientenregel:

$$f'(x) = \frac{(x+1)'x - (x+1)x'}{x^2} = \frac{1 \cdot x - (x+1) \cdot 1}{x^2} = -\frac{1}{x^2}$$

$$f(1) = \frac{1+1}{1} = 2$$

$$f'(1) = -1$$

Tangentengleichung:

$$y = f'(x_0)(x - x_0) + f(x_0) = -1(x-1) + 2 = -x + 1 + 2 = -x + 3.$$

### Aufgabe 13.7

Ein unter $45°$ nach oben geworfener Gegenstand beschreibt eine Parabelbahn, die durch folgende Funktionsgleichung beschrieben werden kann:

$y = x - \dfrac{g}{v_0^2} \cdot x^2$, wobei $g = $ Erdbeschleunigung, $v_0 = $ Anfangsgeschwindigkeit.

Wie gross ist die Wurfhöhe?

**Lösung:**

Im Scheitelpunkt der Parabel ist die Tangente waagrecht, also $y' = 0$.

$$y' = (x - \frac{g}{v_0^2} \cdot x^2)' = (x)' + (-\frac{g}{v_0^2}x^2)' = 1 - \frac{g}{v_0^2}(x^2)' = 1 - \frac{g}{v_0^2} \cdot 2x = 0$$

$$\Rightarrow x_H = \frac{v_0^2}{2g}$$

$$y(x_H) = H = \frac{v_0^2}{2g} - \frac{g}{v_0^2} \cdot \frac{v_0^4}{4g^2} = \frac{v_0^2}{2g} - \frac{v_0^2}{4g} = \frac{v_0^2}{4g}.$$

### Aufgabe 13.8

Man bestimme die Koordinaten des Scheitelpunktes $P$ der Parabel $y = x^2 + bx + c$ durch Benutzung der Tatsache, dass die Steigung der Tangente in $P$ gleich 0 ist.

**Lösung:**

Setze $f(x) = x^2 + bx + c$ und $P(x_0, y_0)$.

$\Rightarrow$ Steigung der Tangente in $P$ ist gleich $f'(x_0) = 2x_0 + b$

$$\Rightarrow 2x_0 + b = 0 \Rightarrow x_0 = -\frac{b}{2} \Rightarrow y_0 = f(x_0) = \frac{b^2}{4} - \frac{b^2}{2} + c = c - \frac{b^2}{4}.$$

**Aufgabe 13.9**

Seien $f_n(x)$, $n = 1, 2, 3... -$ differenzierbare Funktionen.
Betrachten Sie das Produkt

$$f_1(x) \cdot f_2(x) \cdot ... \cdot f_m(x) = \prod_{n=1}^{m} f_n(x), \ \text{für } m = 3, 4, ...$$

und bestimmen Sie die Formel für die erste Ableitung dieses Produkts.
(Hinweis: vollständige Induktion).

**Lösung:**

Sei $m = 3$
Wir definieren $F(x) := f_1(x) \cdot f_2(x)$.
Dann gilt mit der Produktregel:

$$
\begin{aligned}
(f_1(x) \cdot f_2(x) \cdot f_3(x))' \ &= \ (F(x) \cdot f_3(x))' \\
&\overset{\text{Produktregel}}{=} F'(x) \cdot f_3(x) + F(x) \cdot f_3'(x) \\
&= (f_1(x) \cdot f_2(x))' \cdot f_3(x) + (f_1(x) \cdot f_2(x)) \cdot f_3'(x) \\
&\overset{\text{Produktregel}}{=} (f_1'(x) \cdot f_2(x) + f_1(x) \cdot f_2'(x)) \cdot f_3(x) + f_1(x) \cdot f_2(x) \\
&\quad \cdot f_3'(x) \\
&= f_1'(x) \cdot f_2(x) \cdot f_3(x) + f_1(x) \cdot f_2'(x) \cdot f_3(x) \\
&\quad + f_1(x) \cdot f_2(x) \cdot f_3'(x)
\end{aligned}
$$

Sei $m > 3$
Behauptung:

$$
\begin{aligned}
\left( \prod_{n=1}^{m} f_n(x) \right)' \ &= \ f_1'(x) \cdot f_2(x) \cdot f_3(x) \cdot ... \cdot f_m(x) + \\
&+ \ f_1(x) \cdot f_2'(x) \cdot f_3(x) \cdot ... \cdot f_m(x) + \\
&+ \ f_1(x) \cdot f_2(x) \cdot f_3'(x) \cdot ... \cdot f_m(x) + \\
&\quad ... \\
&+ \ f_1(x) \cdot f_2(x) \cdot f_3(x) \cdot ... \cdot f_m'(x) = \\
&\overset{\text{zusammengefasst}}{=} \sum_{i=1}^{m} \frac{f_i'(x) \cdot \prod_{n=1}^{m} f_n(x)}{f_i(x)}
\end{aligned}
$$

Beweis (mit vollständiger Induktion)

IA: $m = 3$ siehe a)

IV: $\left(\displaystyle\prod_{n=1}^{m} f_n(x)\right)' = \displaystyle\sum_{i=1}^{m} \dfrac{f_i'(x) \cdot \displaystyle\prod_{n=1}^{m} f_n(x)}{f_i(x)}$

IS:
$$\left(\prod_{n=1}^{m+1} f_n(x)\right)' = \left(\left(\prod_{n=1}^{m} f_n(x)\right) \cdot f_{m+1}(x)\right)'$$

$$\overset{\text{Produktregel}}{=} \left(\prod_{n=1}^{m} f_n(x)\right)' \cdot f_{m+1}(x) + \left(\prod_{n=1}^{m} f_n(x)\right) \cdot f_{m+1}'(x)$$

$$\overset{\text{IV}}{=} \left(\sum_{i=1}^{m} \frac{f_i'(x) \cdot \prod_{n=1}^{m} f_n(x)}{f_i(x)}\right) \cdot f_{m+1}(x) + \left(\prod_{n=1}^{m} f_n(x)\right) \cdot f_{m+1}'(x)$$

$$= \sum_{i=1}^{m} \frac{f_i'(x) \cdot \prod_{n=1}^{m+1} f_n(x)}{f_i(x)} + \frac{f_{m+1}(x)}{f_{m+1}(x)} \cdot \left(\prod_{n=1}^{m} f_n(x)\right) \cdot f_{m+1}'(x)$$

$$= \sum_{i=1}^{m} \frac{f_i'(x) \cdot \prod_{n=1}^{m+1} f_n(x)}{f_i(x)} + \frac{\left(f_{m+1}(x) \cdot \prod_{n=1}^{m} f_n(x)\right) \cdot f_{m+1}'(x)}{f_{m+1}(x)}$$

$$= \sum_{i=1}^{m} \frac{f_i'(x) \cdot \prod_{n=1}^{m+1} f_n(x)}{f_i(x)} + \frac{f_{m+1}'(x) \cdot \prod_{n=1}^{m+1} f_n(x)}{f_{m+1}(x)}$$

$$= \sum_{i=1}^{m+1} \frac{f_i'(x) \cdot \prod_{n=1}^{m+1} f_n(x)}{f_i(x)}.$$

**Aufgabe 13.10**

Bestimmen Sie die Funktion $f'$ für

a) $f(x) = x^6 - 6x^3 - 10x^2 + 5$

b) $f(x) = \dfrac{3x+2}{2x+3},\ x \neq -\dfrac{3}{2}$

c) $f(x) = (x^3 + 3)(x^4 + 4)(x^5 + 5)$

d) $f(x) = \dfrac{x^2+2}{3-x^2}$, $x \neq \pm\sqrt{3}$

**Lösung:**

Wir benutzen die Ableitungsregeln, $(x^m)' = mx^{m-1}$ für $m \in \mathbb{Z}$ und die Aufgabe 14.9.

a) $f'(x) = 6x^5 - 6 \cdot 3x^2 - 10 \cdot 2x = 6x^5 - 18x^2 - 20x$, $D_{f'} = \mathbb{R}$

b) $f'(x) = \dfrac{(3x+2)'(2x+3) - (3x+2)(2x+3)'}{(2x+3)^2} =$

$$= \frac{3 \cdot (2x+3) - (3x+2) \cdot 2}{(2x+3)^2} = \frac{5}{(2x+3)^2}, \quad D_{f'} = \mathbb{R} \setminus \left\{ -\frac{3}{2} \right\}$$

c) $f'(x) = (x^3+3)'(x^4+4)(x^5+5) + (x^3+3)(x^4+4)'(x^5+5) + (x^3+3)(x^4+4)(x^5+5)' =$
$= 3x^2(x^4+4)(x^5+5) + 4x^3(x^3+3)(x^5+5) + 5x^4(x^3+3)(x^4+4)$, $D_{f'} = \mathbb{R}$

d) $f'(x) = \dfrac{(x^2+2)'(3-x^2) - (x^2+2)(3-x^2)'}{(3-x^2)^2} =$

$$= \frac{2x(3-x^2) - (x^2+2)(-2x)}{(3-x^2)^2} = \frac{10x}{(3-x^2)^2}, \quad D_{f'} = \mathbb{R} \setminus \left\{ \pm\sqrt{3} \right\}.$$

# Kapitel 14
# Ableitung von zusammengesetzten Funktionen und Umkehrfunktionen

***Kettenregel*** (Theorem 21.1, Kap. 21)

Es seien $f$, $g$ Funktionen mit $W_f \subset D_g$ und $x_0 \in D_f$. Sind $f$ in $x_0$ und $g$ in $f(x_0)$ differenzierbar, so ist auch $g \circ f$ in $x_0$ differenzierbar und es gilt $(g \circ f)'(x_0) = g'(f(x_0)) \cdot f'(x_0)$.

**Ableitung der Umkehrfunktion (*Umkehrregel*)** (Theorem 21.2, Kap.21)

Es sei $f$ eine auf einem Intervall $I$ stetige, eineindeutige Funktion. Ist $f$ in $x_0 \in I$ differenzierbar und $f'(x_0) \neq 0$, so ist auch $f^{-1}$ in $y_0 = f(x_0)$ differenzierbar, und es gilt

$$(f^{-1})'(y_0) = \frac{1}{f'(x_0)} = \frac{1}{f'(f^{-1}(y_0))}.$$

**Aufgabe 14.1**

Beweisen Sie mit Hilfe der Grenzwertregeln für Funktionen die Kettenregel

$$(f(g(x)))' = f'(g(x))g'(x).$$

**Lösung:**

$F := f \circ g = f(g(x))$

$$F(x_0 + h) - F(x_0) = f(g(x_0 + h)) - f(g(x_0))$$

$$= \frac{f(g(x_0 + h)) - f(g(x_0))}{g(x_0 + h) - g(x_0)} \cdot (g(x_0 + h) - g(x_0))$$

$$\Rightarrow F'(x_0) = \lim_{h \to 0} \frac{f(g(x_0 + h)) - f(g(x_0))}{g(x_0 + h) - g(x_0)} \cdot \lim_{h \to 0} \frac{1}{h}(g(x_0 + h) - g(x_0))$$

Setze $y_0 := g(x_0)$, $y := g(x_0 + h)$

$$\Rightarrow F'(x) = \lim_{y \to y_0} \frac{f(y) - f(y_0)}{y - y_0} \cdot g'(x_0) = f'(y_0)g'(x_0) = f'(g(x_0))g'(x_0).$$

K. Marti, *Übungsbuch zum Grundkurs Mathematik für Ingenieure,*
*Natur- und Wirtschaftswissenschaftler*, Physica-Lehrbuch,
DOI 10.1007/978-3-7908-2610-4_14, © Springer-Verlag Berlin Heidelberg 2010

**Aufgabe 14.2**

Berechnen Sie die Werte $f^{-1}(x)$ und $(f^{-1}(x))'$ an der Stelle $y_0 = 3$ für die Funktion $f(x) = \dfrac{1}{8}x^3 + \dfrac{1}{4}x^2 + \dfrac{1}{2}x.$

Hinweis: Man kann nicht $f^{-1}(y)$ in expliziter Form bestimmen. Verwenden Sie $f(2) = 3$.

**Lösung:**

$$f(2) = \frac{8}{8} + \frac{4}{4} + \frac{2}{2} = 3 \Rightarrow f^{-1}(3) = 2$$

$$f'(x) = \frac{3}{8}x^2 + \frac{1}{2}x + \frac{1}{2}$$

$$(f^{-1})'(3) = \frac{1}{f'(f^{-1}(3))} = \frac{1}{f'(2)} = \frac{1}{\dfrac{3}{8} \cdot 2^2 + \dfrac{1}{2} \cdot 2 + \dfrac{1}{2}} = \frac{1}{3}.$$

**Aufgabe 14.3**

Bestimmen Sie die 1. Ableitung von $y(x) = x^{\frac{p}{q}}, p \in \mathbb{N}, q \geq 1$.

**Lösung:**

$$y(x) = x^{\frac{p}{q}} \qquad \mid\ ()^q$$

$$y^q(x) = x^p \qquad \mid\ ()'$$

$$q \cdot y^{q-1}(x) \cdot y'(x) = p \cdot x^{p-1}$$

$$y'(x) = \frac{p}{q} \frac{x^{p-1}}{y^{q-1}(x)} = \frac{p}{q} \frac{x^{p-1}}{\left(x^{\frac{p}{q}}\right)^{q-1}}$$

$$= \frac{p}{q} x^{p-1-\frac{p(q-1)}{q}} = \frac{p}{q} x^{\frac{p}{q}-1}.$$

**Aufgabe 14.4**

Sei $f(x)$ - differenzierbare Funktion.

Schreiben Sie die Formel für die Ableitung

a) nach $x$ für die Funktionen

 i) $f(\sqrt{x})$

 ii) $\dfrac{1}{f^2(x)}$

b) nach $t$ für die Funktionen

 i) $\sqrt{f(t)}$

ii) $f(\sqrt[3]{f(t)})$

an allen möglichen Stellen $x$ (bzw. $t$).

**Lösung:**

a) i) $\dfrac{d}{dx}f(\sqrt{x}) = f'(\sqrt{x})\dfrac{1}{2\sqrt{x}},\ x > 0$

ii) $\dfrac{d}{dx}\left(\dfrac{1}{f^2(x)}\right) = -\dfrac{1}{2f^3(x)}f'(x),\ f(x) \neq 0$

b) i) $\dfrac{d}{dt}\sqrt{f(t)} = \dfrac{1}{2\sqrt{f(t)}}f'(t),\ f(t) > 0$

ii) $\dfrac{d}{dt}f(\sqrt[3]{f(t)}) = f'\left(\sqrt[3]{f(t)}\right)\dfrac{1}{3f^{\frac{2}{3}}(t)}f'(t),\ f(t) \neq 0.$

**Aufgabe 14.5**

Man berechne $f'(x)$ an allen möglichen Stellen $x$.

a) $f(x) - (1+x^3)^2$
b) $f(x) = \sqrt[3]{x^3+x+1}$

c) $f(x) = \dfrac{y^5}{\sqrt{5+y^5}}$ mit $y = \sqrt{x-1}$.

**Lösung:**

a) Setze $y = 1+x^3, z = y^2$

$\Rightarrow f(x) = \dfrac{dz}{dx} = \dfrac{dz}{dy}\cdot\dfrac{dy}{dx} = 2y\cdot 3x^2 = 2(1+x^3)\cdot 3x^2 = 6x^2(1+x^3)$

b) $f(x) = (x^3+x+1)^{\frac{1}{3}}$

$\Rightarrow f'(x) = \dfrac{1}{3}(x^3+x+1)^{-\frac{2}{3}}(3x^2+1) = \dfrac{3x^2+1}{3\sqrt[3]{(x^3+x+1)^2}}$

c) $y = \sqrt{x-1} = (x-1)^{\frac{1}{2}}.$

Setze $z = \dfrac{y^5}{\sqrt{5+y^5}} = y^5(5+y^5)^{-\frac{1}{2}}$

$\Rightarrow \dfrac{dy}{dx} = \dfrac{1}{2}(x-1)^{-\frac{1}{2}} = \dfrac{1}{2y}$

$\dfrac{dz}{dy} = 5y^4(5+y^5)^{-\frac{1}{2}} + y^5\cdot\left(-\dfrac{1}{2}\right)\cdot(5+y^5)^{-\frac{1}{2}-1}\cdot 5y^4$

$= 5y^4\left(\dfrac{1}{\sqrt{5+y^5}} - \dfrac{y^5}{2\sqrt{5+y^5}(5+y^5)}\right) = 5y^4\dfrac{2(5+y^5)-y^5}{2\sqrt{5+y^5}(5+y^5)}$

$= 5y^4\dfrac{10+y^5}{2\sqrt{(5+y^5)^3}}$

$\Rightarrow f'(x) = \dfrac{dz}{dy}\cdot\dfrac{dy}{dx} = \dfrac{5y^4\cdot(10+y^5)}{2\sqrt{(5+y^5)^3}}\cdot\dfrac{1}{2y} = \dfrac{5y^3(10+y^5)}{4\sqrt{(5+y^5)^3}}$ mit $y = \sqrt{x-1}.$

**Aufgabe 14.6**

Man berechne auf zwei verschiedene Weisen die Ableitung der Umkehrfunktion zu
$f(x) = \dfrac{1}{x^3},\ x \neq 0.$

**Lösung:**

a) Durch Berechnung von $f^{-1}$.

Für $y \neq 0$ hat $\dfrac{1}{x^3} = y,\ x \neq 0$, die eindeutig bestimmte Lösung

$$x = \sqrt[3]{\dfrac{1}{y}} = y^{-\frac{1}{3}},\ y \neq 0$$

$$\Rightarrow f^{-1}(y) = y^{-\frac{1}{3}},\ y \neq 0$$

$$\Rightarrow (f^{-1})'(y) = -\dfrac{1}{3}\, y^{-\frac{1}{3}-1} = -\dfrac{1}{3}\, y^{-\frac{4}{3}} = -\dfrac{1}{3y\sqrt[3]{y}},\ y \neq 0.$$

b) Mit Hilfe der Umkehrregel.

Setze $y = f(x) = \dfrac{1}{x^3}$

$$\Rightarrow \dfrac{dy}{dx} = -\dfrac{3}{x^4} = -3\dfrac{1}{x^3}\dfrac{1}{x} = -3y\sqrt[3]{y}$$

$$\Rightarrow x = f^{-1}(y)\ \text{ und }\ \dfrac{dx}{dy} = \dfrac{1}{\frac{dy}{dx}} = -\dfrac{1}{3y\sqrt[3]{y}}.$$

**Aufgabe 14.7**

Berechnen Sie $f'(x)$ an allen möglichen Stellen $x$!

a) $f(x) = \dfrac{1}{4x^2} + \dfrac{2}{\sqrt{x}}$

b) $f(x) = (1-3x)^6$

c) $f(x) = \sqrt{3+2x-x^2}$

d) $f(x) = \left(\dfrac{x}{1-x}\right)^6$

e) $f(x) = 2x^3\sqrt{1-x}$

f) $f(x) = \sqrt{2+\sqrt{x}}$

g) $f(x) = \sqrt{\dfrac{x+1}{x-1}}$

h) $f(x) = \dfrac{y+1}{y-1}$ mit $y = \sqrt{x}$

**Lösung:**

a) $f(x) = \dfrac{1}{4}x^{-2} + 2x^{-\frac{1}{2}}$

$$\Rightarrow f'(x) = \dfrac{1}{4}(-2)x^{-3} + 2\left(-\dfrac{1}{2}\right)x^{-\frac{3}{2}} = -\dfrac{1}{2x^3} - \dfrac{1}{x^{\frac{3}{2}}}$$

$$= -\dfrac{1}{2x^3} - \dfrac{1}{x\sqrt{x}},\ x > 0$$

b) $f'(x) = 6 \cdot (1-3x)^5 \cdot (-3) = -18(1-3x)^5,\ x \in \mathbb{R}$

c) $f(x) = (3 + 2x - x^2)^{\frac{1}{2}}$

$$\Rightarrow f'(x) = \frac{1}{2}(3 + 2x - x^2)^{-\frac{1}{2}}(2 - 2x) = \frac{1-x}{(3+2x-x^2)^{\frac{1}{2}}} = \frac{1-x}{\sqrt{3+2x-x^2}},\ x \in$$

$(-1,3)$

d) $f'(x) = 6\left(\dfrac{x}{1-x}\right)^5 \dfrac{x'(1-x) - x(1-x)'}{(1-x)^2} = 6\left(\dfrac{x}{1-x}\right)^5 \dfrac{1-x+x}{(1-x)^2} = \dfrac{6x^5}{(1-x)^7},\ x \neq$

1

Oder:

$f(x) = x^6(1-x)^{-6}$

$\Rightarrow f'(x) = 6x^5(1-x)^{-6} + x^6(-6)(1-x)^{-7}(-1) = 6x^5(1-x)^{-6} + 6x^6(1-x)^{-7}$

$$= \frac{6x^5(1-x) + 6x^6}{(1-x)^7} = \frac{6x^5}{(1-x)^7},\ x \neq 1$$

e) $f(x) = 2x^3(1-x)^{\frac{1}{2}}$

$$\Rightarrow f'(x) = 2 \cdot 3x^2(1-x)^{\frac{1}{2}} + 2x^3 \frac{1}{2}(1-x)^{-\frac{1}{2}}(-1) = 6x^2\sqrt{1-x} - \frac{x^3}{\sqrt{1-x}},\ x < 1$$

f) $f(x) = (2 + x^{\frac{1}{2}})^{\frac{1}{2}}$

$$\Rightarrow f'(x) = \frac{1}{2}(2 + x^{\frac{1}{2}})^{-\frac{1}{2}}(x^{\frac{1}{2}})' = \frac{1}{2}(2 + x^{\frac{1}{2}})^{-\frac{1}{2}} \cdot \frac{1}{2}x^{-\frac{1}{2}} = \frac{1}{4(2 + x^{\frac{1}{2}})^{\frac{1}{2}}x^{\frac{1}{2}}}$$

$$= \frac{1}{4\sqrt{x}\sqrt{2 + \sqrt{x}}} = \frac{1}{4\sqrt{2\sqrt{x} + x}},\ x > 0$$

g) $f(x) = \left(\dfrac{x+1}{x-1}\right)^{\frac{1}{2}}$

$$f'(x) = \frac{1}{2}\left(\frac{x+1}{x-1}\right)^{-\frac{1}{2}} \cdot \frac{(x+1)'(x-1) - (x+1)(x-1)'}{(x-1)^2}$$

$$= \frac{1}{2}\left(\frac{x-1}{x+1}\right)^{\frac{1}{2}} \cdot \frac{x-1-(x+1)}{(x-1)^2} = \frac{1}{2}\left(\frac{x-1}{x+1}\right)^{\frac{1}{2}} \cdot \frac{-2}{(x-1)^2} = -\frac{1}{(x+1)^{\frac{1}{2}}(x-1)^{\frac{3}{2}}}$$

$$= -\frac{1}{\sqrt{x+1}\sqrt{x-1}(x-1)} = -\frac{1}{\sqrt{x^2-1}(x-1)},\ x > 1$$

Oder:

$f(x) = (x+1)^{\frac{1}{2}}(x-1)^{-\frac{1}{2}}$

$$f'(x) = \frac{1}{2}(x+1)^{-\frac{1}{2}}(x-1)^{-\frac{1}{2}} + (x+1)^{\frac{1}{2}}\left(-\frac{1}{2}\right)(x-1)^{-\frac{3}{2}} = \frac{1}{2\sqrt{x+1}\sqrt{x-1}} -$$

$$\frac{\sqrt{x+1}}{2\sqrt{x-1}(x-1)}$$

$$= \frac{x-1 - \sqrt{x+1}\sqrt{x+1}}{2\sqrt{x+1}\sqrt{x-1}(x-1)} = -\frac{1}{\sqrt{x^2-1}(x-1)},\ x > 1$$

h) $y = x^{\frac{1}{2}}$;  setze $z = \dfrac{y+1}{y-1}$

$$\Rightarrow \frac{dy}{dx} = \frac{1}{2}x^{-\frac{1}{2}} = \frac{1}{2y}$$

$$\frac{dz}{dy} = \frac{1 \cdot (y-1) - (y+1) \cdot 1}{(y-1)^2} = -\frac{2}{(y-1)^2}$$

$$\Rightarrow f'(x) = \frac{dz}{dy} \cdot \frac{dy}{dx} = -\frac{2}{(y-1)^2} \cdot \frac{1}{2y} = -\frac{1}{y(y-1)^2} \text{ mit } y = \sqrt{x},\, x \in \mathbb{R}^+ \setminus \{1\}.$$

**Aufgabe 14.8**

Ermitteln Sie die Ableitung der Umkehrfunktion zu $f(x) = \sqrt[4]{x+2} - 1$, $x \geq -2$, auf zwei verschiedene Weisen.

**Lösung:**

a) Durch Berechnung von $f^{-1}$.

Die Gleichung $\sqrt[4]{x+2} - 1 = y$, $x \geq -2$, hat die eindeutig bestimmte Lösung $x = (y+1)^4 - 2$.

$$\Rightarrow f^{-1}(y) = (y+1)^4 - 2$$

$$\Rightarrow \left(f^{-1}\right)'(y) = 4(y+1)^3.$$

b) Mit Hilfe der Umkehrregel.

Setze $y = f(x) = \sqrt[4]{x+2} - 1 = (x+2)^{\frac{1}{4}} - 1$

$$\Rightarrow \frac{dy}{dx} = \frac{1}{4}(x+2)^{-\frac{3}{4}} = \frac{1}{4(x+2)^{\frac{3}{4}}} = \frac{1}{4(y+1)^3}$$

$$x = f^{-1}(y) \text{ und } \frac{dx}{dy} = \frac{1}{\frac{dy}{dx}} = 4(y+1)^3.$$

# Kapitel 15
# Ableitung der elementaren Funktionen

Die Ableitungen der elementaren Funktionen sind:

**- Polynome**

$$\left( \sum_{k=0}^{n} a_k x^k \right)' = \sum_{k=1}^{n} k a_k x^{k-1}$$

(Kap. 22.1)

**- trigonometrische Funktionen**

$$(\sin x)' = \cos x$$
$$(\cos x)' = -\sin x$$
$$(\tan x)' = \frac{1}{\cos^2 x}$$
$$(\cot x)' = -\frac{1}{\sin^2 x}$$

(Kap. 22.2)

**- Exponentialfunktionen**

$$(e^x)' = e^x$$
$$(a^x)' = a^x \ln a$$

(Kap. 22.4)

**- Logarithmusfunktionen**

$$\log_a' x = \frac{1}{x \ln a}$$
$$\ln' x = \frac{1}{x}$$

(Kap. 22.5)

**- Potenzfunktionen**

$$(x^c)' = c x^{c-1}$$

(Kap. 22.6)

**Aufgabe 15.1**

Bestimmen Sie $f'(x)$ für

a) $f(x) = \cos x$

b) $f(x) = \tan x$

K. Marti, *Übungsbuch zum Grundkurs Mathematik für Ingenieure,*
*Natur- und Wirtschaftswissenschaftler*, Physica-Lehrbuch,
DOI 10.1007/978-3-7908-2610-4_15, © Springer-Verlag Berlin Heidelberg 2010

c) $f(x) = \log_a x\,(0 < a \neq 1)$

Dabei dürfen die Ableitungen $(\sin x)' = \cos x$ und $(e^x)' = e^x$ als bekannt vorausgesetzt werden.

**Lösung:**

a) $\cos x = \sin\left(x + \dfrac{\pi}{2}\right) = \sin(u(x))$ mit $u(x) = x + \dfrac{\pi}{2}$

$\overset{\text{Kettenregel}}{\Rightarrow} (\cos x)' = (\sin(u(x)))' = \cos(u(x))u'(x)$

$$= \cos\left(x + \frac{\pi}{2}\right) \cdot 1 = -\sin x$$

b) $\tan x = \dfrac{\sin x}{\cos x} \Rightarrow (\tan x)' \overset{\text{Quotientenregel}}{=} \dfrac{\cos^2 x + \sin^2 x}{\cos^2 x} = \dfrac{1}{\cos^2 x}$

c) $y = e^x \Leftrightarrow x = \ln y$ und $\dfrac{dx}{dy} = \dfrac{1}{\dfrac{dy}{dx}} = \dfrac{1}{e^x} = \dfrac{1}{y}$

$$\Rightarrow (\ln x)' = \frac{1}{x}$$

$$\log_a x = \frac{\ln x}{\ln a} \Rightarrow (\log_a x)' = \frac{1}{\ln a}(\ln x)' = \frac{1}{x \ln a}.$$

**Aufgabe 15.2**

Beweisen Sie $(\ln|f|)' = \dfrac{f'}{f}$.

**Lösung:**

Sei $\ln|f| = \omega$

$\Rightarrow \ln|f(x)| = \omega(x)$   für alle $x$

$\Leftrightarrow |f(x)| = e^{\omega(x)} = \begin{cases} f(x) & : & f(x) > 0 \\ -f(x) & : & f(x) < 0 \end{cases}$ $(*)$

$$\Rightarrow (e^{\omega(x)})' = e^{\omega(x)}\omega'(x) = |f(x)|(\ln|f(x)|)' = |f(x)|\frac{1}{|f(x)|}(|f(x)|)' = (|f(x)|)'$$

$\overset{\text{siehe}(*)}{=} \begin{cases} f'(x) & , & f(x) > 0 \\ -f'(x) & , & f(x) < 0 \end{cases}$

$$\Leftrightarrow (\ln|f(x)|)' = \begin{cases} \dfrac{f'(x)}{|f(x)|} = \dfrac{f'(x)}{f(x)} & : & f(x) > 0 \\ -\dfrac{f'(x)}{|f(x)|} = \dfrac{-f'(x)}{-f(x)} = \dfrac{f'(x)}{f(x)} & : & f(x) < 0 \end{cases}$$

**Aufgabe 15.3**

Ermitteln Sie die Ableitungen folgender Funktionen:

a) $f(x) = \cot^2 x - \cos x^2$,
b) $f(x) = 2\sin^2 x \tan x$
c) $f(x) = x^2 e^{x^3} \ln x$

**Lösung:**

a) $f(x) = \cot^2 x - \cos x^2$

$$f'(x) = 2\cot x(\cot x)' - (-\sin x^2)2x$$
$$= 2\cot x(\cot x)' + 2x\sin x^2$$

$$\cot x = \frac{\cos x}{\sin x} \Rightarrow (\cot x)' = \frac{\sin x(-\sin x) - \cos x \cos x}{\sin^2 x}$$

$$= -\frac{1}{\sin^2 x}$$

$$\Rightarrow f'(x) = 2\frac{\cos x}{\sin x}\left(-\frac{1}{\sin^2 x}\right) \mid 2x\sin x^2$$

$$= -2\frac{\cos x}{\sin^3 x} + 2x\sin x^2$$

b) $f(x) = 2\sin^2 x \tan x$
$f'(x) = 2(2\sin x\cos x\tan x + \sin^2 x(\tan x)')$

$$(\tan x)' = \frac{1}{\cos^2 x}$$

$$\Rightarrow f'(x) = 2(2\sin^2 x + \tan^2 x)$$

c) $f(x) = x^2 e^{x^3} \ln x$

$$f'(x) = 2xe^{x^3}\ln x + x^2\left(\frac{1}{x}e^{x^3} + \ln x \cdot e^{x^3}\cdot 3x^2\right)$$

$$= e^{x^3}\left(2x\ln x + x + \ln x \cdot 3x^4\right)$$

$$= e^{x^3}\left(\ln x(2x + 3x^4) + x\right).$$

**Aufgabe 15.4**

Gegeben sind die Funktionen $f(x) = 2\arcsin\left(\sqrt{\frac{x}{A}}\right)$ und $g(x) = \arcsin\left(\frac{2x}{A} - 1\right)$
mit $A > 0$.

a) Sei $F(x) := f(x) - g(x)$ für alle $x \in D$. Berechnen Sie $F(x)$ und $F'(x)$, bestimmen Sie $D_F$ und $D_{F'}$.

b) Zeigen Sie: $F(x) = \text{const} =: c$ für alle $x \in D$ und bestimmen Sie $c$.

**Lösung:**

a) $F(x) = f(x) - g(x) = 2\arcsin\left(\sqrt{\dfrac{x}{A}}\right) - \arcsin\left(\dfrac{2x}{A} - 1\right), A > 0$

$D_{\arcsin} = [-1, 1] \Rightarrow$

1) $-1 \le \sqrt{\dfrac{x}{A}} \le 1 \Rightarrow 0 \le \sqrt{\dfrac{x}{A}} \le 1 \Rightarrow 0 \le \dfrac{x}{A} \le 1 \Rightarrow 0 \le x \le A$

und

2) $-1 \le \dfrac{2x}{A} - 1 \le 1 \Rightarrow 0 \le x \le A$

$\Rightarrow D_F = [0, A]$

$$F'(x) \overset{(\arcsin x)' = \frac{1}{\sqrt{1-x^2}}}{=} \frac{1}{\sqrt{1 - \left(\sqrt{\frac{x}{A}}\right)^2}} \cdot \frac{1}{\sqrt{A}} \cdot \frac{1}{\sqrt{x}} - \frac{1}{\sqrt{1 - \left(\frac{2x}{A} - 1\right)^2}} \cdot \frac{2}{A}$$

$$= \frac{1}{\sqrt{1 - \frac{x}{A}}} \cdot \frac{1}{\sqrt{Ax}} - \frac{1}{\sqrt{1 - \left(\left(\frac{2x}{A}\right)^2 - \frac{4x}{A} + 1\right)}} \cdot \frac{2}{A}$$

$$= \frac{1}{\sqrt{Ax - x^2}} - \frac{1}{\sqrt{-\frac{4x^2}{A^2} + \frac{4x}{A}}} \cdot \frac{2}{\sqrt{A^2}}$$

$$= \frac{1}{\sqrt{A - x}} \cdot \frac{1}{\sqrt{x}} - \frac{1}{\sqrt{-4x^2 + 4Ax}} \cdot 2$$

$$= \frac{1}{\sqrt{A - x}} \cdot \frac{1}{\sqrt{x}} - \frac{1}{\sqrt{-x^2 + Ax}}$$

$$= \frac{1}{\sqrt{A - x}} \cdot \frac{1}{\sqrt{x}} - \frac{1}{\sqrt{A - x}} \cdot \frac{1}{\sqrt{x}} = 0$$

$\Rightarrow D_{F'} = (0, A)$

b) Für alle $x \in (0, A)$ ist $F'(x) = 0 \overset{\text{Theorem 23.3}}{\Leftrightarrow} F(x) = \text{const} = c$ für $x \in [0, A]$, also für $x \in D_F$

$x := \dfrac{A}{2} \in [0, A]$

$$F\left(\frac{A}{2}\right) = 2\arcsin\left(\sqrt{\frac{A}{2A}}\right) - \arcsin\left(\frac{2A}{2A} - 1\right) = 2\frac{\pi}{4} - 0 = \frac{\pi}{2} \Rightarrow c = \frac{\pi}{2}.$$

**Aufgabe 15.5**

Berechnen Sie die Ableitung der Funktionen:

a) $f_1(x) = \arccos x$

b) $f_2(x) = \arctan x$

c) $f_3(x) = \text{arccot}\, x$

d) $f_4(x) = \ln \sqrt{\dfrac{1 - \sin x}{1 + \sin x}}$

e) $f_5(x) = \dfrac{2}{\sqrt{a^2 - b^2}} \arctan\left(\sqrt{\dfrac{a-b}{a+b}} \tan \dfrac{x}{2}\right) \quad a > b \geq 0$

**Lösung:**

a) i) $f_1(x) = \arccos x$

$$y = \arccos x \Leftrightarrow x = \cos y$$

$$\Rightarrow \frac{dy}{dx} = \frac{1}{\dfrac{dx}{dy}} = \frac{1}{-\sin y} \qquad |y \neq 0, \pi$$

$$= -\frac{1}{\sqrt{1 - \cos^2 y}} = -\frac{1}{\sqrt{1 - (\cos(\arccos x))^2}}$$

$$= -\frac{1}{\sqrt{1 - x^2}}$$

ii) $f_2(x) = \arctan x$

$$y = \arctan x \Leftrightarrow x = \tan y$$

$$\frac{dy}{dx} = \frac{1}{\dfrac{dx}{dy}} = \frac{1}{(\tan y)'} = \frac{1}{\dfrac{1}{\cos^2 y}}$$

$$\cos x = \frac{1}{\sqrt{1 + \tan^2 x}}$$

$$\Rightarrow \frac{dy}{dx} = \frac{1}{1 + \tan^2 y} = \frac{1}{1 + (\tan(\arctan x))^2} = \frac{1}{1 + x^2}$$

iii) $f_3(x) = \text{arccot}\, x$

$$y = \text{arccot}\, x \quad \Leftrightarrow \quad x = \cot y$$

$$\frac{dy}{dx} = \frac{1}{\dfrac{dx}{dy}} = \frac{1}{(\cot y)'} = -\frac{1}{\dfrac{1}{\sin^2 y}}$$

$$\sin x = \frac{1}{\sqrt{1 + \cot^2 x}}$$

$$\Rightarrow \frac{dy}{dx} = -\frac{1}{1 + \cot^2 y} = -\frac{1}{1 + (\cot(\text{arccot}\, x))^2} = -\frac{1}{1 + x^2}$$

b) $f_4(x) = \ln \sqrt{\dfrac{1 - \sin x}{1 + \sin x}}$

$$f_4'(x) = \frac{1}{\sqrt{\dfrac{1-\sin x}{1+\sin x}}} \cdot \frac{1}{2 \cdot \sqrt{\dfrac{1-\sin x}{1+\sin x}}} \cdot \frac{(1+\sin x)(-\cos x)-(1-\sin x)\cos x}{(1+\sin x)^2}$$

$$= \frac{1}{2} \cdot \frac{1+\sin x}{1-\sin x} \cdot \frac{-\cos x - \sin x \cos x - \cos x + \sin x \cos x}{(1+\sin x)^2}$$

$$= \frac{1}{2} \cdot \frac{1+\sin x}{1-\sin x} \cdot \frac{-2\cos x}{(1+\sin x)^2}$$

$$= \frac{-\cos x}{(1-\sin x)(1+\sin x)}$$

$$= \frac{-\cos x}{1-\sin^2 x}$$

$$= -\frac{\cos x}{\cos^2 x}$$

$$= -\frac{1}{\cos x}$$

c) $\ f_5(x) = \dfrac{2}{\sqrt{a^2-b^2}} \arctan\left(\sqrt{\dfrac{a-b}{a+b}}\,\tan\dfrac{x}{2}\right), \quad a > b \geq 0$

$$f_5'(x) \quad = \quad \frac{2}{\sqrt{a^2-b^2}} \cdot \frac{1}{1+\dfrac{a-b}{a+b}\tan^2\dfrac{x}{2}} \cdot \sqrt{\frac{a-b}{a+b}} \cdot \frac{1}{\cos^2\frac{x}{2}} \cdot \frac{1}{2}$$

$$= \quad \frac{1}{\sqrt{(a+b)(a-b)}} \cdot \sqrt{\frac{a-b}{a+b}} \cdot \frac{1}{\cos^2\dfrac{x}{2}+\dfrac{a-b}{a+b}\sin^2\dfrac{x}{2}}$$

$$= \quad \frac{1}{a+b} \cdot \frac{1}{\dfrac{(a+b)\cos^2\frac{x}{2}+(a-b)\sin^2\frac{x}{2}}{a+b}}$$

$$= \quad \frac{1}{(a+b)\cos^2\dfrac{x}{2}+(a-b)\sin^2\dfrac{x}{2}}$$

$$= \quad \frac{1}{a\left(\cos^2\dfrac{x}{2}+\sin^2\dfrac{x}{2}\right)+b\left(\cos^2\dfrac{x}{2}-\sin^2\dfrac{x}{2}\right)}$$

$$\overset{\cos 2\alpha = \cos^2\alpha-\sin^2\alpha}{=} \quad \frac{1}{a+b\cos x}.$$

**Aufgabe 15.6**

Berechnen Sie die Ableitung der Funktionen:

a) $f_1(x) = \sinh x$
b) $f_2(x) = \cosh x$
c) $f_3(x) = \tanh x$
d) $f_4(x) = \coth x$

sowie auch von ihren inversen Funktionen:

a) $f_1^{-1}(x) = \operatorname{arsinh} x$
b) $f_2^{-1}(x) = \operatorname{arcosh} x$
c) $f_3^{-1}(x) = \operatorname{artanh} x$
d) $f_4^{-1}(x) = \operatorname{arcoth} x$.

Hinweis: $\operatorname{arsinh} x = \ln(x + \sqrt{x^2 + 1})$, $\operatorname{arcosh} x = \ln\left(x + \sqrt{x^2 - 1}\right)$,

$$\operatorname{artanh} x = \frac{1}{2}\ln\left(\frac{1+x}{1-x}\right), \quad \operatorname{arcoth} x = \frac{1}{2}\ln\left(\frac{x+1}{x-1}\right)$$

**Lösung:**

Ableitung der Funktionen:

a) $f_1(x) = \sinh x = \dfrac{1}{2}(e^x - e^{-x})$

$\quad f_1'(x) = \dfrac{1}{2}(e^x + e^{-x}) = \cosh x$

b) $f_2(x) = \cosh x = \dfrac{1}{2}(e^x + e^{-x})$

$\quad f_2'(x) = \dfrac{1}{2}(e^x - e^{-x}) = \sinh x$

c) $f_3(x) = \tanh x = \dfrac{\sinh x}{\cosh x}$

$\quad f_3'(x) = \dfrac{\cosh x \cosh x - \sinh x \sinh x}{\cosh^2 x} = \dfrac{1}{\cosh^2 x}$

d) $f_4(x) = \coth x = \dfrac{\cosh x}{\sinh x}$

$\quad f_4'(x) = \dfrac{\sinh x \sinh x - \cosh x \cosh x}{\sinh^2 x} = \dfrac{\sinh^2 x - (1 + \sinh^2 x)}{\sinh^2 x} = -\dfrac{1}{\sinh^2 x}$

Ableitung der inversen Funktionen:

a) $f_1^{-1}(x) = \operatorname{arsinh} x = \ln(x + \sqrt{x^2 + 1})$

$$f_1'(x) = \frac{1}{(x + \sqrt{x^2 + 1})}\left(1 + \frac{1}{2\sqrt{x^2 + 1}}2x\right) = \frac{1}{x + \sqrt{x^2 + 1}} + \frac{1}{x + \sqrt{x^2 + 1}}\frac{1}{\sqrt{x^2 + 1}}x$$

$$= \frac{1 \cdot (\sqrt{x^2 + 1}) + x}{(x + \sqrt{x^2 + 1})(\sqrt{x^2 + 1})} = \frac{1}{\sqrt{x^2 + 1}}$$

Oder:

$$\frac{dy}{dx} = \frac{1}{\dfrac{dx}{dy}} \quad , \quad y = \operatorname{arsinh} x \Leftrightarrow x = \sinh y$$

$$\frac{d\operatorname{arsinh} x}{dx} = \frac{1}{\dfrac{d\sinh y}{dy}} = \frac{1}{\cosh y} = \frac{1}{\sqrt{1+\sinh^2 y}} = \frac{1}{\sqrt{1+\sinh^2(\operatorname{arsinh} x)}} = \frac{1}{\sqrt{1+x^2}}$$

b) $f_2^{-1}(x) = \operatorname{arcosh} x = \ln(x+\sqrt{x^2-1})$

$$f_2'(x) = \frac{1}{(x+\sqrt{x^2-1})}\left(1+\frac{1}{2\sqrt{x^2-1}}2x\right) = \frac{1}{x+\sqrt{x^2-1}} + \frac{1}{x+\sqrt{x^2-1}}\frac{x}{\sqrt{x^2-1}}$$

$$= \frac{\sqrt{x^2-1}+x}{(x+\sqrt{x^2-1})\sqrt{x^2-1}} = \frac{1}{\sqrt{x^2-1}}$$

c) $f_3^{-1}(x) = \operatorname{artanh} x = \dfrac{1}{2}\ln\left(\dfrac{1+x}{1-x}\right)$

$$f_3'(x) = \frac{1}{2}\cdot\frac{1-x}{1+x}\cdot\frac{(1-x)\cdot 1-(1+x)\cdot(-1)}{(1-x)^2} = \frac{1}{2}\cdot\frac{1-x}{1+x}\cdot\frac{1-x+1+x}{(1-x)^2}$$

$$= \frac{1}{(1+x)(1-x)} = \frac{1}{1-x^2}$$

d) $f_4^{-1} = \operatorname{arcoth} x = \dfrac{1}{2}\ln\left(\dfrac{x+1}{x-1}\right)$

$$f_4'(x) = \frac{1}{2}\cdot\frac{x-1}{x+1}\cdot\frac{(x-1)\cdot 1-(x+1)\cdot 1}{(x-1)^2} = \frac{1}{2}\cdot\frac{x-1}{x+1}\cdot\frac{x-1-x-1}{(x-1)^2}$$

$$= -\frac{1}{(x+1)(x-1)} = -\frac{1}{x^2-1} = \frac{1}{1-x^2}.$$

**Aufgabe 15.7**

Bestätigen Sie die Gleichung $\left(x\underbrace{\sqrt{x^2-1}}_{y} - \operatorname{arcosh} x\right)' = 2\sqrt{x^2-1},\ x \geq 1$

**Lösung:**

$$(x\sqrt{x^2-1}-\operatorname{arcosh} x)' = \sqrt{x^2-1}\cdot 1 + \frac{1}{2\sqrt{x^2-1}}\cdot 2x^2 - \frac{1}{\sqrt{x^2-1}}$$

$$= \frac{x^2-1+x^2-1}{\sqrt{x^2-1}} = \frac{2(x^2-1)}{\sqrt{x^2-1}} = 2\sqrt{x^2-1}.$$

**Aufgabe 15.8**

Bestimmen Sie die Ableitungen von:

a) $g(x) = \cot\sqrt[3]{1-x^2}$

b) $h(x) = x^{\frac{4}{3}}\cdot(1-x)^{\frac{1}{3}}.$

**Lösung:**

a) $(\cot x)' = \dfrac{-1}{\sin^2 x}$,

$$\Rightarrow g'(x) = \frac{-1}{(\sin \sqrt[3]{1-x^2})^2} \cdot \frac{1}{3} \cdot \sqrt[3]{(1-x^2)^{-2}} \cdot (-2x)$$

$$= \frac{2}{3} \cdot \frac{x}{(\sqrt[3]{1-x^2}\, \sin \sqrt[3]{1-x^2})^2}$$

b)

$$h'(x) = \frac{4}{3} x^{\frac{1}{3}} (1-x)^{\frac{1}{3}} + x^{\frac{4}{3}} \cdot \frac{1}{3}(1-x)^{-\frac{2}{3}} \cdot (-1)$$

$$= \frac{1}{3}\left( 4(x-x^2)^{\frac{1}{3}} - \sqrt[3]{\frac{x^4}{(1-x)^2}} \right)$$

$$= \frac{1}{3}\left( 4\sqrt[3]{x-x^2} - \sqrt[3]{\frac{x^4}{(1-x)^2}} \right)$$

**Aufgabe 15.9**

Differenzieren Sie:

a) $f_1(x) = \ln\left(\ln\left(e^x + 1\right)\right)$
b) $f_2(x) = (1+x)^2 \arctan x$
c) $f_3(x) = \frac{1}{2} \ln \frac{\tan x + 1}{\tan x - 1} \quad , x \in \left( \frac{\pi}{4}, \frac{\pi}{2} \right)$

**Lösung:**

a)

$$f_1(x) = \ln\left(\ln\left(e^x + 1\right)\right)$$

$$\Rightarrow f_1'(x) = \frac{1}{\ln\left(e^x + 1\right)} \cdot \frac{1}{e^x + 1} e^x$$

b)

$$f_2(x) = (1+x)^2 \arctan x$$

$$\Rightarrow f_2'(x) = 2(1+x) \cdot 1 \cdot \arctan x + (1+x)^2 \frac{1}{1+x^2}$$

$$= (2+2x) \arctan x + \frac{(1+x)^2}{1+x^2}$$

c)

$$f_3(x) = \frac{1}{2}\ln\frac{\tan x + 1}{\tan x - 1}$$

$$= \frac{1}{2}\left(\ln(\tan x + 1) - \ln(\tan x - 1)\right)$$

$$\Rightarrow f_3'(x) = \frac{1}{2}\left(\frac{1}{\tan x + 1}\cdot\frac{1}{\cos^2 x} - \frac{1}{\tan x - 1}\cdot\frac{1}{\cos^2 x}\right)$$

$$= \frac{1}{2}\cdot\frac{\tan x - 1 - (\tan x + 1)}{\cos^2 x(\tan x + 1)(\tan x - 1)}$$

$$= \frac{1}{2}\cdot\frac{-2}{\cos^2 x(\tan^2 x - 1)}$$

$$= \frac{-1}{\sin^2 x - \cos^2 x} = \frac{1}{\cos^2 x - \sin^2 x} = \frac{1}{\cos(2x)}.$$

**Aufgabe 15.10  Logarithmische Differentiation**

Berechnen Sie die Ableitungen der Funktionen

a) $f_1(x) = (x^x)^x$

b) $f_2(x) = x^{\cos x}$

c) $f_3(x) = \dfrac{x e^{x^2}\sin x}{\left(\dfrac{1}{x}+2\right)^5}$

d) $f_4(x) = x^{x^{x}}$

e) $f_5(x) = \sqrt[3]{\dfrac{x(x^2+1)}{(x^2-1)^2}}$

f) $f_6(x) = (x^2+2)^3(1-x^3)^4$

g) $f_7(x) = \dfrac{1}{3}\dfrac{\sqrt[3]{x}(4-5x)}{\sqrt[3]{(1-x)^2}}$

**Lösung:**

$$(\ln f(x))' = \frac{f'(x)}{f(x)} \;\Rightarrow\; f'(x) = f(x)\cdot(\ln f(x))'$$

a) $f_1 = (x^x)^x = x^{(x^2)}$

$$\left(\ln x^{x^2}\right)' = \left(x^2\ln x\right)' = 2x\ln x + x$$

$$\Rightarrow f_1'(x) = (x^x)^x(2x\ln x + x)$$

b) $f_2(x) = x^{\cos x}$

$$(\ln x^{\cos x})' = (\cos x\cdot\ln x)' = -\sin x\ln x + \frac{\cos x}{x}$$

$$\Rightarrow f_2'(x) = x^{\cos x}\left(-\sin x\ln x + \frac{\cos x}{x}\right)$$

c) $f_3(x) = \dfrac{xe^{x^2}\sin x}{\left(\frac{1}{x}+2\right)^5}$

$$\left(\ln \dfrac{xe^{x^2}\sin x}{\left(\frac{1}{x}+2\right)^5}\right)' = \left(\ln x + x^2 + \ln \sin x - 5\ln\left(\frac{1}{x}+2\right)\right)' = \frac{1}{x} + 2x + \frac{\cos x}{\sin x} +$$

$$5 \cdot \frac{\frac{1}{x^2}}{\frac{1}{x}+2}$$

$$\implies f_3'(x) = \frac{xe^{x^2}\sin x}{\left(\frac{1}{x}+2\right)^5}\left(\frac{1}{x}+2x+\cot x+\frac{5}{x+2x^2}\right)$$

d) $f_4(x) = x^{x^x}$

zweifache Anwendung ergibt:

$$(\ln(\ln(f_4(x))))' = \frac{f_4'(x)}{\ln(f_4(x))\cdot f_4(x)} \quad \Rightarrow f_4'(x) = f_4(x)\cdot\ln(f_4(x))\cdot(\ln(\ln f_4(x)))'$$

$$(\ln(\ln(f_4(x))))' = (\ln(x^x\ln(x)))' = (x\ln x + \ln(\ln x))' = \ln x + 1 + \frac{1}{x\ln x}$$

$$\Rightarrow f_4'(x) = x^{x^x}\cdot x^x\ln x\cdot\left(\ln x + 1 + \frac{1}{x\ln x}\right)$$

Alternative:

$$(\ln x^{x^x})' = (x^x\ln x)' = (x^x)'\cdot\ln x + x^x\cdot\frac{1}{x}$$

$$(\ln x^x)' = (x\ln x)' = \ln x + 1 \quad \Rightarrow \quad (x^x)' = x^x(\ln x + 1) = x^x\ln x + x^x$$

$$\Rightarrow (\ln x^{x^x})' = (x^x\ln x + x^x)\cdot\ln x + x^x\cdot\frac{1}{x}$$

$$\Rightarrow f_4'(x) = x^{x^x}\cdot\left((x^x\ln x + x^x)\cdot\ln x + x^x\cdot\frac{1}{x}\right)$$

e) $f_5(x) = \sqrt[3]{\dfrac{x(x^2+1)}{(x^2-1)^2}} = \left(\dfrac{x(x^2+1)}{(x^2-1)^2}\right)^{\frac{1}{3}}$

$$(\ln f_5(x))' = \left(\frac{1}{3}\ln\frac{x(x^2+1)}{(x^2-1)^2}\right)'$$

$$= \left(\frac{1}{3}\ln x(x^2+1) - \frac{1}{3}\ln(x^2-1)^2\right)'$$

$$= \left(\frac{1}{3}(\ln x + \ln(x^2+1)) - \frac{2}{3}(\ln(x+1)+\ln(x-1))\right)'$$

$$= \frac{1}{3}\left(\frac{1}{x}+\frac{1}{x^2+1}2x\right) - \frac{2}{3}\left(\frac{1}{x+1}\cdot 1 + \frac{1}{x-1}\cdot 1\right)$$

$$= \frac{1}{3}\left(\frac{1}{x}+\frac{2x}{x^2+1}-\frac{2}{x+1}-\frac{2}{x-1}\right)$$

$$\Rightarrow f_5'(x) = \frac{1}{3}\sqrt[3]{\frac{x(x^2+1)}{(x^2-1)}}\left(\frac{1}{x}+\frac{2x}{x^2+1}-\frac{2}{x+1}-\frac{2}{x-1}\right)$$

f) $f_6(x) = (x^2+2)^3(1-x^3)^4$

$$\ln(f_6(x)) = \ln((x^2+2)^3(1-x^3)^4)$$

$$= \ln(x^2+2)^3 + \ln(1-x^3)^4$$

$$= 3\ln(x^2+2)+4\ln(1-x^3)$$

$$(\ln(f_6(x)))' = 3\cdot\frac{1}{x^2+2}\cdot 2x + 4\cdot\frac{1}{1-x^3}\cdot(-3x^2)$$

$$= \frac{6x}{x^2+2}-\frac{12x^2}{1-x^3} = \frac{6x(1-x^3)-12x^2(x^2+2)}{(x^2+2)(1-x^3)}$$

$$= \frac{6x-6x^4-12x^4-24x^2}{(x^2+2)(1-x^3)} = \frac{6x(1-x^3-2x^3-4x)}{(x^2+2)(1-x^3)}$$

$$= \frac{6x(1-4x-3x^3)}{(x^2+2)(1-x^3)}$$

$$\Rightarrow f_6'(x) = \frac{6x(1-4x-3x^3)}{(x^2+2)(1-x^3)}\cdot\frac{(x^2+2)^3(1-x^3)^4}{1}$$

$$= 6x(1-4x-3x^3)(x^2+2)^2(1-x^3)^3$$

g) $f_7(x) = \dfrac{1}{3}\dfrac{\sqrt[3]{x}(4-5x)}{\sqrt[3]{(1-x)^2}}$

$$\ln(f_7(x)) = \ln\left(\frac{1}{3}\frac{\sqrt[3]{x}(4-5x)}{\sqrt[3]{(1-x)^2}}\right)$$

$$= \ln\frac{1}{3} + \ln\left(\frac{\sqrt[3]{x}(4-5x)}{\sqrt[3]{(1-x)^2}}\right)$$

$$= \underbrace{\ln 1}_{0} - \ln 3 + \ln(x^{\frac{1}{3}}) + \ln(4-5x) - \ln((1-x)^{\frac{2}{3}})$$

$$= \frac{1}{3}\ln x + \ln(4-5x) - \frac{2}{3}\ln(1-x) - \ln 3$$

$$(\ln(f_7(x)))' = \frac{1}{3}\cdot\frac{1}{x} + \frac{1}{4-5x}\cdot(-5) - \frac{2}{3}\cdot\frac{1}{1-x}\cdot(-1)$$

$$= \frac{1}{3x} - \frac{5}{4-5x} + \frac{2}{3(1-x)}$$

$$= \frac{(4-5x)(1-x) - 15x(1-x) + 2x(4-5x)}{3x(4-5x)(1-x)}$$

$$= \frac{4 - 4x - 5x + 5x^2 - 15x + 15x^2 + 8x - 10x^2}{3x(4-5x)(1-x)}$$

$$= \frac{10x^2 - 16x + 4}{3x(4-5x)(1-x)}$$

$$\Rightarrow f_7'(x) = \frac{1}{3}\cdot\frac{\sqrt[3]{x}(4-5x)}{\sqrt[3]{(1-x)^2}}\cdot\frac{10x^2 - 16x + 4}{3x(4-5x)(1-x)}.$$

# Kapitel 16
# Differenzierbare Funktionen auf Intervallen

**Satz von Rolle** (Theorem 23.1, Kap.23)
Es sei $f$ eine auf dem abgeschlossenen Intervall $I = [a,b]$ stetige und im offenen Intervall $(a,b)$ differenzierbare Funktion. Gilt dann noch $f(a) = f(b)$, so existiert ein $x_0 \in (a,b)$ mit $f'(x_0) = 0$.

**Mittelwertsatz der Differentialrechnung** (Theorem 23.2, Kap.23)
Die Funktion $f$ sei auf dem abgeschlossenen Intervall $I = [a,b]$ stetig und im offenen Intervall $(a,b)$ differenzierbar. Dann gibt es ein $x_0 \in (a,b)$ mit

$$f'(x_0) = \frac{f(b) - f(a)}{b - a} \ .$$

**Aufgabe 16.1**
Bestätigen Sie den Mittelwertsatz für das Beispiel: $f(x) = x^3 - 4x^2 + 7$ für $a = -\sqrt{3}, b = 4$.

**Lösung:**

$$f(x) = x^3 - 4x^2 + 7, \quad a = -\sqrt{3}, \quad b = 4$$
$$\Rightarrow f(a) = (-\sqrt{3})^3 - 4(-\sqrt{3})^2 + 7$$
$$= -3\sqrt{3} - 12 + 7$$
$$= -3\sqrt{3} - 5$$

$$f(b) = 4^3 - 4 \cdot 4^2 + 7$$
$$= 64 - 64 + 7$$
$$= 7$$

$$\Rightarrow \frac{f(b) - f(a)}{b - a} = \frac{12 + 3\sqrt{3}}{4 + \sqrt{3}} = \frac{3(4 + \sqrt{3})}{4 + \sqrt{3}} = 3$$

K. Marti, *Übungsbuch zum Grundkurs Mathematik für Ingenieure,*
*Natur- und Wirtschaftswissenschaftler*, Physica-Lehrbuch,
DOI 10.1007/978-3-7908-2610-4_16, © Springer-Verlag Berlin Heidelberg 2010

$$f'(x) = 3x^2 - 8x$$
$$3x^2 - 8x \overset{!}{=} 3 \quad \Leftrightarrow \quad 3x^2 - 8x - 3 = 0$$
$$x_{1,2} = \frac{8 \pm \sqrt{8^2 - 4 \cdot 3 \cdot (-3)}}{2 \cdot 3} = \frac{4 \pm 5}{3}$$
$$\Rightarrow x_1 = -\frac{1}{3}, x_2 = 3.$$

**Aufgabe 16.2**

Sei $f(x) = \frac{1}{5}x + \frac{1}{3}\sin x$, $x_1 = \pi, x_2 = 4\pi$.

Nach dem MWS gibt es mindestens ein $x_0 \in (\pi, 4\pi)$ mit

$$f'(x_0) = \frac{f(x_2) - f(x_1)}{x_2 - x_1}.$$

Wieviele Punkte $x_0$ mit dieser Eigenschaft gibt es in diesem Beispiel? Welche sind es?

**Lösung:**

$$f'(x) = \frac{1}{5} + \frac{1}{3}\cos x \overset{!}{=} \frac{f(4\pi) - f(\pi)}{4\pi - \pi} = \frac{\frac{4\pi}{5} + \frac{1}{3}\sin(4\pi) - \left(\frac{\pi}{5} + \frac{1}{3}\sin \pi\right)}{3\pi}$$

$$= \frac{\frac{4\pi}{5} - \frac{\pi}{5}}{3\pi} = \frac{1}{5}$$

$$\Rightarrow \frac{1}{5} + \frac{1}{3}\cos x = \frac{1}{5} \quad \Leftrightarrow \quad \cos x = 0 \Leftrightarrow x = \frac{\pi}{2} + \pi k, k \in \mathbb{Z}$$

$\Rightarrow$ Im Intervall $(\pi, 4\pi)$ gibt es 3 Stellen:

$$x_{01} = \frac{3}{2}\pi$$
$$x_{02} = \frac{5}{2}\pi$$
$$x_{03} = \frac{7}{2}\pi.$$

**Aufgabe 16.3**

Die Funktion $f(x)$ sei gegeben durch
$f(x) = (x-2)^3 + x^2 + 3x - 6$.
Nach dem MWS existiert zu je zwei Punkten $a, b$ aus dem Definitionsbereich der differenzierbaren Funktionen ein $x_0 \in (a, b)$ mit

$$f'(x_0) = \frac{f(b) - f(a)}{b - a}.$$

Finden Sie für $a = 1$ und $b = 2$ eine solche Stelle $x_0$.

**Lösung:**

$$f'(x) = 3(x-2)^2 + 2x + 3 = 3x^2 - 12x + 12 + 2x + 3 = 3x^2 - 10x + 15$$
$$f(a) = f(1) = -1 + 1 + 3 - 6 = -3$$
$$f(b) = f(2) = 0 + 4 + 6 - 6 = 4$$

$$\Rightarrow 3x^2 - 10x + 15 \overset{!}{=} \frac{4 - (-3)}{2 - 1} = 7$$
$$\Leftrightarrow 3x^2 - 10x + 15 - 7 = 0$$
$$\Leftrightarrow 3x^2 - 10x + 8 = 0$$

$$\Leftrightarrow x = \frac{10 \pm \sqrt{100 - 96}}{6} \quad \Leftrightarrow \quad x = \frac{4}{3} \text{ oder } x = 2$$

Im Intervall $(1,2)$ liegt $x = \dfrac{4}{3}$

$$\Rightarrow x_0 = \frac{4}{3}.$$

### Aufgabe 16.4

Beweisen Sie:

a) $f'(x) = 0$ für alle $x \in (a,b)$ $\qquad \Rightarrow \qquad$ $f(x) = c$ (konstant) auf $[a,b]$
b) $f'(x) > 0$ für alle $x \in (a,b)$ $\qquad \Rightarrow \qquad$ $f$ streng monoton wachsend auf $[a,b]$

Hinweis: Beweisen Sie zuerst folgendes Korollar:

Korollar zum MWS: Sei $f : [a,b] \to \mathbb{R}$ eine stetige in $(a,b)$ differenzierbare Funktion. Für die Ableitung gelte: $m \leq f'(\xi) \leq M$ für alle $\xi \in (a,b)$ mit gewissen Konstanten $m, M \in \mathbb{R}$. Dann gilt für alle $x,y \in \mathbb{R}$ mit $a \leq x \leq y \leq b$ die Abschätzung:

$$m(y - x) \leq f(y) - f(x) \leq M(y - x)$$

**Lösung:**

Teil 1: Beweis des Korollars  Umformulierung des MWS

$$\frac{f(y) - f(x)}{y - x} = f'(\xi) \text{ für ein } \xi \in (x,y)$$

Für $f'(\xi)$ gilt:
$$m \leq f'(\xi) \leq M \text{ für alle } \xi \in (a,b)$$
$$\Rightarrow m \leq \frac{f(y) - f(x)}{y - x} \leq M \text{ für alle } x,y \in \mathbb{R} \text{ mit } a \leq x \leq y \leq b$$
$$\Rightarrow m(y - x) \leq f(y) - f(x) \leq M(y - x) \text{ für alle } x,y \in \mathbb{R} \text{ mit } a \leq x \leq y \leq b.$$

Teil 2: Beweis der Behauptung a) und b)

a) $f'(x) = 0$ für alle $x \in (a,b)$
$\quad \Rightarrow m \leq f'(\xi) \leq M$ mit $m = M = 0$ für alle $\xi \in (a,b)$
$\quad \overset{\text{Korollar}}{\Rightarrow} 0 \leq f(y) - f(x) \leq 0$ für alle $x,y \in \mathbb{R}$ mit $a \leq x \leq y \leq b$

$\Rightarrow f(y) - f(x) = 0$ für alle $x, y \in \mathbb{R}$ mit $a \leq x \leq y \leq b$

$\Rightarrow f(x) = c$ (konstant) auf $[a, b]$

b) Angenommen, $f$ sei nicht streng monoton wachsend, dann gibt es Punkte $x_1, x_2 \in [a, b]$ mit $x_1 < x_2$ und $f(x_1) \geq f(x_2)$. Nach dem MWS existiert dann ein $\xi \in (x_1, x_2)$ mit

$$f'(\xi) = \frac{\overbrace{f(x_2) - f(x_1)}^{\leq 0}}{\underbrace{x_2 - x_1}_{>0}} \leq 0 : \quad \text{Widerspruch zu} \quad f'(x) > 0.$$

**Aufgabe 16.5**

Man beweise mit Hilfe des MWS folgende Aussage:

Seien $f(x), g(x)$ stetige Funktionen auf $[a, b]$ und differenzierbar auf $(a, b)$. Ferner sei $g'(x) \neq 0$ für alle $x \in (a, b)$. Dann existiert $\xi \in (a, b)$ mit

$$\frac{f'(\xi)}{g'(\xi)} = \frac{f(b) - f(a)}{g(b) - g(a)}.$$

**Lösung:**

MWS $\Rightarrow g(b) - g(a) = g'(\eta)(b - a), \; \eta \in (a, b)$

$\qquad\qquad \Rightarrow g(b) - g(a) \neq 0$, falls $g'(x) \neq 0$ für alle $x \in (a, b)$

Hilfsfunktion:

$$D(x) := f(x) - f(a) - \frac{f(b) - f(a)}{g(b) - g(a)}(g(x) - g(a))$$

$D(x)$ ist stetig auf $[a, b]$ und differenzierbar auf $(a, b)$.

$D(b) = 0, \; D(a) = 0$

Nach dem Satz von Rolle existiert dann ein $x_0 \in (a, b)$ so dass

$$D'(x_0) = f'(x_0) - \frac{f(b) - f(a)}{g(b) - g(a)} \cdot g'(x_0) = 0$$

Daraus folgt $\dfrac{f'(x_0)}{g'(x_0)} = \dfrac{f(b) - f(a)}{g(b) - g(a)}$

und mit $x_0 := \xi$ ergibt sich hieraus die Behauptung, also

$$\frac{f'(\xi)}{g'(\xi)} = \frac{f(b) - f(a)}{g(b) - g(a)}.$$

**Aufgabe 16.6**

Sei $f(x)$ differenzierbar, $f(0) = 0$ und $|f'(x)| < 1$ für alle $x \in \mathbb{R}$.

Zeigen Sie: $|f(x)| < |x|$ für alle $x \in \mathbb{R}$.

**Lösung:**

Nach dem MWS gibt es ein $x_0 \in \mathbb{R}$ mit $\quad \dfrac{f(x) - f(0)}{x - 0} = f'(x_0) \;$ .

$$\Rightarrow \left| \frac{f(x) - f(0)}{\underset{=0}{x - 0}} \right| = |f'(x_0)| < 1$$

$$\Rightarrow |f(x) - \overbrace{f(0)}| < |x - 0|$$

$\Rightarrow |f(x)| < |x|.$

**Aufgabe 16.7**

Beweisen Sie folgende Ungleichungen:

a) $\sin x \leq x$ für $x \geq 0$

b) $\tan x > x$ für $0 < x < \dfrac{\pi}{2}$.

**Lösung:**

a) $\sin x = \sin x - \sin 0 \overset{\text{MWS}}{=} (x - 0)\cos x_0$ mit $x_0 \in (0, x)$

$\Rightarrow \sin x = x \cos x_0 \overset{\cos x \leq 1}{\leq} x$

b) $\tan x = \tan x - \tan 0 \overset{\text{MWS}}{=} (x - 0)\tan' x_0$ mit $x_0 \in (0, x)$

$\tan' x = \dfrac{1}{\cos^2 x} = 1 + \underbrace{(\tan x)^2}_{>0 \text{ für } 0 < x < \frac{\pi}{2}} > 1$ für $0 < x < \dfrac{\pi}{2}$

$\Rightarrow \tan x = x \tan' x_0 > x.$

**Aufgabe 16.8**

Mit Hilfe des MWS beweise man Folgendes:

a) $\log(x + 1) \geq \dfrac{x}{x+1}$ für $x > -1$

b) $1 + x < e^x$ für $x \in (0, 1)$.

**Lösung:**

a) $\log(x + 1) - \log(x + 1) - \log(0 + 1) \overset{\text{MWS}}{=} (x - 0)\log'(x_0 + 1) = \dfrac{x}{x_0 + 1}$ mit $x < x_0 < 0$ bzw. $0 < x_0 < x$.

1.Fall. Für $x > 0$, $0 < x_0 < x$ gilt:

$\dfrac{1}{x_0 + 1} \geq \dfrac{1}{x + 1} \overset{\cdot x, x > 0}{\Rightarrow} \dfrac{x}{x_0 + 1} \geq \dfrac{x}{x + 1}$

$\Rightarrow \log(x + 1) = \dfrac{x}{x_0 + 1} \geq \dfrac{x}{x + 1}$

2.Fall. Für $-1 < x < 0$, $x < x_0 < 0$ gilt:

$\dfrac{1}{x_0 + 1} < \dfrac{1}{x + 1} \overset{\cdot x, x < 0}{\Rightarrow} \dfrac{x}{x_0 + 1} > \dfrac{x}{x + 1}$

$\Rightarrow \log(x + 1) = \dfrac{x}{x_0 + 1} > \dfrac{x}{x + 1}$

$\Rightarrow \log(x + 1) \geq \dfrac{x}{x + 1}$ für alle $x > -1$.

b) Nach dem MWS gibt es ein $x_0$, $0 < x_0 < x$, mit $\dfrac{e^x - e^0}{x - 0} = e^{x_0} \overset{\text{Monotonie}}{>} e^0 = 1$

$\Rightarrow e^x - e^0 > x$

$\Leftrightarrow e^x - 1 > x$

$\Leftrightarrow e^x > x + 1.$

**Aufgabe 16.9**

Bestimmen Sie $\sqrt{63}$ näherungsweise.

**Lösung:**

Sei $f(x) = \sqrt{x}$ mit $f(a) = \sqrt{63}$ und $f(b) = \sqrt{64}$.

Für die Ableitung $f'(x)$ von $f(x)$ ergibt sich $f'(x) = \dfrac{1}{2\sqrt{x}}$.

Mit dem MWS erhält man

$$f(64) = f(63) + (64 - 63) \cdot \frac{1}{2\sqrt{\xi}}, \quad 63 \le \xi \le 64$$

oder

$$\sqrt{64} = \sqrt{63} + (64 - 63) \cdot \frac{1}{2\sqrt{\xi}}, \quad 63 \le \xi \le 64.$$

Die Zahl $\xi$ ist unbekannt. Wählt man aber $\xi = 64$, so folgt

$$\sqrt{63} \approx \sqrt{64} - \frac{1}{2\sqrt{64}} = 8 - \frac{1}{2 \cdot 8} = 7{,}9375.$$

Der exakte Wert (mit 9 Dezimalstellen) lautet: $\sqrt{63} = 7{,}937253933....$

**Aufgabe 16.10**

Gibt es für die Funktion $f(x) = \sqrt{x}$ im Intervall $(0,4)$ eine Tangente an den Graphen, die die gleiche Steigung wie die Sekante durch die Intervallendpunkte aufweist? Berechnen Sie den Schnittpunkt der Tangente $t$ und der Funktion $f$.

**Lösung:**

Die Funktion ist differenzierbar im Intervall $(0,4)$, da

$$f'(x) = \frac{1}{2\sqrt{x}}.$$

Nur an der Stelle $x_0 = 0$ ist die Funktion nicht differenzierbar, aber diese gehört nicht zum Intervall $(0,4)$.

Die Funktion ist stetig, da sie differenzierbar ist.

$\Rightarrow$ Damit sind alle Voraussetzungen für den MWS erfüllt!

Auf einem Intervall $(a,b)$ gibt es nach dem MWS eine Tangente $y = f_T(x)$ an die Kurve $y = f(x)$, die parallel zu Sekante $y = f_S(x)$ durch die Kurvenpunkte $P_1 = (a, f(a))$ und $P_2 = (b, f(b))$ ist. Berührt diese Tangente die Kurve im Punkt $P_T = (x, f(x))$, so gilt:

$f'_T(x) = f'_S(x).$

Aus den Intervallgrenzen ergeben sich

für $a = 0$: $f(a) = \sqrt{0} = 0$ und somit $P_1 = (0,0)$,

für $b = 4$: $f(b) = \sqrt{4} = 2$ und dafür $P_2 = (4,2)$.

Daraus läßt sich der Anstieg der Sekante durch die Punkte $P_1$ und $P_2$ berechnen:

$$m_s = \frac{y_2 - y_1}{x_2 - x_1} = \frac{2 - 0}{4 - 0} = \frac{1}{2}.$$

Der Anstieg der Sekante ist gleich dem Anstieg der Tangente, also der 1.Ableitung

an der Stelle $x_0 \Rightarrow f'(x_0) = m_s \Leftrightarrow \dfrac{1}{2\sqrt{x_0}} = \dfrac{1}{2} \Leftrightarrow \sqrt{x_0} = 1 \Leftrightarrow x_0 = 1$

$\Rightarrow f(1) = \sqrt{1} = 1$ und somit $P_t(1,1)$.

Als Schnittpunkt der Tangente $t(x)$ und der Funktion $f(x)$ ergibt sich $P_t(1,1)$.

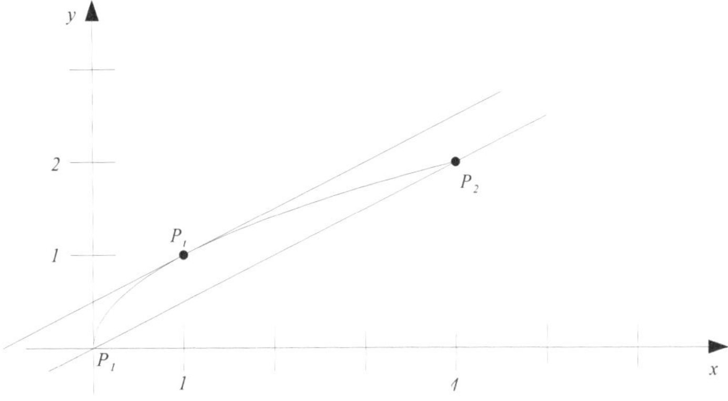

**Abb. 16.1** Skizze zu Aufgabe 16.10

# Kapitel 17
# Höhere Ableitungen

Für eine Funktion $f$ setze man:

$$f' \qquad \text{1. Ableitung von } f$$

$$f'' := (f')' \qquad \text{2. Ableitung von } f$$

$$f''' := (f'')' \qquad \text{3. Ableitung von } f$$

$$f^{(4)} := (f''')' \qquad \text{4. Ableitung von } f$$

$$\vdots \qquad\qquad \vdots$$

$$f^{(n)} := (f^{(n-1)})' \qquad n\text{-te Ableitung von } f \, .$$

**Definition: Differenzierbarkeit höherer Ordnung** (Def. 24.1, Kap. 24.1)
$f$ heißt an der Stelle $x_0$ *n-mal differenzierbar*, falls alle Ableitungen $f'(x_0), f''(x_0), \ldots,$
$f^{(n)}(x_0)$ existieren.

**Aufgabe 17.1**
Berechnen Sie die 4. Ableitung folgender Funktionen:

a) $f(x) := 3x^4 - 5x^2 + \cos\dfrac{x}{2}$

b) $g(x) := e^{-x}x^3$.

**Lösung:**

a) $f(x) = 3x^4 - 5x^2 + \cos\dfrac{x}{2}$

$$f'(x) = 12x^3 - 10x - \sin\frac{x}{2}\cdot\frac{1}{2}$$

$$f''(x) = 36x^2 - 10 - \cos\frac{x}{2}\cdot\frac{1}{4}$$

$$f'''(x) = 72x + \sin\frac{x}{2}\cdot\frac{1}{8}$$

K. Marti, *Übungsbuch zum Grundkurs Mathematik für Ingenieure,*
*Natur- und Wirtschaftswissenschaftler*, Physica-Lehrbuch,
DOI 10.1007/978-3-7908-2610-4_17, © Springer-Verlag Berlin Heidelberg 2010

$$f^{(4)}(x) = 72 + \frac{1}{16}\cos\frac{x}{2}$$

b) $g(x) = e^{-x}x^3$

$g'(x) = -e^{-x}x^3 + 3x^2 e^{-x} = e^{-x}(3x^2 - x^3)$

$g''(x) = -e^{-x}(3x^2 - x^3) + e^{-x}(6x - 3x^2) = e^{-x}(x^3 - 3x^2 + 6x - 3x^2)$

$= e^{-x}(x^3 - 6x^2 + 6x)$

$g'''(x) = -e^{-x}(x^3 - 6x^2 + 6x) + e^{-x}(3x^2 - 12x + 6) = e^{-x}(-x^3 + 6x^2 - 6x + 3x^2 - 12x + 6)$

$= e^{-x}(-x^3 + 9x^2 - 18x + 6)$

$g^{(4)}(x) = -e^{-x}(-x^3 + 9x^2 - 18x + 6) + e^{-x}(-3x^2 + 18x - 18)$

$= e^{-x}(x^3 - 9x^2 + 18x - 6 - 3x^2 + 18x - 18) = e^{-x}(x^3 - 12x^2 + 36x - 24).$

**Aufgabe 17.2**

Berechnen Sie die $n$-te Ableitung von

a) $f(x) = \sin(ax)$
b) $g(x) = \cosh x.$
c) $h(x) = \sinh(ax)$
d) $i(x) = x^2 \ln x, x > 0$
e) $j(x) = \ln x$

**Lösung:**

a) $f(x) = \sin(ax)$

Bemerkung: $\sin\left(x + \frac{\pi}{2}\right) = \cos x$

Damit gilt:

$f'(x) = a\cos(ax) = a\sin\left(ax + \frac{\pi}{2}\right)$

$f''(x) = a^2 \cos\left(ax + \frac{\pi}{2}\right) = a^2 \sin\left(ax + \frac{\pi}{2} + \frac{\pi}{2}\right)$

$= a^2 \sin\left(ax + 2\frac{\pi}{2}\right)$

$\vdots$

Behauptung: $f^{(n)}(x) = a^n \sin\left(ax + n\frac{\pi}{2}\right)$

Beweis: Induktion nach n

IA: $n = 1$ : siehe oben

IV: $f^{(n)}(x) = a^n \sin\left(ax + n\frac{\pi}{2}\right)$

IS:

$$n \to n+1 \quad : \quad f^{(n+1)}(x) \overset{\mathrm{IV}}{=} \left(a^n \sin\left(ax + \frac{\pi}{2}\cdot n\right)\right)'$$

$$= a^{n+1}\cos\left(ax + n\frac{\pi}{2}\right)$$

$$= a^{n+1}\sin\left(ax + n\frac{\pi}{2} + \frac{\pi}{2}\right)$$

$$= a^{n+1}\sin\left(ax + (n+1)\frac{\pi}{2}\right)$$

b) $g'(x) = (\cosh x)' = \left[\frac{1}{2}(e^x + e^{-x})\right]' = \frac{1}{2}(e^x - e^{-x}) = \sinh x$

$\quad g''(x) = (\cosh x)'' = \left[\frac{1}{2}(e^x - e^{-x})\right]' = \frac{1}{2}(e^x + e^{-x}) = \cosh x$

$$\vdots$$

$\quad \Rightarrow g^{(n)}(x) = (\cosh x)^{(n)} = \begin{cases} \cosh x, & n = 0,2,4,6,\ldots \\ \sinh x, & n = 1,3,5,7,\ldots \end{cases}$

c) $h(x) = \sinh(ax)$

$\quad h'(x) = a\cosh(ax)$

$\quad h''(x) = a^2 \sinh(ax)$

$\quad h'''(x) = a^3 \cosh(ax)$

$$\vdots$$

$\quad \Rightarrow h^{(n)}(x) = \begin{cases} a^n \cosh(ax) & : & n = 1,3,5,7,\ldots \\ a^n \sinh(ax) & : & n = 0,2,4,6,\ldots \end{cases}$

d) $i(x) = x^2 \ln x, x > 0$

$\quad i'(x) = 2x\ln x + x^2 \dfrac{1}{x} = 2x\ln x + x = x(2\ln x + 1)$

$\quad i''(x) = 2\ln x + 1 + x\dfrac{2}{x} = 2\ln x + 3$

$\quad i'''(x) = \dfrac{2}{x}$

$\quad i^{(4)}(x) = (2 \cdot x^{-1})' = 2(-1)x^{-2}$

$\quad i^{(5)}(x) = 2(-1)(-2)x^{-3}$

$$\vdots$$

Behauptung: $i^{(n)}(x) = 2(-1)^{n-1}(n-3)!\,x^{-(n-2)}$   für alle $n \geq 3$

Beweis: Induktion nach n

IA $: n = 3$   siehe oben

IV $: i^{(n)}(x) = 2(-1)^{n-1}(n-3)!\,x^{-(n-2)}$   für alle $n \geq 3$

IS $: n \to n+1 :$

$i^{(n+1)}(x) = (i^{(n)})'(x)$

$\overset{\text{IV}}{=} (2(-1)^{n-1}(n-3)!\,x^{-(n-2)})'$

$= 2(-1)^{n-1}(n-3)!(-(n-2))x^{-(n-2)-1}$

$= 2(-1)^n(n-2)!\,x^{-(n-1)}.$

e) $j(x) = \ln x$

$\quad j'(x) = \dfrac{1}{x}$

$\quad j''(x) = -\dfrac{1}{x^2}$

$\quad j'''(x) = \dfrac{2}{x^3}$

$$\vdots$$

Behauptung: $\dfrac{d^n \ln x}{dx^n} = \dfrac{(-1)^{n-1} \cdot (n-1)!}{x^n}$

Beweis: Induktion nach n:

IA:   $n = 1, 2, 3$: siehe oben

IV:   $\dfrac{d^n \ln x}{dx^n} = \dfrac{(-1)^{n-1} \cdot (n-1)!}{x^n}$

IS:   $n \to n+1$:

$$(\ln x)^{(n+1)} = ((\ln x)^n)'$$
$$\overset{IV}{=} \left( \frac{(-1)^{n-1}(n-1)!}{x^n} \right)'$$
$$= ((-1)^{n-1}(n-1)! x^{-n})'$$
$$= (-1)^{n-1}(n-1)!(-n) \cdot x^{-n-1}$$
$$= (-1)^n n! \cdot x^{-(n+1)} = \frac{(-1)^n n!}{x^{n+1}}$$

**Aufgabe 17.3**

Wie oft sind die folgenden Funktionen differenzierbar?

a) $f(x) = 2x^2 + 5$

b) $g(x) = \sqrt{x}$

c) $h(x) = \dfrac{1}{1-x^2}$

d) $i(x) = \begin{cases} \sin x, x \geq 0 \\ 2x^2 + x, x < 0 \end{cases}$

Gegebenenfalls ist die $n$-te Ableitung allgemein anzugeben!

**Lösung:**

a) $f(x) = 2x^2 + 5$

$f'(x) = 4x$

$f''(x) = 4$

$f^{(n)} = 0$   für alle   $n \geq 3$

$\Rightarrow f(x)$ ist unendlich oft differenzierbar auf $\mathbb{R}$.

b) $g(x) = \sqrt{x} = x^{\frac{1}{2}}$

$g'(x) = \dfrac{1}{2} x^{\frac{1}{2}-1}$

$g''(x) = \dfrac{1}{2} \left( \dfrac{1}{2} - 1 \right) x^{\frac{1}{2}-2}$

$g'''(x) = \dfrac{1}{2} \left( \dfrac{1}{2} - 1 \right) \left( \dfrac{1}{2} - 2 \right) x^{\frac{1}{2}-3}$

$\vdots$

Behauptung: $g^{(n)}(x) = \underbrace{\frac{1}{2}\left(\frac{1}{2}-1\right)\left(\frac{1}{2}-2\right)\cdot\ldots\cdot\left(\frac{1}{2}-(n-1)\right)}_{=\prod\limits_{k=0}^{n-1}\left(\frac{1}{2}-k\right)}x^{\frac{1}{2}-n}$

$$= \prod_{k=0}^{n-1}\left(\frac{1}{2}-k\right)x^{\frac{1}{2}-n}$$

Beweis: vollständige Induktion nach $n$

IA: $n=1$ siehe oben

IV: $g^{(n)}(x) = \underbrace{\prod_{k=0}^{n-1}\left(\frac{1}{2}-k\right)}_{=:\Phi_n}x^{\frac{1}{2}-n}$

IS: $n \to n+1$

$g^{(n+1)}(x) = (g^{(n)}(x))'$

$\overset{\text{IV}}{=} (\Phi_n\, x^{\frac{1}{2}-n})'$

$= \Phi_n\left(\frac{1}{2}-n\right)x^{\frac{1}{2}-n-1} = \Phi_{n+1}x^{\frac{1}{2}-(n+1)}$

$\Rightarrow g(x)$ ist unendlich oft differenzierbar auf dem Intervall $(0,\infty)$.

c) $h(x) = \dfrac{1}{1-x^2}$ , $x \in D_g = \mathbb{R}\backslash\{\pm 1\}$

Partialbruchzerlegung:

$1-x^2 = (1+x)(1-x)$

$\Rightarrow$ Ansatz: $\dfrac{1}{1-x^2} = \dfrac{A}{1-x} + \dfrac{B}{1+x}$

$$\Leftrightarrow \quad 1 = A(1+x)+B(1-x)$$
$$1 = x(A-B)+(A+B)$$

$$\text{Koeff.vgl.:} \quad A-B=0 \Leftrightarrow A=B$$
$$A+B=1$$
$$\Rightarrow 2A=1 \Leftrightarrow A=\frac{1}{2} \Rightarrow B=\frac{1}{2}$$

$$\Rightarrow \frac{1}{1-x^2} = \frac{1}{2}\left(\frac{1}{1-x}+\frac{1}{1+x}\right)$$

$$\left(\frac{1}{1-x}\right)' = ((1-x)^{-1})' = (-1)(1-x)^{-2}(-1) = (1-x)^{-2}$$

$$((1-x)^{-2})' = (-2)(1-x)^{-3}(-1) = 2\cdot(1-x)^{-3}$$

$$\vdots$$

Behauptung: $((1-x)^{-1})^{(n)} = n!(1-x)^{-(n+1)}$

Beweis: vollständige Induktion nach n:

IA: $n=0: 0!(1-x)^{-1} = (1-x)^{-1} = \dfrac{1}{1-x}$

IV: $((1-x)^{-1})^{(n)} = n!(1-x)^{-(n+1)}$

IS: $n \to n+1 : ((1-x)^{-1})^{(n+1)} = (((1-x)^{-1})^{(n)})'$

$\overset{IV}{=} (n!(1-x)^{-(n+1)})' = n!(-(n+1))(1-x)^{-(n+1)-1}(-1)$

$= n!(n+1)(1-x)^{-n-2} = (n+1)!(1-x)^{-(n+2)}$

$$\left(\frac{1}{1+x}\right)' = ((1+x)^{-1})' = (-1)\cdot(1+x)^{-2}$$

$$\left(\frac{1}{1+x}\right)'' = ((-1)(1+x)^{-2})' = (-1)(-2)(1+x)^{-3}$$

$$= (-1)^2\cdot 2\cdot 1\cdot(1+x)^{-3}$$

$$\left(\frac{1}{1+x}\right)''' = ((-1)^2\cdot 2\cdot 1\cdot(1+x)^{-3})' = (-1)^2\cdot(-3)\cdot 2\cdot 1\cdot(1+x)^{-4}$$

$$= (-1)^3\cdot 3\cdot 2\cdot 1\cdot(1+x)^{-4} = (-1)^3\cdot 3!\cdot(1+x)^{-4}$$

$$\vdots$$

Behauptung: $\left(\dfrac{1}{1+x}\right)^{(n)} = (-1)^{(n)}\cdot n!(1+x)^{-(n+1)}$

Bew.: Induktion nach n

IA : $n = 0 \quad (-1)^0\cdot 0!(1+x)^{-(0+1)} = (1+x)^{-1}$

IV : $\left(\dfrac{1}{1+x}\right)^{(n)} = (-1)^{(n)}\cdot n!(1+x)^{-(n+1)}$

IS : $n \to n+1$

$((1+x)^{-1})^{(n+1)} = (((1+x)^{-1})^{(n)})'$

$\overset{IV}{=} ((-1)^n n!(1+x)^{-(n+1)})' = (-1)^n n!(-(n+1))(1+x)^{-(n+1)-1}$

$= (-1)^{n+1} n!(n+1)(1+x)^{-(n+2)}$

$= (-1)^{n+1}(n+1)!(1+x)^{-(n+2)}$

$$\Rightarrow h^{(n)}(x) = \left(\frac{1}{1-x^2}\right)^{(n)} = \left(\frac{1}{2}\left(\frac{1}{1-x}+\frac{1}{1+x}\right)\right)^{(n)}$$

$$= \frac{1}{2}\left(\left(\frac{1}{1-x}\right)^{(n)} + \left(\frac{1}{1+x}\right)^{(n)}\right)$$

$$= \frac{1}{2}\cdot[n!(1-x)^{-(n+1)} + (-1)^n n!(1+x)^{-(n+1)}] = \frac{n!}{2}((1-x)^{-(n+1)} + (-1)^n(1+x)^{-(n+1)})$$

$\Rightarrow h(x)$ ist unendlich oft differenzierbar auf $D_h$.

d) $i(x) = \begin{cases} \sin x & : \quad x \geq 0 \\ 2x^2 + x & : \quad x < 0 \end{cases}$

$i'(x) = \begin{cases} \cos x & : \quad x \geq 0 \\ 4x + 1 & : \quad x < 0 \end{cases} \Rightarrow i'(0_+) = 1 = i'(0_-)$

$$i''(x) = \begin{cases} -\sin x & : & x \geq 0 \\ 4 & : & x < 0 \end{cases} \Rightarrow i''(0_+) = 0 \neq 4 = i''(0_-)$$

$\Rightarrow i(x)$ ist nicht stetig

$\Rightarrow$ die dritte Ableitung existiert nicht

$\Rightarrow i(x)$ ist zweimal differenzierbar auf $\mathbb{R}$.

**Aufgabe 17.4**

Beweisen Sie mittels vollständiger Induktion, dass

i) $(f+g)^{(n)} = f^{(n)} + g^{(n)}$, $n \geq 1$,

ii) $(fg)^{(n)} = \sum_{k=0}^{n} \binom{n}{k} f^{(n-k)} g^{(k)}$, $n \geq 1$

**Lösung:**

i) $(f+g)^{(n)} = f^{(n)} + g^{(n)}$

IA: $n = 1 : (f+g)' = f' + g'$ (Summenregel)

IV: $(f+g)^{(n)} = f^{(n)} + g^{(n)}$

IS: $n \to n+1 : (f+g)^{(n+1)} = ((f+g)^{(n)})'$

$\overset{IV}{=} (f^{(n)} + g^{(n)})' \overset{\text{Summenregel}}{=} (f^{(n)})' + (g^{(n)})' = f^{(n+1)} + g^{(n+1)}$

ii) $(fg)^{(n)} = \sum_{k=0}^{n} \binom{n}{k} f^{(n-k)} g^{(k)}$

IA: $n = 1 : \quad (fg)^{(1)} = 1 \cdot f^{(1)} g^{(0)} + 1 \cdot f^{(0)} g^{(1)} = 1 \cdot f'g + 1 \cdot fg' = f'g + fg'$ Produktregel

IV: $(fg)^{(n)} = \sum_{k=0}^{n} \binom{n}{k} f^{(n-k)} g^{(k)}$

IS:

$$
\begin{aligned}
n \quad &\to \quad n+1 : \\
(fg)^{(n+1)} \quad &= \quad ((fg)^{(n)})' \\
&\overset{IV}{=} \quad \left( \sum_{k=0}^{n} \binom{n}{k} f^{(n-k)} g^{(k)} \right)' \\
&= \quad \sum_{k=0}^{n} \binom{n}{k} \left( f^{(n-k)} g^{(k)} \right)' \\
&\overset{\text{Produktregel}}{=} \quad \sum_{k=0}^{n} \binom{n}{k} (f^{(n-k+1)} g^{(k)} + f^{(n-k)} g^{(k+1)}) \\
&= \quad \sum_{k=0}^{n} \binom{n}{k} f^{(n-k+1)} g^{(k)} + \sum_{k=0}^{n} \binom{n}{k} f^{(n-k)} g^{(k+1)}
\end{aligned}
$$

$$
\text{NR.:} \quad \binom{n+1}{k} = \frac{(n+1)!}{((n+1)-k)!\,k!}
$$

$$
= \frac{n!(n+1)}{(n-k)!\,k!\,(n+1-k)}
$$

$$
= \binom{n}{k}\frac{n+1}{n+1-k}
$$

$$
\Rightarrow \binom{n}{k} = \frac{n+1-k}{n+1}\binom{n+1}{k}
$$

$$
= \left(1-\frac{k}{n+1}\right)\binom{n+1}{k}
$$

$$
\binom{n+1}{k+1} = \frac{(n+1)!}{((n+1)-(k+1))!\,(k+1)!}
$$

$$
= \frac{(n+1)!}{(n-k)!\,(k+1)!}
$$

$$
= \frac{n!(n+1)}{(n-k)!\,k!\,(k+1)}
$$

$$
= \binom{n}{k}\frac{n+1}{k+1}
$$

$$
\Rightarrow \binom{n}{k} = \frac{k+1}{n+1}\binom{n+1}{k+1}
$$

$$
= \sum_{k=0}^{n}\left(1-\frac{k}{n+1}\right)\binom{n+1}{k}f^{(n+1-k)}g^{(k)} + \sum_{k=0}^{n}\frac{k+1}{n+1}\binom{n+1}{k+1}f^{(n-k)}g^{(k+1)}
$$

$$
= \sum_{k=0}^{n}\left(1-\frac{k}{n+1}\right)\binom{n+1}{k}f^{(n+1-k)}g^{(k)} + \sum_{k=0}^{n}\frac{k+1}{n+1}\binom{n+1}{k+1}f^{(n+1-(k+1))}g^{(k+1)}
$$

Setze: $k+1 =: m, k \in \{0,\dots,n\} \Rightarrow m \in \{1,\dots,n+1\}$

$$
= \sum_{k=0}^{n}\left(1-\frac{k}{n+1}\right)\binom{n+1}{k}f^{(n+1-k)}g^{(k)} + \sum_{m=1}^{n+1}\frac{m}{n+1}\binom{n+1}{m}f^{(n+1-m)}g^{(m)}
$$

$$
= \sum_{k=0}^{n+1}\underbrace{\left(1-\frac{k}{n+1}\right)}_{=0\ \text{für}\ k=n+1}\binom{n+1}{k}f^{(n+1-k)}g^{(k)} + \sum_{m=0}^{n+1}\underbrace{\frac{m}{n+1}}_{=0\ \text{für}\ m=0}\binom{n+1}{m}f^{(n+1-m)}g^{(m)}
$$

$$
= \sum_{k=0}^{n+1}\left(1-\frac{k}{n+1}+\frac{k}{n+1}\right)f^{(n+1-k)}g^{(k)}\binom{n+1}{k}
$$

$$
= \sum_{k=0}^{n+1}\binom{n+1}{k}f^{(n+1-k)}g^{(k)}.
$$

**Aufgabe 17.5**

$$
\frac{d^{40}(x^2\sin x)}{dx^{40}} = ?
$$

**Lösung:**

$$\frac{d^{40}x^2\sin x}{dx^{40}} \overset{\text{Aufg. 18.4ii)}}{=} \sum_{k=0}^{40}\binom{40}{k}(\sin x)^{(40-k)}\underbrace{(x^2)^{(k)}}_{=0\text{ für }k\geq 3}$$

$$=\sum_{k=0}^{2}\binom{40}{k}(\sin x)^{(40-k)}(x^2)^{(k)}$$

$$=\binom{40}{0}(\sin x)^{(40)}\cdot x^2+\binom{40}{1}(\sin x)^{(39)}\cdot 2x+\binom{40}{2}(\sin x)^{(38)}\cdot 2$$

$$=x^2\cdot(\sin x)^{(40)}+80x(\sin x)^{(39)}+1560(\sin x)^{(38)}$$

$$\overset{\text{Aufg. 18.2 a)}}{=}x^2\cdot 1^{40}\sin\left(x+40\frac{\pi}{2}\right)+80x\cdot 1^{39}\sin\left(x+39\frac{\pi}{2}\right)+1560\cdot 1^{38}\sin\left(x+38\frac{\pi}{2}\right)$$

$$=x^2\sin(x+20\pi)+80x\sin\left(x+\frac{39}{2}\pi\right)+1560\sin(x+19\pi)$$

$$=x^2\sin x+80x(-\cos x)+1560(-\sin x)$$
$$=x^2\sin x-80x\cos x-1560\sin x.$$


**Aufgabe 17.6**

Bestimmen Sie die $n$-te Ableitung von $f(x)=e^{-x}\cdot x^m \quad m\in\mathbb{N}$

**Lösung:**

$$f(x)=e^{-x}\cdot x^m \quad , \quad m\in\mathbb{N}$$

$$\overset{\text{Aufg. 18.4 ii)}}{=}f^{(n)}(x)-\sum_{k=0}^{n}\binom{n}{k}\left(e^{-k}\right)^{(n-k)}(x^m)^{(k)}$$

$$(x^m)^{(k)}=0 \quad , \quad k>m$$

$$\overset{m\leq n}{\Rightarrow}f^{(n)}(x)=\sum_{k=0}^{m}\binom{n}{k}(e^{-x})^{(n-k)}(x^m)^{(k)}$$

$$(e^{-x})'=-e^{-x},(e^{-x})''=e^{-x},(e^{-x})'''=-e^{-x},\ldots,(e^{-x})^{(n-k)}=(-1)^{n-k}e^{-x}$$

$$\Rightarrow f^{(n)}(x)=\sum_{k=0}^{m}\binom{n}{k}(-1)^{n-k}e^{-x}(x^m)^{(k)}$$

$$(x^m)^{(0)}=x^m$$
$$(x^m)^{(1)}=mx^{m-1}$$
$$(x^m)^{(2)}=m(m-1)x^{m-2}$$
$$(x^m)^{(3)}=m(m-1)(m-2)x^{m-3}$$
$$\vdots$$
$$(x^m)^{(k)}=m(m-1)(m-2)\cdot\ldots\cdot(m-(k-1))x^{m-k}$$
$$=\frac{m!}{(m-k)!}x^{m-k}$$

$$\Rightarrow f^{(n)}(x) = \sum_{k=0}^{m} \binom{n}{k} (-1)^{n-k} e^{-x} \frac{m!}{(m-k)!} x^{m-k}.$$

# Kapitel 18
# Die Regel von Bernoulli - L'Hospital

**Regel** (Theorem 25.1 (L'Hospital'sche Regel I), Kap. 25)

Sind $f, g$ auf $I$ differenzierbar, gilt $\lim\limits_{x \to x_0} f(x) = \lim\limits_{x \to x_0} g(x) = 0$ und existiert $\lim\limits_{x \to x_0} \dfrac{f'(x)}{g'(x)}$,

so ist

$$\lim_{x \to x_0} \frac{f(x)}{g(x)} = \lim_{x \to x_0} \frac{f'(x)}{g'(x)}.$$

Diese Aussage gilt unverändert, wenn man

a) $x_0$ durch $+\infty$

b) $x_0$ durch $-\infty$

ersetzt.

(Theorem 25.2 (L'Hospital'sche Regel II), Kap. 25)

## 18.1 Fall $x \to x_0; x_0$ endlich

**Aufgabe 18.1**

Bestimmen sie die Grenzwerte der unbestimmten Ausdrücke:

a) $\lim\limits_{x \to 1} \dfrac{-\dfrac{1}{4} + x + \dfrac{1}{2}x^2 \left( -\dfrac{3}{2} + \ln x \right)}{(x-1)^3}$

b) $\lim\limits_{x \to 1} \dfrac{1 - \sin\left(\dfrac{\pi}{2}x\right)}{3x^2 - 6x + 3}$

c) $\lim\limits_{x \to 0} \dfrac{e^x + e^{-x} - 2}{x - \ln(1+x)}$

d) $\lim\limits_{x \to 0} \dfrac{x \sin 2x}{\sinh^2 x}$

K. Marti, *Übungsbuch zum Grundkurs Mathematik für Ingenieure,*
*Natur- und Wirtschaftswissenschaftler*, Physica-Lehrbuch,
DOI 10.1007/978-3-7908-2610-4_18, © Springer-Verlag Berlin Heidelberg 2010

e) $\displaystyle \lim_{x \to \frac{\pi}{4}} \frac{\ln(\tan x)}{\cos 2x}$

f) $\displaystyle \lim_{x \to -2} \frac{2x^3 + 3x^2 - 8x - 12}{x^3 - 3x + 2}$

g) $\displaystyle \lim_{x \to 1} \frac{x^5 - x^3 - x^2 + 1}{x^7 - 1}$

h) $\displaystyle \lim_{x \to 0} \frac{e^{3x} - 1}{x}$

i) $\displaystyle \lim_{x \to 3} \frac{\cosh(x - 3) - 1}{(x - 3)^2}$

j) $\displaystyle \lim_{x \downarrow 1} \frac{x - 1}{\operatorname{arcosh} x}$

k) $\displaystyle \lim_{x \to a} \frac{\sqrt{a + x} - \sqrt{2a}}{\sqrt{a + 2x} - \sqrt{3a}}$ für $a > 0$

l) $\displaystyle \lim_{x \to 0} \left( \frac{1}{\sin x} - \frac{1}{x} \right)$

m) $\displaystyle \lim_{x \to 1} \frac{1 - \sin\left(\frac{\pi}{2} x\right)}{3x^2 - 6x + 3}$

Hinweis: Typ $\left[ \dfrac{0}{0} \right]$

**Lösung:**

a) $\displaystyle \lim_{x \to 1} \frac{-\dfrac{1}{4} + x + \dfrac{1}{2}x^2 \left(-\dfrac{3}{2} + \ln x\right)}{(x - 1)^3} \overset{\text{l.H.}}{=} \lim_{x \to 1} \frac{1 + x\left(-\dfrac{3}{2} + \ln x\right) + \dfrac{1}{2} \cdot \dfrac{x^2}{x}}{3(x - 1)^2}$

$\displaystyle \overset{\text{l.H.}}{=} \lim_{x \to 1} \frac{-\dfrac{3}{2} + \ln x + \dfrac{x}{x} + \dfrac{1}{2}}{6(x - 1)}$

$\displaystyle = \lim_{x \to 1} \frac{\ln x}{6(x - 1)}$

$\displaystyle \overset{\text{l.H.}}{=} \lim_{x \to 1} \frac{\dfrac{1}{x}}{6} = \frac{1}{6}$

b) $\displaystyle \lim_{x \to 1} \frac{1 - \sin\dfrac{\pi x}{2}}{3x^2 - 6x + 3} \overset{\text{l.H.}}{=} \lim_{x \to 1} \frac{-\dfrac{\pi}{2}\cos\dfrac{\pi x}{2}}{6x - 6} \overset{\text{l.H.}}{=} \lim_{x \to 1} \frac{\dfrac{\pi^2}{4}\sin\dfrac{\pi x}{2}}{6} = \frac{\pi^2}{24}$

c) $\displaystyle \lim_{x \to 0} \frac{e^x + e^{-x} - 2}{x - \ln(1 + x)} \overset{\text{l.H.}}{=} \lim_{x \to 0} \frac{e^x - e^{-x}}{1 - \dfrac{1}{1 + x}} \overset{\text{l.H.}}{=} \lim_{x \to 0} \frac{e^x + e^{-x}}{\dfrac{1}{(1 + x)^2}} = 2$

d) $\displaystyle \lim_{x \to 0} \frac{x \sin 2x}{\sinh^2 x} \overset{\text{l.H.}}{=} \lim_{x \to 0} \frac{\sin 2x + 2x \cos 2x}{2 \sinh x \cosh x}$

$$= \lim_{x \to 0} \frac{\sin 2x + 2x \cos 2x}{\sinh 2x} \overset{\text{l.H.}}{=} \lim_{x \to 0} \frac{2 \cos 2x + 2 \cos 2x - 4x \sin 2x}{2 \cosh 2x} = 2$$

e) $\displaystyle \lim_{x \to \frac{\pi}{4}} \frac{\ln(\tan x)}{\cos(2x)} \overset{\text{l.H.}}{=} \lim_{x \to \frac{\pi}{4}} \frac{\frac{1}{\tan x} \cdot \frac{1}{\cos^2 x}}{-2 \sin(2x)} = \frac{1 \cdot \frac{1}{1/2}}{-2 \cdot 1} = -1$

f) $\displaystyle \lim_{x \to -2} \frac{2x^3 + 3x^2 - 8x - 12}{x^3 - 3x + 2} \overset{\text{l.H.}}{=} \lim_{x \to -2} \frac{6x^2 + 6x - 8}{3x^2 - 3} = \frac{4}{9}$

g) $\displaystyle \lim_{x \to 1} \frac{x^5 - x^3 - x^2 + 1}{x^7 - 1} \overset{\text{l.H.}}{=} \lim_{x \to 1} \frac{5x^4 - 3x^2 - 2x}{7x^6} = \frac{0}{7} = 0$

h) $\displaystyle \lim_{x \to 0} \frac{e^{3x} - 1}{x} \overset{\text{l.H.}}{=} \lim_{x \to 0} \frac{3e^{3x}}{1} = 3$

i) $\displaystyle \lim_{x \to 3} \frac{\cosh(x-3) - 1}{(x-3)^2} \overset{\text{l.H.}}{=} \lim_{x \to 3} \frac{\sinh(x-3)}{2(x-3)} \overset{\text{l.H.}}{=} \lim_{x \to 3} \frac{\cosh(x-3)}{2} = \frac{1}{2}$

j) $\displaystyle \lim_{x \downarrow 1} \frac{x-1}{\operatorname{arcosh} x} \overset{\text{l.H.}}{=} \lim_{x \downarrow 1} \frac{1}{\frac{1}{\sqrt{x^2 - 1}}} = \lim_{x \downarrow 1} \sqrt{x^2 - 1} = 0$

k) $\displaystyle \lim_{x \to a} \frac{\sqrt{a+x} - \sqrt{2a}}{\sqrt{a+2x} - \sqrt{3a}} \overset{\text{l.H.}}{=} \lim_{x \to a} \frac{\frac{1}{2} \cdot \frac{1}{\sqrt{a+x}}}{\frac{1}{2} \cdot \frac{2}{\sqrt{a+2x}}} = \frac{1}{2} \cdot \frac{\sqrt{3a}}{\sqrt{2a}} = \frac{\sqrt{6}}{4}$

l) $\displaystyle \lim_{x \to 0} \left( \frac{1}{\sin x} - \frac{1}{x} \right) = \lim_{x \to 0} \frac{x - \sin x}{x \sin x} \overset{\text{l.H.}}{=} \lim_{x \to 0} \frac{1 - \cos x}{\sin x + x \cos x} \overset{\text{l.H.}}{=}$

$\displaystyle = \lim_{x \to 0} \frac{\sin x}{\cos x + \cos x - x \sin x} = \frac{0}{2} = 0$

$$\text{m) } \lim_{x \to 1} \frac{1 - \sin\left(\frac{\pi}{2}x\right)}{3x^2 - 6x + 3} \overset{\text{l.H.}}{=} \lim_{x \to 1} \frac{-\cos\left(\frac{\pi}{2}x\right) \cdot \frac{\pi}{2}}{6x - 6} \overset{\text{l.H.}}{=} \lim_{x \to 1} \frac{\sin\left(\frac{\pi}{2}x\right) \cdot \left(\frac{\pi}{2}\right)^2}{6} = \frac{\sin\frac{\pi}{2} \cdot \left(\frac{\pi}{2}\right)^2}{6}$$

$$= \frac{1}{6}\left(\frac{\pi}{2}\right)^2.$$

**Aufgabe 18.2**

Man bestimme den Grenzwert

a)

$$\lim_{x \to 0} \frac{\ln\left(\tan\left(9x\right)\right)}{\ln\left(\tan\left(4x\right)\right)}$$

b)

$$\lim_{x \to \frac{\pi}{4}} \frac{\tan\left(2x\right)}{\tan\left(\frac{\pi}{4} + x\right)}.$$

Hinweis: Typ $\left[\dfrac{\infty}{\infty}\right]$

**Lösung:**

$$\text{a) } \lim_{x \to 0} \frac{\ln\left(\tan\left(9x\right)\right)}{\ln\left(\tan\left(4x\right)\right)} \overset{\text{l.H.}}{=} \lim_{x \to 0} \frac{\tan\left(4x\right)}{\tan\left(9x\right)} \cdot \underbrace{\frac{\cos^2\left(4x\right)}{\cos^2\left(9x\right)}}_{\to 1} \cdot \frac{9}{4} = \frac{9}{4} \lim_{x \to 0} \frac{\tan\left(4x\right)}{\tan\left(9x\right)} \overset{\text{l.H.}}{=} \frac{9}{4} \lim_{x \to 0} \frac{\cos^2\left(9x\right)}{\cos^2\left(4x\right)} \cdot$$

$$\frac{4}{9}$$

$$= \frac{9}{4} \cdot \frac{4}{9} = 1$$

$$\text{b) } \lim_{x \to \frac{\pi}{4}} \frac{\tan(2x)}{\tan\left(\frac{\pi}{4} + x\right)} \overset{\text{l.H.}}{=} \lim_{x \to \frac{\pi}{4}} \frac{\dfrac{2}{\cos^2(2x)}}{\dfrac{1}{\cos^2\left(\frac{\pi}{4} + x\right)}}$$

$$= \lim_{x \to \frac{\pi}{4}} \frac{2\cos^2\left(\frac{\pi}{4} + x\right)}{\cos^2(2x)} \overset{\text{l.H.}}{=} \lim_{x \to \frac{\pi}{4}} \frac{-2 \cdot 2\cos\left(\frac{\pi}{4} + x\right)\sin\left(\frac{\pi}{4} + x\right)}{-2\cos(2x)\sin(2x) \cdot 2}$$

$$= \lim_{x \to \frac{\pi}{4}} \frac{\sin\left(\frac{\pi}{2} + 2x\right)}{\sin(4x)} \overset{\text{l.H.}}{=} \lim_{x \to \frac{\pi}{4}} \frac{2\cos\left(\frac{\pi}{2} + 2x\right)}{4\cos(4x)} = \frac{-1}{-1} \cdot \frac{2}{4} = \frac{1}{2}$$

**Aufgabe 18.3**

Man bestimme die folgenden Grenzwerte:

a) $\displaystyle\lim_{x\downarrow \frac{k\pi}{2}} \left(x - k\frac{\pi}{2}\right)\tan x$      für ein festes $k = 2n+1, n \in \mathbb{Z}$

b) $\displaystyle\lim_{x\downarrow 0} x^2 (\ln x)^3$

c) $\displaystyle\lim_{x\to 1} \frac{x^2-1}{x^2}\tan\left(\frac{x\pi}{2}\right)$

d) $\displaystyle\lim_{x\to \frac{\pi}{6}} \tan(3x)\cos\left(\frac{\pi}{3}+x\right)$

e) $\displaystyle\lim_{x\downarrow 0} 2x^3 \ln(x)$

Hinweis: Typ $[0 \cdot \infty]$

**Lösung:**

a) $\displaystyle\lim_{x\downarrow \frac{k\pi}{2}} \left(x - k\frac{\pi}{2}\right)\tan x$      $k = 2n+1$    $n \in \mathbb{Z}$

$$= \lim_{x\downarrow \frac{k\pi}{2}} \frac{\tan x}{\dfrac{1}{x - k\frac{\pi}{2}}} \overset{\text{l.H.}}{=} \lim_{x\downarrow \frac{k\pi}{2}} \frac{\dfrac{1}{\cos^2 x}}{-\dfrac{1}{\left(x - k\frac{\pi}{2}\right)^2}} = \lim_{x\downarrow \frac{k\pi}{2}} \frac{\left(x - k\frac{\pi}{2}\right)^2}{\cos^2 x} \overset{\text{l.H.}}{=} \lim_{x\downarrow \frac{k\pi}{2}} \frac{2\left(x - k\frac{\pi}{2}\right)}{-\sin(2x)}$$

$$\overset{\text{l.H.}}{=} -\lim_{x\downarrow \frac{k\pi}{2}} \frac{2}{2\cos(2x)} = 1$$

b) $\displaystyle\lim_{x\downarrow 0} x^2(\ln x)^3 = \lim_{x\downarrow 0} \frac{(\ln x)^3}{\dfrac{1}{x^2}} \overset{\text{l.H.}}{=} \lim_{x\downarrow 0} \frac{3(\ln x)^2 \dfrac{1}{x}}{-\dfrac{2}{x^3}}$

$$= \lim_{x\downarrow 0} \frac{3(\ln x)^2}{-\dfrac{2}{x^2}} \overset{\text{l.H.}}{=} \lim_{x\downarrow 0} \frac{6\ln x \cdot \dfrac{1}{x}}{\dfrac{4}{x^3}}$$

$$= \lim_{x\downarrow 0} \frac{6\ln x}{\dfrac{4}{x^2}} \overset{\text{l.H.}}{=} \lim_{x\downarrow 0} \frac{\dfrac{6}{x}}{-\dfrac{8}{x^3}}$$

$$= \lim_{x\downarrow 0} \frac{-6x^2}{8} = 0$$

c) $\displaystyle\lim_{x\to 1} \frac{x^2-1}{x^2}\tan\left(\frac{x\pi}{2}\right) = \lim_{x\to 1} \frac{x^2-1}{x^2 \cot\left(\frac{x\pi}{2}\right)} = \underbrace{\lim_{x\to 1} \frac{1}{x^2}}_{=1} \cdot \lim_{x\to 1} \frac{x^2-1}{\cot\left(\frac{x\pi}{2}\right)}$

$$\overset{\text{l.H.}}{=} \lim_{x\to 1} \frac{2x}{-\dfrac{1}{\sin^2\left(\frac{x\pi}{2}\right)}\cdot\dfrac{\pi}{2}} = -\frac{4}{\pi}$$

d) $\displaystyle\lim_{x\to\frac{\pi}{6}}\tan(3x)\cos\left(\frac{\pi}{3}+x\right)=\lim_{x\to\frac{\pi}{6}}\frac{\sin(3x)\cos\left(\frac{\pi}{3}+x\right)}{\cos(3x)}=\underbrace{\lim_{x\to\frac{\pi}{6}}\sin(3x)}_{=1}$

$\displaystyle\cdot\lim_{x\to\frac{\pi}{6}}\frac{\cos\left(\frac{\pi}{3}+x\right)}{\cos(3x)}\overset{\text{l.H.}}{=}\lim_{x\to\frac{\pi}{6}}\frac{-\sin\left(\frac{\pi}{3}+x\right)}{-\sin(3x)\cdot 3}=\frac{-1}{-3}=\frac{1}{3}$

e) $\displaystyle\lim_{x\downarrow 0}2x^3\ln x=2\lim_{x\downarrow 0}\frac{\ln x}{\dfrac{1}{x^3}}\overset{\text{l.H.}}{=}2\lim_{x\downarrow 0}\frac{\dfrac{1}{x}}{-3\cdot\dfrac{1}{x^4}}=-\frac{2}{3}\lim_{x\downarrow 0}x^3=0.$

**Aufgabe 18.4**

Berechnen Sie

a) $\displaystyle\lim_{x\to 1}\left(\frac{1}{x}\right)^{\frac{1}{x-1}}.$

b) $\displaystyle\lim_{x\to 0}\left(1+\arctan x\right)^{\frac{1}{x}}$

c) $\displaystyle\lim_{x\to 0^+}(\cos x)^{\frac{1}{x^2}}$

d) $\displaystyle\lim_{x\to 0}\left(\frac{\cos x}{\cosh x}\right)^{\frac{1}{x^2}}$

e) $\displaystyle\lim_{x\to 0}\left(\frac{1}{\cos^3 2x}\right)^{\cot^2 3x}$

f) $\displaystyle\lim_{x\to 1}x^{\frac{1}{1-x}}.$

Hinweis: Typ $[1^\infty]$

**Lösung:**

a) $\displaystyle\lim_{x\to 1}\left(\frac{1}{x}\right)^{\frac{1}{x-1}}=\lim_{x\to 1}\exp\left(\frac{1}{x-1}\left(\ln\frac{1}{x}\right)\right)=\lim_{x\to 1}\exp\left(\frac{\ln\frac{1}{x}}{x-1}\right)$

$\displaystyle=\exp\left(\lim_{x\to 1}\left(\frac{\ln\frac{1}{x}}{x-1}\right)\right)\overset{\text{l.H.}}{=}\exp\left(\lim_{x\to 1}\left(\frac{\frac{-1}{x}}{1}\right)\right)=\exp(-1)=\frac{1}{e}$

b) $\lim\limits_{x\to 0}\left(1+\arctan x\right)^{\frac{1}{x}} = \lim\limits_{x\to 0}\exp\left(\frac{1}{x}\ln(1+\arctan x)\right) = \exp\left(\lim\limits_{x\to 0}\frac{1}{x}\ln(1+\arctan x)\right)$

$= \lim\limits_{x\to 0}\frac{\ln(1+\arctan x)}{x} \overset{\text{l.H.}}{=} \lim\limits_{x\to 0}\frac{1}{1+\arctan x}\cdot\frac{1}{1+x^2} = 1\cdot 1 = 1$

$\Rightarrow \lim\limits_{x\to 0}\left(1+\arctan x\right)^{\frac{1}{x}} = e^1 = e$

c) $\lim\limits_{x\downarrow 0}(\cos x)^{\frac{1}{x^2}} = \lim\limits_{x\downarrow 0}\exp\left(\frac{1}{x^2}\ln(\cos x)\right) = \exp\left(\lim\limits_{x\downarrow 0}\left(\frac{\ln(\cos x)}{x^2}\right)\right)$

$\overset{\text{l.H.}}{=} \exp\left(\lim\limits_{x\downarrow 0}\left(\frac{-\sin x}{2x\cos x}\right)\right) \overset{\text{l.H.}}{=} \exp\left(\lim\limits_{x\downarrow 0}\left(\frac{-\cos x}{2\cos x - 2x\sin x}\right)\right) = \exp\left(-\frac{1}{2}\right) =$

$\dfrac{1}{\sqrt{e}}$

d) $\lim\limits_{x\to 0}\left(\frac{\cos x}{\cosh x}\right)^{\frac{1}{x^2}} = \lim\limits_{x\to 0}\exp\left(\ln\left(\frac{\cos x}{\cosh x}\right)^{\frac{1}{x^2}}\right) = \lim\limits_{x\to 0}\exp\left(\frac{1}{x^2}\ln\left(\frac{\cos x}{\cosh x}\right)\right)$

$= \exp\left(\lim\limits_{x\to 0}\frac{1}{x^2}\left(\ln(\cos x) - \ln(\cosh x)\right)\right) = \exp\left(\lim\limits_{x\to 0}\frac{\ln(\cos x) - \ln(\cosh x)}{x^2}\right)$

$\overset{\text{l.H.}}{=} \exp\left(\lim\limits_{x\to 0}\frac{-\tan x - \tanh x}{2x}\right) \overset{\text{l.H.}}{=} \exp\left(\lim\limits_{x\to 0}\frac{-\dfrac{1}{\cos^2 x} - \dfrac{1}{\cosh^2 x}}{2}\right) = \exp(-1) =$

$\dfrac{1}{e}$

e) $\lim\limits_{x\to 0}\left(\frac{1}{\cos^3(2x)}\right)^{\cot^2(3x)}$

$= \lim\limits_{x\to 0}\exp\left(\ln\left(\frac{1}{\cos^3(2x)}\right)^{\cot^2(3x)}\right)$

$= \exp\left(\lim\limits_{x\to 0}\left(\cot^2(3x)\cdot\ln\frac{1}{\cos^3(2x)}\right)\right)$

$= \exp\left(\lim\limits_{x\to 0}\left(\frac{-3\ln\cos(2x)}{\tan^2(3x)}\right)\right)$

$\overset{\text{l.H.}}{=} \exp\left(\lim\limits_{x\to 0}\left(\frac{-\dfrac{3}{\cos(2x)}\cdot(-2\sin(2x))}{2\tan 3x\cdot\dfrac{1}{\cos^2(3x)}\cdot 3}\right)\right)$

$$= \exp \left( \lim_{x \to 0} \left( \frac{6 \tan(2x)}{6 \tan(3x)} \right) \cdot \underbrace{\lim_{x \to 0} \left( \cos^2(3x) \right)}_{=1} \right)$$

$$\overset{\text{l.H.}}{=} \exp \left( \lim_{x \to 0} \frac{\dfrac{2}{\cos^2(2x)}}{\dfrac{3}{\cos^2(3x)}} \right)$$

$$= \exp \left( \frac{2}{3} \right) = \sqrt[3]{e^2}$$

f) $\displaystyle \lim_{x \to 1} x^{\frac{1}{1-x}} = \lim_{x \to 1} \exp \left( \ln x^{\frac{1}{1-x}} \right) = \exp \left( \lim_{x \to 1} \frac{\ln x}{1-x} \right) \overset{\text{l.H.}}{=} \exp \left( \lim_{x \to 1} \frac{\dfrac{1}{x}}{-1} \right)$

$$= \exp(-1) = \frac{1}{e}.$$

**Aufgabe 18.5**

Bestimmen Sie die Grenzwerte der unbestimmten Ausdrücke:

a) $\displaystyle \lim_{x \downarrow 0} \left( \ln \frac{1}{x} \right)^x$

b) $\displaystyle \lim_{x \downarrow 0} \left( \frac{1}{x} \right)^{\sin x}$

c) $\displaystyle \lim_{x \downarrow 0} \left( \frac{1}{\tan x} \right)^{\frac{1}{\ln x}}$

Hinweis: Typ $\left[ \infty^0 \right]$

**Lösung:**

a) $\displaystyle \lim_{x \downarrow 0} \left( \ln \frac{1}{x} \right)^x = \lim_{x \downarrow 0} \exp \left( \ln \left( \ln \frac{1}{x} \right)^x \right) = \exp \left( \lim_{x \downarrow 0} x \ln \left( \ln \frac{1}{x} \right) \right)$

$$= \exp \left( \lim_{x \downarrow 0} \frac{\ln \left( \ln \frac{1}{x} \right)}{\dfrac{1}{x}} \right)$$

$$= \exp\left(\lim_{x\downarrow 0} \frac{\ln(-\ln x)}{\frac{1}{x}}\right) \overset{\text{l.H.}}{=} \exp\left(\lim_{x\downarrow 0} \frac{\frac{1}{-\ln x}\cdot\left(-\frac{1}{x}\right)}{-\frac{1}{x^2}}\right) = \exp\left(\lim_{x\downarrow 0} \frac{-x}{\ln x}\right)$$

$$= \exp(0) = e^0 = 1$$

b) $\displaystyle \lim_{x\downarrow 0}\left(\frac{1}{x}\right)^{\sin x} = \lim_{x\downarrow 0}\exp\left(\ln\left(\frac{1}{x}\right)^{\sin x}\right) = \exp\left(\lim_{x\downarrow 0}\sin x \ln\frac{1}{x}\right)$

$$= \exp\left(\lim_{x\downarrow 0}(-\sin x \ln x)\right)$$

$$= \exp\left(\lim_{x\downarrow 0} \frac{-\ln x}{\frac{1}{\sin x}}\right) \overset{\text{l.H.}}{=} \exp\left(\lim_{x\downarrow 0} -\frac{-\frac{1}{x}}{\frac{\cos x}{\sin^2 x}}\right) = \exp\left(\lim_{x\downarrow 0} \frac{\sin^2 x}{x\cos x}\right)$$

$$\overset{\text{l.H.}}{=} \exp\left(\lim_{x\downarrow 0} \frac{2\sin x\cos x}{\cos x - x\sin x}\right) = \exp(0) = e^0 = 1$$

c) $\displaystyle \lim_{x\downarrow 0}\left(\frac{1}{\tan x}\right)^{\frac{1}{\ln x}} = \lim_{x\downarrow 0}\exp\left(\ln\left(\frac{1}{\tan x}\right)^{\frac{1}{\ln x}}\right) = \exp\left(\lim_{x\downarrow 0} \frac{\ln\left(\frac{1}{\tan x}\right)}{\ln x}\right)$

$$= \exp\left(\lim_{x\downarrow 0} \frac{-\ln(\tan x)}{\ln x}\right) = \exp\left(-\lim_{x\downarrow 0} \frac{\ln(\tan x)}{\ln x}\right)$$

$$\overset{\text{l.H.}}{=} \exp\left(-\lim_{x\downarrow 0} \frac{\frac{\cos x}{\sin x}\cdot\frac{1}{\cos^2 x}}{\frac{1}{x}}\right) = \exp\left(-\lim_{x\downarrow 0} \frac{x}{\sin x\cos x}\right)$$

$$\overset{\text{l.H.}}{=} \exp\left(-\lim_{x\downarrow 0} \frac{1}{\cos^2 x - \sin^2 x}\right)$$

$$= \exp(-1) = e^{-1} = \frac{1}{e}.$$

**Aufgabe 18.6**

Bestimmen Sie die Grenzwerte:

a) $\displaystyle \lim_{x\to 0}(\arcsin x)^{\tan x}$

b) $\displaystyle \lim_{x\downarrow 0}(\sin x)^{\sin x}$.

c) $\displaystyle \lim_{x\downarrow 0}(\tan x)^{\frac{1}{\ln x}}$.

Hinweis: Typ $\left[0^0\right]$

**Lösung:**

a)

$$\lim_{x \to 0}(\arcsin x)^{\tan x}$$

$$= \lim_{x \to 0}\exp\left(\tan x \ln(\arcsin x)\right) = \exp \underbrace{\lim_{x \to 0}\left(\tan x \ln(\arcsin x)\right)}_{(1)}$$

Betrachtung von (1):

$$\lim_{x \to 0}(\underbrace{\tan x}_{\to 0}\underbrace{\ln(\arcsin x)}_{\to -\infty}) = \lim_{x \to 0}\underbrace{\dfrac{\overbrace{\ln(\arcsin x)}^{\to -\infty}}{\left(\dfrac{1}{\tan x}\right)}}_{\to \infty}$$

$$\overset{\text{l.H.}}{=} \lim_{x \to 0}\frac{\dfrac{1}{\sqrt{1-x^2}\arcsin x}}{\dfrac{-1}{\sin^2 x}} = \lim_{x \to 0}\frac{\sin^2 x}{\sqrt{1-x^2}\arcsin x}$$

$$\overset{\text{l.H.}}{=} \lim_{x \to 0}\frac{-2\sin x \cos x}{1 - \dfrac{x\arcsin x}{\sqrt{1-x^2}}} = \frac{0}{1} = 0$$

Eingesetzt:

$$\lim_{x \to 0}(\arcsin x)^{\tan x} = \exp\lim_{x \to 0}\left(\tan x \ln(\arcsin x)\right) = \exp(0) = e^0 = 1$$

b) $\lim\limits_{x\downarrow 0}(\sin x)^{\sin x} = \lim\limits_{x\downarrow 0}\exp\ln\left((\sin x)^{\sin x}\right) = \exp\lim\limits_{x\downarrow 0}(\sin x \ln(\sin x))$

$$= \exp\lim_{x\downarrow 0}\frac{\ln(\sin x)}{\dfrac{1}{\sin x}} \overset{\text{l.H.}}{=} \exp\lim_{x\downarrow 0}\frac{\dfrac{1}{\sin x}\cos x}{-\dfrac{\cos x}{\sin^2 x}} = \exp\lim_{x\downarrow 0}(-\sin x) = \exp(0) = e^0 = 1$$

c) $\lim\limits_{x\downarrow 0}(\tan x)^{\frac{1}{\ln x}} = \lim\limits_{x\downarrow 0}\exp\left(\ln(\tan x)^{\frac{1}{\ln x}}\right) = \exp\left(\lim\limits_{x\downarrow 0}\frac{\ln(\tan x)}{\ln x}\right)$

$$\overset{\text{l.H.}}{=} \exp\left(\lim_{x\downarrow 0}\frac{\dfrac{\cos x}{\sin x}\cdot\dfrac{1}{\cos^2 x}}{\dfrac{1}{x}}\right) = \exp\left(\lim_{x\downarrow 0}\frac{x}{\sin x \cos x}\right)$$

$$\overset{\text{l.H.}}{=} \exp\left(\lim_{x\downarrow 0}\frac{1}{\cos^2 x - \sin^2 x}\right) = \exp(1) = e.$$

**Aufgabe 18.7**

Berechnen Sie folgende Grenzwerte:

a) $\displaystyle\lim_{x\to 1}\left(\frac{1}{x-1}-\frac{1}{\ln x}\right)$.

b) $\displaystyle\lim_{x\to 0}\left(\frac{1}{e^x-1}-\frac{1}{x}\right)$

c) $\displaystyle\lim_{x\to 0}\left(\frac{1}{x}-\frac{1}{\ln(x+1)}\right)$

d) $\displaystyle\lim_{x\to 0}\left(\frac{1}{x(x+1)}-\frac{\ln(1+x)}{x^2}\right)$

e) $\displaystyle\lim_{x\to 0}\left(\frac{4}{x^2}-\frac{2}{1-\cos x}\right)$ Hinweis: $\cos x = 1 - 2\sin^2\frac{x}{2}$

$\quad$ Hinweis: Typ $[\infty - \infty]$

**Lösung:**

a) $\displaystyle\lim_{x\to 1}\left(\frac{1}{x-1}-\frac{1}{\ln x}\right) = \lim_{x\to 1}\frac{\ln x-(x-1)}{(x-1)\ln x}$

$\displaystyle\overset{\text{l.H.}}{=}\lim_{x\to 1}\frac{\frac{1}{x}-1}{\ln x+\frac{x-1}{x}} = \lim_{x\to 1}\frac{1-x}{x\ln x+x-1}\overset{\text{l.H.}}{=}\lim_{x\to 1}\frac{-1}{\ln x+x\frac{1}{x}+1} = -\frac{1}{2}$

b) $\displaystyle\lim_{x\to 0}\left(\frac{1}{e^x-1}-\frac{1}{x}\right) = \lim_{x\to 0}\frac{x-(e^x-1)}{(e^x-1)\cdot x} = \lim_{x\to 0}\frac{x-e^x+1}{xe^x-x}\overset{\text{l.H.}}{=}\lim_{x\to 0}\frac{1-e^x}{e^x+xe^x-1}$

$\displaystyle\overset{\text{l.H.}}{=}\lim_{x\to 0}\frac{-e^x}{e^x+e^x+xe^x} = \lim_{x\to 0}\frac{-e^x}{e^x(2+x)} = \lim_{x\to 0}\frac{-1}{2+x} = -\frac{1}{2}$

c) $\displaystyle\lim_{x\to 0}\left(\frac{1}{x}-\frac{1}{\ln(x+1)}\right) = \lim_{x\to 0}\frac{\ln(x+1)-x}{x\ln(x+1)}$

$\displaystyle\overset{\text{l.H.}}{=}\lim_{x\to 0}\frac{\frac{1}{x+1}-1}{\ln(x+1)+x\frac{1}{x+1}} = \lim_{x\to 0}\frac{-x}{x+(x+1)\ln(x+1)}\overset{\text{l.H.}}{=}\lim_{x\to 0}\frac{-1}{2+\ln(x+1)} =$

$-\dfrac{1}{2}$

d) $\displaystyle\lim_{x\to 0}\left(\frac{1}{x(x+1)}-\frac{\ln(1+x)}{x^2}\right) = \lim_{x\to 0}\frac{x-(1+x)\ln(1+x)}{x^2(1+x)}$

$\displaystyle\overset{\text{l.H.}}{=}\lim_{x\to 0}\frac{1-\ln(1+x)-\frac{1+x}{1+x}}{2x(1+x)+x^2}$

$$= \lim_{x \to 0} \frac{-\ln(1+x)}{3x^2 + 2x}$$

$$\overset{\text{l.H.}}{=} \lim_{x \to 0} \frac{-1}{(1+x)(6x+2)} = -\frac{1}{2}$$

e) $\displaystyle \lim_{x \to 0} \left( \frac{4}{x^2} - \frac{2}{1 - \cos x} \right)$

$$\overset{\cos x = 1 - 2\sin^2 \frac{x}{2}}{=} \lim_{x \to 0} \left( \frac{4}{x^2} - \frac{2}{2\sin^2 \frac{x}{2}} \right)$$

$$= \lim_{x \to 0} \left( \frac{4\sin^2 \frac{x}{2} - x^2}{x^2 \sin^2 \frac{x}{2}} \right) \overset{\text{l.H.}}{=} \lim_{x \to 0} \left( \frac{4 \cdot 2\sin \frac{x}{2} \cos \frac{x}{2} \cdot \frac{1}{2} - 2x}{2x \sin^2 \frac{x}{2} + x^2 \cdot 2\sin \frac{x}{2} \cos \frac{x}{2} \cdot \frac{1}{2}} \right)$$

$$= \lim_{x \to 0} \left( \frac{2\sin x - 2x}{2x \sin^2 \frac{x}{2} + \frac{1}{2} x^2 \sin x} \right) \overset{\text{l.H.}}{=} \lim_{x \to 0} \left( \frac{2(\cos x - 1)}{2\sin^2 \frac{x}{2} + x\sin x + \frac{2x}{2}\sin x + \frac{x^2}{2}\cos x} \right)$$

$$\overset{\text{l.H.}}{=} \lim_{x \to 0} \left( \frac{-2\sin x}{\sin x + 2\sin x + 2x\cos x + \frac{2x}{2}\cos x - \frac{x^2}{2}\sin x} \right)$$

$$= \lim_{x \to 0} \left( \frac{-2\sin x}{3\sin x + 3x\cos x - \frac{x^2}{2}\sin x} \right)$$

$$\overset{\text{l.H.}}{=} \lim_{x \to 0} \left( \frac{-2\cos x}{3\cos x + 3\cos x - 3x\sin x - \frac{2x}{2}\sin x - \frac{x^2}{2}\cos x} \right) = -\frac{2}{3+3} = -\frac{1}{3}.$$

**Aufgabe 18.8**

Berechnen Sie $\displaystyle \lim_{x \to 0} \frac{1 - x\cot x}{x^2}$.

**Lösung:**

Bestimmung des Verhaltens von $x\cot x$ für $x \to 0$

$$\lim_{x \to 0} x \cot x \overset{\text{Typ } [0 \cdot \infty]}{=} \lim_{x \to 0} \frac{\cot x}{\dfrac{1}{x}}$$

$$\overset{\text{l.H.}}{=} \lim_{x \to 0} \frac{-\dfrac{1}{\sin^2 x}}{-\dfrac{1}{x^2}} = \lim_{x \to 0} \frac{x^2}{\sin^2 x}$$

$$\overset{\text{l.H.}}{=} \lim_{x \to 0} \frac{2x}{2 \sin x \cos x}$$

$$\overset{\text{l.H.}}{=} \lim_{x \to 0} \frac{2}{2 \cos^2 x - 2 \sin^2 x}$$

$$= \lim_{x \to 0} \frac{2}{4 \cos^2 x - 2} = \frac{2}{2} = 1$$

Damit ergibt ich für das Verhalten des gesamten Terms:

$$\lim_{x \to 0} \frac{1 - x \cot x}{x^2} \overset{\text{l.H.}}{=} \lim_{x \to 0} \frac{-\cot x + x \dfrac{1}{\sin^2 x}}{2x}$$

$$= \lim_{x \to 0} \frac{-\dfrac{\cos x}{\sin x} + \dfrac{x}{\sin^2 x}}{2x} = \lim_{x \to 0} \frac{-\sin x \cos x + x}{2x \sin^2 x}$$

$$\overset{\text{l.H.}}{=} \lim_{x \to 0} \frac{-\cos^2 x + \sin^2 x + 1}{2 \sin^2 x + 2x \cdot 2 \sin x \cos x} = \lim_{x \to 0} \frac{2 \sin^2 x}{2 \sin^2 x + 2x \sin(2x)}$$

$$= \lim_{x \to 0} \frac{\sin^2 x}{\sin^2 x + x \sin(2x)} \overset{\text{l.H.}}{=} \lim_{x \to 0} \frac{2 \sin x \cos x}{2 \sin x \cos x + \sin(2x) + 2x \cos(2x)}$$

$$= \lim_{x \to 0} \frac{\sin(2x)}{2 \sin(2x) + 2x \cos(2x)} \overset{\text{l.H.}}{=} \lim_{x \to 0} \frac{2 \cos(2x)}{4 \cos(2x) + 2 \cos(2x) - 4x \sin(2x)} = \frac{2}{6} = \frac{1}{3}.$$

## 18.2 Fall $x \to \pm\infty$

**Aufgabe 18.9**

Man bestimme die folgenden Grenzwerte:

a) $\displaystyle \lim_{x \to \infty} \frac{x}{\ln \sqrt{x}}$

b) $\displaystyle \lim_{x \to \infty} \frac{\text{arcosh} x}{x}$

c) $\displaystyle \lim_{x \to \infty} \frac{x^2}{e^{\sqrt{x}}}$

d) $\displaystyle\lim_{x\to\infty} \frac{\ln x}{\sqrt{x}}$

e) $\displaystyle\lim_{x\to\infty} \frac{x^n}{e^x}$ für $n > 0$

Hinweis: Typ $\left[\dfrac{\infty}{\infty}\right]$

**Lösung:**

a) $\displaystyle\lim_{x\to\infty} \frac{x}{\ln\sqrt{x}} = \lim_{x\to\infty} \frac{x}{\frac{1}{2}\ln x} \overset{\text{l.H.}}{=} \lim_{x\to\infty} \frac{1}{\frac{1}{2x}} = \lim_{x\to\infty} 2x = \infty$

b) $\displaystyle\lim_{x\to\infty} \frac{\operatorname{arcosh}x}{x} \overset{\text{l.H.}}{=} \lim_{x\to\infty} \frac{\frac{1}{\sqrt{x^2-1}}}{1} = 0$

c) $\displaystyle\lim_{x\to\infty} \frac{x^2}{e^{\sqrt{x}}} \overset{\sqrt{x}=y}{=} \lim_{y\to\infty} \frac{y^4}{e^y} \overset{\text{l.H.}}{=} \lim_{y\to\infty} \frac{4y^3}{e^y} \overset{\text{l.H.}}{=} \ldots \overset{\text{l.H.}}{=} \lim_{y\to\infty} \frac{4\cdot 3\cdot 2\cdot 1}{e^y} = 0$

d) $\displaystyle\lim_{x\to\infty} \frac{\ln x}{\sqrt{x}} \overset{\text{l.H.}}{=} \lim_{x\to\infty} \frac{\frac{1}{x}}{\frac{1}{2\sqrt{x}}} = \lim_{x\to\infty} \frac{2}{\sqrt{x}} = 0$

e) $\displaystyle\lim_{x\to\infty} \frac{x^n}{e^x} \overset{\text{l.H.}}{=} \lim_{x\to\infty} \frac{nx^{n-1}}{e^x} \overset{\text{l.H.}}{=} \lim_{x\to\infty} \frac{n(n-1)x^{n-2}}{e^x} \overset{\text{l.H.}}{=} \ldots \overset{\text{l.H.}}{=}$

$\displaystyle = \lim_{x\to\infty} \frac{n!}{e^x} = 0.$

**Aufgabe 18.10**

Bestimmen Sie folgende Grenzwerte:

a) $\displaystyle\lim_{x\to\infty} \left(1 + \frac{a}{x}\right)^x$

b) $\displaystyle\lim_{x\to\infty} \left(1 + \frac{a}{x}\right)^{a+x}$        mit einem festen $a > 0$

Hinweis: Typ $[1^\infty]$

**Lösung:**

a) $\displaystyle\lim_{x\to\infty} \left(1 + \frac{a}{x}\right)^x =: A, \; B = \ln A = \lim_{x\to\infty} x\ln\left(1 + \frac{a}{x}\right)$

$\displaystyle = \lim_{x\to\infty} \frac{\ln\left(1 + \frac{1}{x}\cdot a\right)}{\frac{1}{x}} \overset{y:=\frac{1}{x}}{=} \lim_{y\to 0} \frac{\ln(1+ay)}{y} \overset{\text{l.H.}}{=} \lim_{y\to 0} \frac{\frac{a}{1+ay}}{1} = a$

$$A = e^B = e^a$$

b) $\displaystyle\lim_{x\to\infty} \left(1+\frac{a}{x}\right)^{a+x} = \lim_{x\to\infty} \exp\left(\ln\left(\left(1+\frac{a}{x}\right)^{a+x}\right)\right)$

$\displaystyle = \exp\left(\lim_{x\to\infty}(a+x)\ln\left(1+\frac{a}{x}\right)\right) = \exp\left(\lim_{x\to\infty} \frac{\ln\left(1+\frac{a}{x}\right)}{\frac{1}{(a+x)}}\right)$

$\displaystyle \overset{\text{l.H.}}{=} \exp\left(\lim_{x\to\infty} \frac{\frac{1}{1+\frac{a}{x}}\cdot\left(-\frac{a}{x^2}\right)}{-\frac{1}{(a+x)^2}}\right) = \exp\left(\lim_{x\to\infty} \frac{(a+x)\cdot a}{x}\right) \overset{\text{l.H.}}{=} \exp\left(\frac{a}{1}\right) = e^a.$

## Aufgabe 18.11

Bestimmen Sie Grenzwerte der unbestimmten Ausdrücke:

a) $\displaystyle\lim_{x\to+\infty} (\ln x)^{\frac{1}{x}}$

b) $\displaystyle\lim_{x\to\infty} x^{\frac{1}{x}}$

Hinweis: Typ $\left[\infty^0\right]$

**Lösung:**

a)

$$\lim_{x\to\infty} (\ln x)^{\frac{1}{x}} = \lim_{x\to\infty} \exp\left(\ln\left((\ln x)^{\frac{1}{x}}\right)\right)$$

$$= \exp\left(\lim_{x\to\infty} \frac{1}{x}\ln(\ln x)\right) = \exp\left(\lim_{x\to\infty} \frac{\ln(\ln x)}{x}\right)$$

$$\overset{\text{l.H.}}{=} \exp\left(\lim_{x\to\infty} \frac{\frac{1}{\ln x}\cdot\frac{1}{x}}{1}\right) = \exp(0) = e^0 = 1$$

b) $\displaystyle\lim_{x\to\infty} x^{\frac{1}{x}} := A$

$B := \ln A = \displaystyle\lim_{x\to\infty} \frac{1}{x}\ln x = \lim_{x\to\infty} \frac{\ln x}{x} \overset{\text{l.H.}}{=} \lim_{x\to\infty} \frac{\frac{1}{x}}{1} = 0$

$\Rightarrow A = e^B = e^0 = 1.$

**Aufgabe 18.12**

Berechnen Sie die Grenzwerte:

a) $\lim\limits_{x\to\infty}\left(x-x^2\ln\left(1+\dfrac{1}{x}\right)\right)$.

b) $\lim\limits_{x\to\infty}\left(\sqrt{x^2-1}-x\right)$.

Hinweis: Typ $[\infty-\infty]$

**Lösung:**

a) $\lim\limits_{x\to\infty}\left(x-x^2\ln\left(1+\dfrac{1}{x}\right)\right)=\lim\limits_{x\to\infty}\dfrac{\dfrac{1}{x}-\ln\left(1+\dfrac{1}{x}\right)}{\dfrac{1}{x^2}}$

$\overset{y:=\frac{1}{x}}{=}\lim\limits_{y\to0}\dfrac{y-\ln(1+y)}{y^2}\overset{\text{l.H.}}{=}\lim\limits_{y\to0}\dfrac{1-\dfrac{1}{1+y}}{2y}$

$=\lim\limits_{y\to0}\dfrac{y}{2y(1+y)}=\dfrac{1}{2}$

b) $\lim\limits_{x\to\infty}\left(\sqrt{x^2-1}-x\right)=\lim\limits_{x\to\infty}\dfrac{\sqrt{1-\dfrac{1}{x^2}}-1}{\dfrac{1}{x}}\overset{y:=\frac{1}{x}}{=}\lim\limits_{y\to0}\dfrac{\sqrt{1-y^2}-1}{y}$

$\overset{\text{l.H.}}{=}\lim\limits_{y\to0}\dfrac{\dfrac{-2y}{2\sqrt{1-y^2}}}{1}=0.$

# Kapitel 19
# Absolute und relative Extremstellen von Funktionen

Es sei $f$ eine auf $D$ definierte Funktion.

**Definition: Absolute Extremwerte** (Def. 26.1, Kap. 26)

a) $x_0 \in D$ heißt eine *absolute Minimalstelle* und $f(x_0)$ das *absolute Minimum* von $f$ bzgl. $D$, wenn

$$f(x_0) \leq f(x) \text{ für alle } x \in D.$$

b) $X_0 \in D$ heißt eine *absolute Maximalstelle* und $f(X_0)$ das *absolute Maximum* von $f$ bzgl. $D$, wenn

$$f(X_0) \geq f(x) \text{ für alle } x \in D.$$

Schreibweise: $f(x_0) = \min_D f, \quad f(X_0) = \max_D f.$

**Definition: Relative Extremwerte** (Def. 26.2, Kap. 26)

Es sei $x_0 \in D$, so dass in jeder Umgebung von $x_0$ mindestens ein Element von $D$ kleiner als $x_0$ und eines größer als $x_0$ liegt. $x_0$ heißt *lokale (relative) Extremalstelle* von $f$, wenn es eine Umgebung $U$ von $x_0$ gibt, so dass

$$\begin{aligned} \text{entweder } & f(x_0) \leq f(x) \text{ für alle } x \in D \cap U \\ \text{oder } & f(x_0) \geq f(x) \text{ für alle } x \in D \cap U. \end{aligned}$$

Im ersten Fall heißt $x_0$ eine *lokale Minimalstelle* und $f(x_0)$ ein *lokales Minimum*, im zweiten Fall heißt $x_0$ eine *lokale Maximalstelle* und $f(x_0)$ ein *lokales Maximum*.

**Aufgabe 19.1**

Ein Entwässerungskanal hat als inneren Querschnitt ein Rechteck mit darübergesetztem Halbkreis. Bei vorgegebenem, festen Umfang U des Kanals bestimme man den Querschnitt mit maximaler Fläche F. Dabei sind die Maße des optimalen Querschnitts sowie der Wert der Maximalfläche anzugeben. Man weise analytisch nach, dass das Extremum tatsächlich ein Maximum ist.

K. Marti, *Übungsbuch zum Grundkurs Mathematik für Ingenieure,*
*Natur- und Wirtschaftswissenschaftler*, Physica-Lehrbuch,
DOI 10.1007/978-3-7908-2610-4_19, © Springer-Verlag Berlin Heidelberg 2010

**Lösung:**

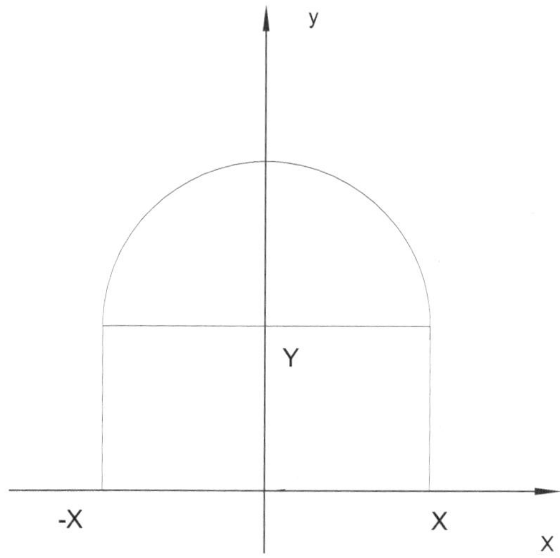


**Abb. 19.1** Skizze zu Aufgabe 19.1

Fläche:

$$F = y \cdot 2x + \frac{\pi x^2}{2} = \frac{1}{2}\left(4xy + \pi x^2\right)$$

Umfang:

$$U = 2x + 2y + \pi x = \text{const.}$$

$$\Rightarrow 2y = U - x(2 + \pi)$$

$$\Rightarrow F = x\left(U - x(2 + \pi)\right) + \frac{\pi x^2}{2}$$

$$\frac{dF}{dx} = U - x(2 + \pi) - x(2 + \pi) + \pi x = U - 2x(2 + \pi) + \pi x$$

$$= U - 4x - \pi x$$

$$\Rightarrow x = \frac{U}{4 + \pi}$$

$$\frac{d^2 F}{dx^2} = -(4 + \pi) < 0 \qquad \Rightarrow \qquad \text{das Extremum ist ein Maximum}$$

$$2y = U - x(2 + \pi) = U \cdot \left(1 - \frac{2 + \pi}{4 + \pi}\right) = U\frac{2}{4 + \pi}$$

Somit wird die maximale Querschnittsfläche:

$$F^* = \max_{[x]} F(x) = \max_{[x]} \left( x \cdot 2y + \frac{\pi x^2}{2} \right)$$

$$= \frac{U}{4+\pi} \cdot \frac{2U}{4+\pi} + \frac{\pi}{2} \cdot \left( \frac{U}{4+\pi} \right)^2$$

$$= \frac{2}{(4+\pi)^2} U^2 + \frac{\pi}{2} \left( \frac{U}{4+\pi} \right)^2$$

$$= \frac{1}{2}(4+\pi) \frac{U^2}{(4+\pi)^2}$$

$$= \frac{1}{2} \cdot \frac{U^2}{4+\pi}.$$

**Aufgabe 19.2**

Ein Draht der Länge $L$ wird in zwei Teilstücke der Länge $L_1$ und $L_2$ zerschnitten. Das Stück der Länge $L_1$ werde zu einem gleichseitigen Dreieck, das Stück der Länge $L_2$ zu einem regelmäßigen Sechseck zusammengefügt. Wie sind die Längen $L_1$ und $L_2$ zu wählen, damit die Summe der Flächeninhalte des Dreiecks und des Sechsecks minimal wird?

Anmerkung: $L_1 = 0$ und $L_2 = 0$ sei zugelassen.

Hinweis: Skizze!

**Lösung:**

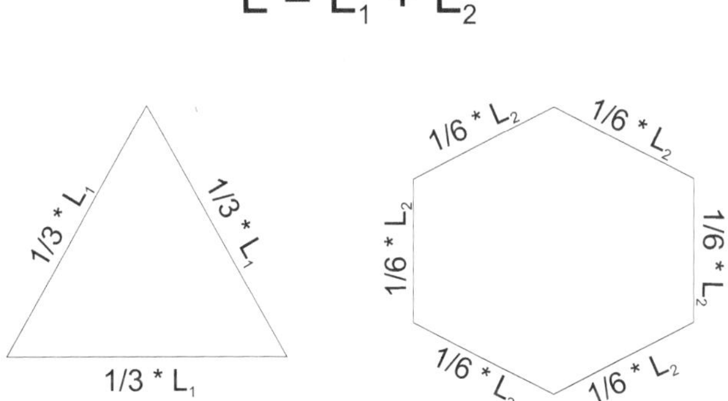


**Abb. 19.2** Skizze zu Aufgabe 19.2

Setze $x = L_1$. Das gleichseitige Dreieck hat dann die Seitenlänge $\frac{x}{3}$, also den Flächeninhalt:

$$F_1(x) = \frac{\sqrt{3}}{4} \left(\frac{x}{3}\right)^2 = \frac{\sqrt{3}}{36} x^2$$

Die Seitenlänge des Sechsecks ist $\dfrac{L-x}{6}$, also ist der Flächeninhalt:

$$F_2(x) = 6 \cdot \frac{\sqrt{3}}{4} \left(\frac{L-x}{6}\right)^2 = \frac{\sqrt{3}}{24}(x-L)^2$$

Damit ergibt sich für die Summe der Flächeninhalte:

$$F(x) = F_1(x) + F_2(x) = \frac{\sqrt{3}}{36} x^2 + \frac{\sqrt{3}}{24}(x-L)^2$$

Der Graph von F ist eine nach unten geöffnete Parabel! Es erfolgt eine Extremwertbetrachtung:

$$\Rightarrow F'(x) = \frac{\sqrt{3}}{18} x + \frac{\sqrt{3}}{12}(x-L) = \frac{\sqrt{3}}{36}(5x - 3L) \overset{!}{=} 0 \qquad \Rightarrow x = \frac{3}{5} L$$

Die Summe der Flächeninhalte ist folglich am kleinsten, wenn gilt:

$$L_1 = \frac{3}{5} L \qquad \text{und} \qquad L_2 = \frac{2}{5} L.$$

**Aufgabe 19.3**

Ein fester Punkt $A$ einer ebenen Bühne wird durch eine in der Höhe verstellbare punktförmige Lichtquelle $L$ mit der konstanten Lichtstärke $L$ beleuchtet. Die von der Lichtquelle $L$ im Punkt $A$ erzeugte Beleuchtungsstärke B genügt dabei dem Lambertschen Gesetz:

$$B = \frac{I_0 \cos \alpha}{r^2}$$

In welcher Höhe $h$ über der Bühne muß die Lichtquelle angebracht werden, damit der Punkt $A$ optimal beleuchtet wird, d.h. damit die Beleuchtungsstärke B im Punkt $A$ ihren größt möglichen Wert erreicht?

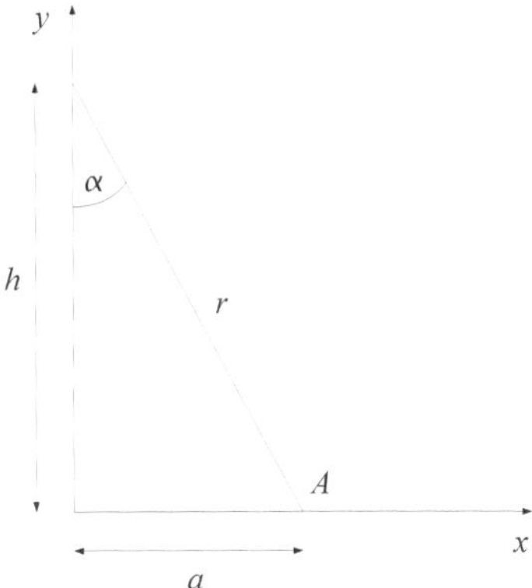

**Abb. 19.3** Skizze zu Aufgabe 19.3

**Lösung:**

$$\cos \alpha = \frac{h}{r}$$

$$r^2 = a^2 + h^2$$

$$B = I_0 \frac{\cos \alpha}{r^2} = I_0 \frac{h}{r^3} = I_0 \frac{h}{(a^2 + h^2)^{\frac{3}{2}}} \quad \text{mit} \quad h \geq 0$$

$$\frac{dB}{dh} = I_0 \frac{(a^2 + h^2)^{\frac{3}{2}} - \frac{3}{2}(a^2 + h^2)^{\frac{1}{2}} \cdot 2h^2}{(a^2 + h^2)^3}$$

$$= I_0 \frac{a^2 - 2h^2}{(a^2 + h^2)^{\frac{5}{2}}}$$

$$B'' = I_0 \frac{-4h(a^2 + h^2)^{\frac{5}{2}} - \frac{5}{2}(a^2 + h^2)^{\frac{3}{2}} \cdot 2h \cdot (a^2 - 2h^2)}{(a^2 + h^2)^5}$$

$$= 3I_0 \frac{h(2h^2 - 3a^2)}{(a^2 + h^2)^{\frac{7}{2}}}$$

Notwendige Bedingung:  $B'(h) = 0$

$$\Rightarrow I_0 \frac{a^2 - 2h^2}{(a^2 + h^2)^{\frac{5}{2}}} = 0 \quad \Rightarrow \quad a^2 - 2h^2 = 0 \quad \Rightarrow \quad h_{1,2} = \pm \frac{1}{2}\sqrt{2}a$$

$$\text{da} \quad h \geq 0 \quad \Rightarrow \quad h_1 = \frac{1}{2}\sqrt{2}a$$

Notwendige und hinreichende Bedingung:

$$B''(h) < 0 \qquad \text{für Max.}$$

Wegen $B''(h_1 = \frac{1}{2}\sqrt{2}a) = -\frac{16\sqrt{3}I_0}{27a^4} < 0$ erreicht die Beleuchtungsstärke im Punkt $A$ bei der Höhe $h = \frac{1}{2}\sqrt{2}a \approx 0,707a$ ihren größtmöglichen Wert. Er beträgt

$$B_{max} = B(h = \frac{1}{2}\sqrt{2}a) = \frac{2\sqrt{3}I_0}{9a^2}.$$

**Aufgabe 19.4**

Bestimmen Sie die lokalen und globalen Extremwerte der Funktion $y = f(x)$ auf $[-6,6]$, wobei

$$f(x) = x(x^2 - 15)^{\frac{1}{3}}.$$

**Lösung:**

$$y' = (x^2 - 15)^{\frac{1}{3}} + x \cdot \frac{1}{3} \cdot \frac{1}{(x^2-15)^{\frac{2}{3}}} \cdot 2x = \frac{3(x^2-15) + 2x^2}{3(x^2-15)^{\frac{2}{3}}} = \frac{5}{3}\frac{x^2 - 9}{(x^2-15)^{\frac{2}{3}}}$$

$$y'' = \frac{10}{9}\frac{x \cdot (x^2 - 27)}{(x^2 - 15)^{\frac{5}{3}}}$$

- $y' = 0 \rightarrow x_{1,2} = \pm 3$;
  $y''(-3) < 0 \Rightarrow$ bei $x_1$ Maximum mit $f(-3) = 3\sqrt[3]{6}$
  $y''(+3) > 0 \Rightarrow$ bei $x_2$ Minimum mit $f(3) = -3\sqrt[3]{6}$
- $y'$ existiert nicht: für $x = \pm\sqrt{15}$

Für $|x| = \sqrt{15} \rightarrow y'$ behält Vorzeichen $\Rightarrow$ kein Extremum

An den Grenzen:
$f(-6) = -6\sqrt[3]{21} < f(3) \Rightarrow -6$ ist globales Minimum
$f(6) = 6\sqrt[3]{21} > f(-3) \Rightarrow -6$ ist globales Maximum
Globale und lokale Extrema auf $[-6,6]$:

| $x$ | $-6$ | $-3$ | $+3$ | $+6$ |
|---|---|---|---|---|
| $f(x)$ | $-6\sqrt[3]{21}$ | $3\sqrt[3]{6}$ | $-\sqrt[3]{6}$ | $6\sqrt[3]{21}$ |
| | glob Min. | lok. Max. | lok. Min. | glob. Max. |

**Aufgabe 19.5**

Aus einem Kreis mit Radius $R$ wird ein Sektor ausgeschnitten. Aus dem restlichen Teil der Kreisfläche soll ein Kegel geformt werden. Dieser Kegel soll auf eine glatte Fläche gestellt werden (also: die Kegelgrundfläche wird nicht aus der gegebenen Kreisfläche ausgeschnitten!). Wie groß muss der Öffnungswinkel $x$ des verbleibenden Kreises nach Ausschneiden des Sektors gewählt werden, damit der Kegel ein möglichst großes Volumen hat? Berechnen Sie dieses Volumen.

**Lösung:**

$$x := \text{Öffnungswinkel}$$
$$R := \text{Erzeugende des Kegels}$$

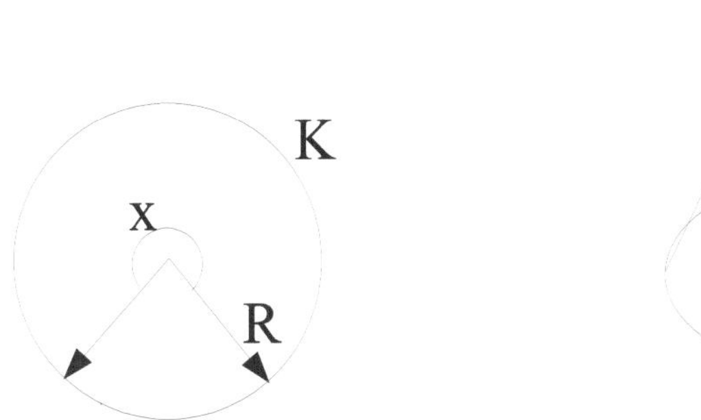


**Abb. 19.4** Skizze zu Aufgabe 19.5

Kegelvolumen: $V = 1/3 \text{ Grundfläche} \cdot \text{Höhe} = \frac{1}{3}r^2\pi h$

Mantelfläche des Kegels: $\pi r R = \pi r \sqrt{r^2 + h^2}$

Umfang: $\quad 2\pi r = xR, \quad 0 \le x \le 2\pi, \text{ also } r = \frac{xR}{2\pi}$

$$R^2 = h^2 + r^2 = h^2 + \left(\frac{R}{2\pi}x\right)^2$$

$$h^2 = -\frac{R^2}{4\pi^2}x^2 + R^2 = \frac{R^2}{4\pi^2} \cdot (4\pi^2 - x^2)$$

$$h = \frac{R}{2\pi} \cdot \sqrt{4\pi^2 - x^2}$$

$$V = \frac{1}{3}r^2\pi h = \frac{1}{3}\left(\frac{R}{2\pi}x\right)^2 \cdot \pi \cdot \frac{R}{2\pi}\sqrt{4\pi^2 - x^2}$$

$$V(x) = \frac{R^3}{24\pi^2}x^2 \cdot \sqrt{4\pi^2 - x^2} := ax^2 \cdot \sqrt{4\pi^2 - x^2}$$

$$\Rightarrow V(0) = 0, \quad V(2\pi) = 0$$

$$V'(x) = a \cdot \left( 2x \cdot \sqrt{4\pi^2 - x^2} + x^2 \cdot \frac{1}{2\sqrt{4\pi^2 - x^2}} \cdot (-2x) \right)$$

$$= ax \cdot \left( 2 \cdot \sqrt{4\pi^2 - x^2} - \frac{x^2}{\sqrt{4\pi^2 - x^2}} \right)$$

$$= \frac{ax}{\sqrt{4\pi^2 - x^2}} \cdot (2 \cdot (4\pi^2 - x^2) - x^2)$$

$$= \frac{ax}{\sqrt{4\pi^2 - x^2}} \cdot (8\pi^2 - 3x^2) \overset{!}{=} 0 \quad \Rightarrow$$

1)   $x_1 = 0$, aber $V(0) = 0 \Rightarrow x_1$ ist keine Lösung
oder:
2)   $8\pi^2 - 3x^2 = 0$

$$\Rightarrow x_{2,3} = \pm\sqrt{\frac{8}{3}\pi^2} = \pm\pi\sqrt{\frac{8}{3}} = \pm 2 \cdot \pi\sqrt{\frac{2}{3}}$$

$$x > 0 \Rightarrow x = 2\pi\sqrt{\frac{2}{3}}$$

$$\left. \begin{array}{l} \text{Für } x > 2\pi\sqrt{\frac{2}{3}} \quad \text{ist} \quad V'(x) < 0 \\[2mm] \text{Für } x < 2\pi\sqrt{\frac{2}{3}} \quad \text{ist} \quad V'(x) > 0 \end{array} \right\} \Rightarrow \quad x = 2\pi\sqrt{\frac{2}{3}} \quad \text{- Maximalstelle}$$

$$V = \frac{1}{3}\left(\frac{R}{2\pi}x\right)^2 \cdot \frac{R}{2}\sqrt{4\pi^2 - x^2} = \frac{1}{3}\left(\frac{R}{2\pi} \cdot 2\pi\sqrt{\frac{2}{3}}\right)^2 \cdot \frac{R}{2}\sqrt{4\pi^2 - 4\pi^2 \cdot \frac{2}{3}} = \frac{2}{9}R^2 \cdot \frac{R}{2} \cdot$$

$$2\pi\sqrt{\frac{1}{3}}$$

$$= \frac{2\pi}{9\sqrt{3}}R^3.$$

# Kapitel 20
# Bestimmtes Integral - unbestimmtes Integral

**Definition: Stammfunktion, unbestimmtes Integral** (Def. 28.1, Kap. 28.1)
Es sei $f$ eine Funktion mit Definitionsbereich $D$. Eine auf $D$ definierte differenzierbare Funktion $F$ heißt eine *Stammfunktion* von $f$, wenn $F'(x) = f(x)$ für alle $x \in D$. $\int f(x)\, dx$ oder $\int f$ bezeichnet die Menge aller Stammfunktionen von $f$ und wird das *unbestimmte Integral* von $f$ genannt.

Die Ermittlung eines bestimmten Integrals findet man im Abschnitt 28.2 (Kap. 28).

## 20.1 Grundbegriffe. Unbestimmtes Integral

**Aufgabe 20.1**

a) Veranschaulichen Sie die Begriffe Zerlegung, Feinheitsmaß, Zwischenstelle, Riemannsche Summe, Integral.
b) Unter welcher Voraussetzung an $f(x)$ ist das Integral die „Fläche" ?
c) Wann wird die Riemannsche Summe zur Unter- oder Obersumme?
d) Zeigen Sie, dass der Grenzwert der Riemannschen Summe für die Dirichlet-Funktion

$$f(x) = \left\{ \begin{array}{ll} 0 \text{ für irrationale } & x \in [a,b] \\ 1 \text{ für rationale } & x \in [a,b] \end{array} \right\} \text{ nicht existiert.}$$

**Lösung:**

a) Zerlegung: Unterteilung von $[a, b]$ in $n$ nicht disjunkte Teilintervalle $[x_{k-1}, x_k]$, $k = 1, \ldots, n$, wobei der Schnitt zweier solcher Teilintervalle aus einem Punkt besteht.

K. Marti, *Übungsbuch zum Grundkurs Mathematik für Ingenieure,*
*Natur- und Wirtschaftswissenschaftler*, Physica-Lehrbuch,
DOI 10.1007/978-3-7908-2610-4_20, © Springer Verlag Berlin Heidelberg 2010

Feinheitsmaß: Länge des größten Teilintervalls.

Zwischenpunkt: Genau ein beliebiger Punkt $\xi_k$ aus einem Teilintervall
$[x_{k-1}, x_k]$, $k = 1, \ldots, n$

Riemannsche Summe:Summe aller Rechtecksflächen mit Breite $x_k - x_{k-1}$ und
Höhe $f(\xi_k)$, $k = 1, \ldots, n$

Integral: Grenzwert einer Riemannschen Summe für immer feiner werdende Zerlegungen.

b) $f(x) \geq 0$    für alle $x \in [a, b]$, da dann $f(\xi_k) \geq 0$, $k = 1, \ldots, n$

c) Untersumme: Wähle $\xi_k \in [x_{k-1}, x_k]$ so, dass $f(\xi_k) \leq f(x)$ für alle $x \in [x_{k-1}, x_k]$

Obersumme: Wähle $\xi_k \in [x_{k-1}, x_k]$ so, dass $f(x) \leq f(\xi_k)$ für alle $x \in [x_{k-1}, x_k]$

Damit stellt die Untersumme eine untere und die Obersumme eine obere Schranke für das Integral dar, d.h.

$$S_U \leq \int f(x)\, dx \leq S_O$$

d) $f(x) = \begin{cases} 0, & x \text{ irrational} \\ 1, & x \text{ rational} \end{cases}$

$\left. \begin{array}{l} \text{1. Zerlegung}: \xi_k \text{ irrational} \Rightarrow S(Z_1, \xi_1, \ldots, \xi_n) = 0 \\ \text{2. Zerlegung}: \xi_k \text{ rational} \Rightarrow S(Z_2, \xi_1, \ldots, \xi_n) \neq 0 \end{array} \right\} \Rightarrow$ Widerspruch zur Definition der Riemannschen Summe.

**Aufgabe 20.2**

Berechnen Sie das Integral $\int_0^1 x^2 dx$ durch die Zerlegung $Z$ von $[0,1]$ in $n$ gleiche Teilintervalle $[x_{k-1}, x_k]$.

**Lösung:**

$\int_0^1 x^2\, dx$ über eine äquidistante Zerlegung in $n$ Teilintervalle von $[0, 1]$

i) Sei $n \in \mathbb{N}$ fest. Dann

$$\varepsilon = \frac{1}{n}, \; x_k := k \cdot \varepsilon \quad \text{für alle } k \in \{0, \dots, n\} =: J_0$$

$$\Rightarrow x_0 = a = 0, \; x_n = b = 1$$

$$\Delta x_k = x_k - x_{k-1} = k\varepsilon - (k-1)\varepsilon = \varepsilon = \frac{1}{n} = \text{const.}$$

ii) Sei $\xi_i := x_i \quad$ für alle $i \in \{1, \dots, n\} =: J_1$

$$\Rightarrow S(Z; \xi_1, \dots, \xi_n) = \sum_{i=1}^{n} f(\xi_i)\Delta x_i = \sum_{i=1}^{n} \frac{1}{n} \cdot (\xi_i)^2$$

$$= \frac{1}{n} \sum_{i=1}^{n} x_i^2 = \frac{1}{n} \sum_{i=1}^{n} \left( i \cdot \frac{1}{n} \right)^2$$

$$= \frac{1}{n^3} \sum_{i=1}^{n} i^2 = \frac{1}{n^3} \frac{1}{6} n(n+1)(2n+1)$$

$$\text{Bew. } \sum_{i=1}^{n} i^2 = \frac{1}{6}n(n+1)(2n+1) \text{ über vollst.Ind.}$$

$$= \frac{1}{3} \cdot \frac{1}{n^2}(n+1)\left(n+\frac{1}{2}\right)$$

$$= \frac{1}{3}\left(1+\frac{1}{n}\right)\left(1+\frac{1}{2n}\right)$$

iii) $\delta(Z) = \dfrac{1}{n} = \text{const} \Rightarrow (\delta(Z) \to 0 \Leftrightarrow n \to \infty)$

$$\Rightarrow G := \lim_{\delta(Z) \to 0} S(Z; \xi_1, \dots, \xi_n)$$

$$= \lim_{n \to \infty} \frac{1}{3}\left(1+\frac{1}{n}\right)\left(1+\frac{1}{2n}\right)$$

$$= \frac{1}{3}$$

$$\Rightarrow \int_0^1 x^2 \, dx = \frac{1}{3}.$$

**Aufgabe 20.3**

Berechnen Sie das Integral $\displaystyle\int_a^b x^m dx, 0 < a < b$, über die Zerlegung $Z = \{x_0, x_1, \dots, x_n\}$

mit $x_k = aq^k, q = \sqrt[n]{\dfrac{b}{a}}$, und der Wahl der Zwischenpunkte $\xi_k = x_{k-1}$.

Geben Sie ein $N(\varepsilon)$ an, so dass die Riemannsche Summe um weniger als $\varepsilon$ von ihrem vermuteten Grenzwert $G = \lim\limits_{n \to \infty} S(Z, \xi_1, \xi_2, \ldots, \xi_n)$ abweicht:

$$|S(Z, \xi_1, \xi_2, \ldots, \xi_n) - G| < \varepsilon \text{ für } n > N(\varepsilon).$$

Berechnen Sie $N(\varepsilon)$ für $m = 3 \quad a = 1 \quad b = 2 \quad \varepsilon = \dfrac{1}{4}$.

**Lösung:**

$$\int\limits_a^b x^m \, dx, \ 0 < a < b \ \text{ über } x_k = aq^k, \ q = \left(\frac{b}{a}\right)^{\frac{1}{n}} \text{ und } \xi_k = x_{k-1}$$

a) $x_k = aq^k \Rightarrow x_0 = aq^0 = a$

$$\Rightarrow x_n = aq^n = a \left[\left(\frac{b}{a}\right)^{\frac{1}{n}}\right]^n = \frac{b}{a} \cdot a = b$$

Die Zerlegung $Z = \{x_0, \ldots, x_n\}$ ist nicht äquidistant!

$$\frac{x_{k+1}}{x_k} = \frac{aq^{k+1}}{aq^k} = q > 1, \text{ weil } b > a$$

$$\Rightarrow x_0 < x_1 < \ldots < x_n$$

$$\Delta x_k = x_k - x_{k-1} = a \cdot q^k - a \cdot q^{k-1} = a \cdot q^{k-1} (q-1) > 0$$

Setzte $J_1 := \{1, \ldots, n\}$ dann gilt nach Def.

$$\delta(Z) = \max_{k \in J_1} \Delta x_k = \max_{k \in J_1} a \cdot q^{k-1}(q-1)$$

$$= a \cdot \left(\max_{k \in J_1} q^{k-1}\right) \cdot (q-1)$$

$$= a(q-1) \cdot q^{n-1} = aq^n \left(1 - \frac{1}{q}\right)$$

$$= b \left(1 - \frac{1}{q}\right)$$

Beachte nun:

$$\lim_{n \to \infty} q = \lim_{n \to \infty} \left(\frac{b}{a}\right)^{\frac{1}{n}} = \lim_{n \to \infty} \exp\left(\frac{1}{n} \ln \frac{b}{a}\right)$$

$$= e^0 = 1 \Rightarrow \lim_{n \to \infty} \frac{1}{q} = 1$$

$$\Rightarrow (\delta(Z) \to 0 \Leftrightarrow n \to \infty)$$

$$S(Z, \xi_1, \ldots, \xi_n) \quad = \quad \sum_{k=1}^{n} f(\xi_k)\Delta x_k = \sum_{k=1}^{n} f(x_{k-1})\Delta x_k$$

$$= \quad \sum_{k=1}^{n} (aq^{k-1})^m \cdot a \cdot q^{k-1}(q-1)$$

$$= \quad \sum_{k=1}^{n} a^m q^{(k-1)m} \cdot a \cdot q^{k-1}(q-1)$$

$$= \quad a^{m+1}(q-1) \sum_{k=1}^{n} q^{(k-1)m} \cdot q^{k-1}$$

$$= \quad a^{m+1}(q-1) \sum_{k=0}^{n-1} q^{km} \cdot q^{k}$$

$$= \quad a^{m+1}(q-1) \sum_{k=0}^{n-1} (q^{m+1})^{k}$$

$$\overset{\text{geom. Reihe}}{=} a^{m+1}(q-1)\frac{1-(q^{m+1})^n}{1-q^{m+1}}$$

$$= \quad a^{m+1}(1-(q^{m+1})^n)\frac{q-1}{1-q^{m+1}}$$

$$= \quad a^{m+1}\left(1-\left(\left(\left(\frac{b}{a}\right)^{\frac{1}{n}}\right)^{m+1}\right)^{n}\right)\frac{q-1}{1-q^{m+1}}$$

$$= \quad a^{m+1}\left(1-\left(\frac{b}{a}\right)^{m+1}\right)\frac{q-1}{1-q^{m+1}}$$

$$= \quad (a^{m+1} - b^{m+1})\frac{q-1}{1-q^{m+1}}$$

$$= \quad (b^{m+1} - a^{m+1})\frac{1-q}{1-q^{m+1}}$$

$$\overset{\frac{1}{\text{geom. Reihe}}}{=} (b^{m+1} - a^{m+1})\frac{1}{\sum_{k=0}^{m} q^k}$$

$$\Rightarrow \lim_{n\to\infty} S(Z, \xi_1, \ldots, \xi_n) = \frac{1}{m+1}(b^{m+1} - a^{m+1}), \text{ da } \lim_{n\to\infty} q = 1$$

$$\Rightarrow \int_a^b x^m \, dx = \frac{1}{m+1}(b^{m+1} - a^{m+1}) = G$$

b)

$$m = 3, \ a = 1, \ b = 2, \ \varepsilon = \frac{1}{4}$$

$$|S(Z; \xi_1, \ldots, \xi_n) - G| \overset{!}{<} \frac{1}{4}$$

$$\Leftrightarrow \left| (2^4 - 1^4)\frac{1}{1+q+q^2+q^3} - \frac{1}{4}(2^4 - 1^4) \right| < \frac{1}{4}$$

$$\Leftrightarrow \left| \frac{15}{1+q+q^2+q^3} - \frac{15}{4} \right| < \frac{1}{4}$$

$$\Leftrightarrow 15 \left| \frac{1}{1+q+q^2+q^3} - \frac{1}{4} \right| < \frac{1}{4}$$

$$q > 1 \Rightarrow 1+q+q^2+q^3 > 4$$

$$\Rightarrow 15 \left| \frac{1}{1+q+q^2+q^3} - \frac{1}{4} \right| < \frac{1}{4} \ \Leftrightarrow \ -15 \left( \frac{1}{1+q+q^2+q^3} - \frac{1}{4} \right) < \frac{1}{4}$$

$$\Leftrightarrow \frac{1}{4} - \frac{1}{1+q+q^2+q^3} < \frac{1}{60}$$

$$\frac{1}{4} - \frac{1}{1+q+q^2+q^3} = \frac{1+q+q^2+q^3-4}{4(1+q+q^2+q^3)} \leq \frac{q+q^2+q^3-3}{4 \cdot 4} \leq \frac{3 \cdot q^3 - 3}{16}$$

$$= 3\frac{(q^3-1)}{16} = \frac{3}{16}\left( \left(\frac{b}{a}\right)^{\frac{3}{n}} - 1 \right)$$

$$\Rightarrow \quad \text{Aus} \quad \frac{3}{16}\left( \left(\frac{b}{a}\right)^{\frac{3}{n}} - 1 \right) < \frac{1}{60} \quad \text{folgt} \quad \frac{1}{4} - \frac{1}{1+q+q^2+q^3} < \frac{1}{60}$$

$$\frac{3}{16}\left( \left(\frac{b}{a}\right)^{\frac{3}{n}} - 1 \right) < \frac{1}{60} \quad \Leftrightarrow \quad \left(\frac{b}{a}\right)^{\frac{3}{n}} - 1 < \frac{4}{45}$$

$$\Leftrightarrow \left(\frac{b}{a}\right)^{\frac{3}{n}} < \frac{49}{45}$$

$$\Leftrightarrow \frac{3}{n}\ln 2 < \ln \frac{49}{45}$$

$$\Leftrightarrow \frac{1}{n} < \frac{\ln \frac{49}{45}}{3\ln 2}$$

$$\Leftrightarrow n > \frac{3\ln 2}{\ln\frac{49}{45}} = 24.41868\ldots$$

$$\Rightarrow n = 25.$$

**Aufgabe 20.4**

Berechnen Sie mit Hilfe der Grundintegrale und der Integrationsregeln die Integrale:

a) $\displaystyle\int (x^2 + 6x - 5)\,dx$

b) $\displaystyle\int \frac{dx}{x^2}$

c) $\displaystyle\int \sqrt{x}\,dx$

d) $\displaystyle\int \sqrt{5x+2}\,dx$

e) $\displaystyle\int \frac{dx}{x+5}$

f) $\displaystyle\int \left(x^3 + \frac{2}{x} - \frac{4}{x^3}\right)\,dx$

g) $\displaystyle\int \sqrt{x^3}\,dx$

**Lösung:**

a) $\displaystyle\int (x^2 + 6x - 5)\,dx = \frac{x^3}{3} + 6\frac{x^2}{2} - 5x + c$

$$= \frac{x^3}{3} + 3x^2 - 5x + c$$

b) $\displaystyle\int \frac{1}{x^2}\,dx = \int x^{-2}\,dx = \frac{x^{-2+1}}{-2+1} + c = -x^{-1} + c = -\frac{1}{x} + c$

c) $\displaystyle\int \sqrt{x}\,dx = \int x^{\frac{1}{2}}\,dx = \frac{x^{\frac{1}{2}+1}}{\frac{1}{2}+1} + c = \frac{x^{\frac{3}{2}}}{\frac{3}{2}} + c = \frac{2}{3}x^{\frac{3}{2}} + c$

d) $\displaystyle\int \sqrt{5x+2}\,dx = \int (5x+2)^{\frac{1}{2}}\,dx$

$$\frac{d}{dx}(5x+2)^{\frac{3}{2}} = \frac{3}{2}(5x+2)^{\frac{1}{2}} \cdot 5 = \frac{15}{2}(5x+2)^{\frac{1}{2}}$$

$$\Rightarrow \int (5x+2)^{\frac{1}{2}}\,dx = \frac{2}{15}(5x+2)^{\frac{3}{2}} + c$$

e) $\displaystyle\int \frac{1}{x+5}\,dx = \int \frac{(x+5)'}{x+5}\,dx = \ln|x+5| + c$

f) $\int \left( x^3 + \dfrac{2}{x} - \dfrac{4}{x^3} \right) dx = \dfrac{1}{4}x^4 + 2\ln|x| - 4\,\dfrac{x^{-2}}{-2} + c = \dfrac{1}{4}x^4 + \ln(x^2) + \dfrac{2}{x^2} + c$

g) $\int \sqrt{x^3}\,dx = \int x^{\frac{3}{2}}\,dx = \dfrac{x^{\frac{3}{2}+1}}{\frac{3}{2}+1} + c = \dfrac{2}{5}x^{\frac{5}{2}} + c.$

## 20.2 Bestimmtes Integral

**Aufgabe 20.5**

Berechnen Sie das Integral

$$\int_{-5}^{5} |6 + 3x|\,dx$$

**Lösung:**

$$|6 + 3x| = \begin{cases} 6 + 3x & x \ge -2 \\ -6 - 3x & x < -2 \end{cases}$$

$$\int_{-5}^{5} |6 + 3x|\,dx = \int_{-5}^{-2} (-6 - 3x)\,dx + \int_{-2}^{5} (6 + 3x)\,dx$$

$$= [-6x - 3\tfrac{x^2}{2}]_{-5}^{-2} + [6x + 3\tfrac{x^2}{2}]_{-2}^{5}$$

$$= (12 - 6) - (30 - \tfrac{75}{2}) + (30 + \tfrac{75}{2}) - (-12 + 6) = 87.$$

**Aufgabe 20.6**

Berechnen Sie das bestimmte Integral

$$I = \int_{0}^{3} \left( \frac{1}{1 + |x - 2|} + \frac{1}{|x - 4|} \right) dx$$

**Lösung:**

$$x \in [0,3] \quad : \quad |x - 4| = 4 - x$$

$$x \in [0,2] \quad : \quad |x - 2| = 2 - x$$

$$x \in [2,3] \quad : \quad |x - 2| = x - 2$$

$$\Rightarrow I = \int_{0}^{3} \left( \frac{1}{1 + |x - 2|} + \frac{1}{|x - 4|} \right) dx = I_1 + I_2 + I_3$$

mit:

$$I_1 = \int_0^2 \frac{1}{1+2-x}\,dx = \int_0^2 \frac{1}{3-x}\,dx$$

$$I_2 = \int_2^3 \frac{1}{1+x-2}\,dx = \int_2^3 \frac{1}{x-1}\,dx$$

$$I_3 = \int_0^3 \frac{1}{4-x}\,dx$$

$$I_1 = -\int_0^2 \frac{1}{x-3}\,dx = \left[-\ln|x-3|\right]_0^2 = -\ln 1 + \ln 3 = \ln 3$$

$$I_2 = \left[\ln|x-1|\right]_2^3 = \ln 2 - \ln 1 = \ln 2$$

$$I_3 = -\int_0^3 \frac{1}{x-4}\,dx = -\left[\ln|x-4|\right]_0^3 = -\ln 1 + \ln 4 = \ln 4$$

$$\Rightarrow I = \ln 2 + \ln 3 + \ln 4 = \ln 24 \approx 3,178....$$

**Aufgabe 20.7**

Berechnen Sie die bestimmten Integrale

a) $\displaystyle\int_0^2 3\sin x\,dx,$

b) $\displaystyle\int_0^{\frac{\sqrt{2}}{2}} \frac{1}{\sqrt{1-x^2}}\,dx,$

c) $\displaystyle\int_{-1}^{+1} \frac{1}{1+x^2}\,dx$

**Lösung:**

a)

$$\int_0^2 3\sin x\,dx = 3\int_0^2 \sin x\,dx$$

$$= 3\left[-\cos x\right]_0^2 = -3\left[\cos x\right]_0^2$$

$$= -3(\cos 2 - \cos 0) = 3(1 - \cos 2)$$

b)

$$\int_0^{\frac{\sqrt{2}}{2}} \frac{1}{\sqrt{1-x^2}}\, dx = [\arcsin]_0^{\frac{\sqrt{2}}{2}} = \underbrace{\arcsin\left(\frac{\sqrt{2}}{2}\right)}_{=\frac{\pi}{4}} - \underbrace{\arcsin 0}_{=0} = \frac{\pi}{4}$$

c)

$$\int_{-1}^{1} \frac{1}{1+x^2}\, dx = \arctan\big|_{-1}^{1} = \arctan(1) - \arctan(-1)$$

$$= 2\arctan(1) = 2 \cdot \frac{\pi}{4} = \frac{\pi}{2}.$$

**Aufgabe 20.8**

Zur Berechnung von Fourier-Reihen benötigt man immer wieder bestimmte Integrale, die von cos und sin abhängig sind. Bestimmen Sie deshalb die folgenden Integrale, mit $k, l \in \mathbb{N}\setminus\{0\}$.

a) $\displaystyle\int_0^{2\pi} \cos(kx)\sin(lx)\, dx$

b) $\displaystyle\int_0^{2\pi} \cos(kx)\cos(lx)\, dx, \qquad \text{mit } k \neq l$

c) $\displaystyle\int_0^{2\pi} \cos^2(kx)\, dx$

d) $\displaystyle\int_0^{2\pi} \sin^2(kx)\, dx$

**Lösung:**

a) $\displaystyle\int_0^{2\pi} \cos(kx)\sin(lx)\, dx = \frac{1}{2}\int_0^{2\pi} \left(\sin\left((l-k)x\right) + \sin\left((l+k)x\right)\right)\, dx$

$$= \frac{1}{2}\left[ -\frac{1}{l-k}\cos\left((l-k)x\right) - \frac{1}{l+k}\cos\left((l+k)x\right) \right]_{x=0}^{x=2\pi}$$

$$= \frac{1}{2}\left( -\frac{1}{l-k}\cos\left(\underbrace{(l-k)}_{\in\mathbb{Z}}2\pi\right) - \frac{1}{l+k}\cos\left(\underbrace{(l+k)}_{\in\mathbb{Z}}2\pi\right) + \frac{1}{l-k}\cos 0 + \frac{1}{l+k}\cos 0 \right)$$

$$= \frac{1}{2}\left( -\frac{1}{l-k} - \frac{1}{l+k} + \frac{1}{l-k} + \frac{1}{l+k} \right) = 0$$

b) $\displaystyle\int_0^{2\pi}\cos(kx)\cos(lx)\,dx=\frac{1}{2}\int_0^{2\pi}\left(\cos\left((k-l)x\right)+\cos\left((k+l)x\right)\right)\,dx$

$$=\frac{1}{2}\left[\frac{1}{k-l}\sin\left((k-l)x\right)+\frac{1}{k+l}\sin\left((k+l)x\right)\right]_{x=0}^{x=2\pi}$$

$$=\frac{1}{2}\left(\frac{1}{k-l}\sin\underbrace{\left((k-l)\,2\pi\right)}_{\in\mathbb{Z}}+\frac{1}{k+l}\sin\underbrace{\left((k+l)\,2\pi\right)}_{\in\mathbb{Z}}-\frac{1}{k-l}\sin 0-\frac{1}{k+l}\sin 0\right)=$$

$$0$$

c) $\displaystyle\int_0^{2\pi}\cos^2(kx)\,dx=\frac{1}{2}\int_0^{2\pi}\left(1+\cos(2kx)\right)\,dx=\frac{1}{2}\int_0^{2\pi}1\,dx+\frac{1}{2}\int_0^{2\pi}\cos(2kx)\,dx$

$$=\pi+\frac{1}{2}\left[\frac{1}{2k}\sin(2kx)\right]_{x=0}^{x=2\pi}=\pi+\frac{1}{4k}\left(\underbrace{\sin(4k\pi)}_{=0}-\underbrace{\sin 0}_{=0}\right)=\pi$$

d) $\displaystyle\int_0^{2\pi}\sin^2(kx)\,dx=\int_0^{2\pi}\left(1-\cos^2(kx)\right)\,dx=\int_0^{2\pi}1\,dx-\int_0^{2\pi}\cos^2(kx)\,dx=2\pi-\pi=\pi.$

**Aufgabe 20.9**

Sei $f(x)=\sqrt{\frac{1}{2}(x-2)+\frac{1}{2}|x-2|}$.

a) Berechnen Sie $F(x):=\displaystyle\int_2^{x}f(t)\,dt$ für jedes $x\in\mathbb{R}$

b) Bestimmen Sie diejenige Stammfunktion $G(x)$ von $f(x)$, die $G(0)=1$ erfüllt.

**Lösung:**

$$f(x)=\sqrt{\frac{1}{2}(x-2)+\frac{1}{2}|x-2|}$$

$$f(x)=\begin{cases}\sqrt{x-2} & ,x-2\geq 0\\ 0 & ,x-2<0\end{cases}$$

a) i) $x\geq 2$:

$$\int_2^{x}\sqrt{t-2}\,dt=\left[\frac{2}{3}\left(\sqrt{t-2}\right)^3\right]_2^{x}=\frac{2}{3}\left(\sqrt{x-2}\right)^3$$

ii) $x<2$: $\displaystyle\int_2^{x}0\,dt=0$

$$\Rightarrow F(x)=\begin{cases}\frac{2}{3}\cdot\left(\sqrt{x-2}\right)^3 & ,x\geq 2\\ 0 & ,x<2\end{cases}$$

b) $G(0)=1$  ,$G(x)=F(x)+c$

$$\Rightarrow G(0) = F(0) + c = 0 + c \stackrel{!}{=} 1 \quad \Rightarrow c = 1$$

$$G(x) = \begin{cases} \frac{2}{3}\left(\sqrt{x-2}\right)^3 + 1 & ,x \geq 2 \\ 1 & ,x < 2. \end{cases}$$

## 20.3 Rechenregeln, MWS

**Aufgabe 20.10**

Beweisen Sie die Theoreme 28.4, 28.5 und 28.7 (Kap. 28.2) mit Hilfe der Definition der Riemannschen Summe.

**Lösung:**

Th. 28.4  Beweis:

$$\int_a^b f(x)\,dx = \lim_{\delta(Z)\to 0} \sum_{k=1}^{n} f(\xi_k)(x_k - x_{k-1})$$

ist nach Def. unabhängig von der Zerlegung $Z = \{x_0, \ldots, x_n\}$. Zerlege nun $Z$ in zwei Teilzerlegungen $Z_1$, $Z_2$ mit $Z_1 \cup Z_2 = Z$ und $Z_1 \cap Z_2 = \{c\}$. Da $f$ integriebar gilt dann:

$$\int_a^c f(x)\,dx = \lim_{\delta(Z_1)\to 0} \sum_{k=1}^{n_1} f(\xi_k^1)(x_k^1 - x_{k-1}^1)$$

$$\int_c^b f(x)\,dx = \lim_{\delta(Z_2)\to 0} \sum_{k=1}^{n_2} f(\xi_k^2)(x_k^2 - x_{k-1}^2)$$

und nach den Grenzwertregeln in Integralschreibweise

$$\int_a^c f(x)\,dx + \int_c^b f(x)\,dx = \int_a^b f(x)\,dx$$

Th. 28.5  Beweis:

i) Zeige $\displaystyle\int_a^b c f(x)\,dx = c \int_a^b f(x)\,dx.$

$$\lim_{\delta(Z)\to 0} \sum_{k=1}^{n} cf(\xi_k)(x_k - x_{k-1})$$

$$= c \cdot \lim_{\delta(Z)\to 0} \sum_{k=1}^{n} f(\xi_k)(x_k - x_{k-1})$$

$$= c \cdot \int_{a}^{b} f(x)\, dx$$

$\Rightarrow$ Mit $f$ ist auch $cf$ integrierbar und es gilt die Behauptung.

ii) Zeige $\displaystyle\int_{a}^{b} f(x)\, dx + \int_{a}^{b} g(x)\, dx = \int_{a}^{b} [f(x) + g(x)]\, dx$

$$\lim_{\delta(Z)\to 0} \sum_{k=1}^{n} (f(\xi_k) + g(\xi_k))(x_k - x_{k-1})$$

$$= \lim_{\delta(Z)\to 0} \sum_{k=1}^{n} f(\xi_k)(x_k - x_{k-1}) + \lim_{\delta(Z)\to 0} \sum_{k=1}^{n} g(\xi_k)(x_k - x_{k-1})$$

$$= \int_{a}^{b} f(x)\, dx + \int_{a}^{b} g(x)\, dx$$

Th. 28.7 Beweis:

Beachte die Funktion $h(x) = g(x) - f(x) \geq 0$. Nach Theorem 28.5 ist $h(x)$ integrierbar und es gilt:

$$0 \overset{(*)}{\leq} \int_{a}^{b} h(x)\, dx = \int_{a}^{b} g(x)\, dx - \int_{a}^{b} f(x)\, dx$$

$$\lim_{\delta(Z)\to 0} \sum_{k=1}^{n} \underbrace{h(\xi_k)}_{\geq 0} \underbrace{(x_k - x_{k-1})}_{\geq 0} \geq 0. \quad (*)$$

**Aufgabe 20.11**

Bestimmen Sie einen Wertebereich $[c,d]$ für den Grenzwert der Folgen der Riemannschen Summen der Funktion $f(x) = \dfrac{1}{\sqrt{2 + x - x^2}}$ auf dem Intervall $[a,b] = [0,1]$

**Lösung:**

$$2 + x - x^2 = -(x^2 - x - 2) = -\left(x^2 - x + \frac{1}{4} - \frac{1}{4} - 2\right)$$

$$= -\left(\left(x - \frac{1}{2}\right)^2 - \frac{9}{4}\right)$$

$$= \frac{9}{4} - \left(x - \frac{1}{2}\right)^2$$

$$\Rightarrow f(x) = \frac{1}{\sqrt{\frac{9}{4} - (x - \frac{1}{2})^2}}$$

$$\Rightarrow \min_{[a,b]} f(x) = \min_{[0,1]} f(x) = f\left(\frac{1}{2}\right) = \frac{2}{3}$$

$$\max_{[0,1]} f(x) = f(0) = \frac{1}{\sqrt{2}}$$

$$\min_{[0,1]} f(x) \le f(x) \le \max_{[0,1]} f(x)$$

$$\overset{\text{Th. 28.7}}{\Rightarrow} \int_2^1 \frac{2}{3}\, dx \le \int_0^1 f(x) \le \int_0^1 \frac{1}{\sqrt{2}}\, dx$$

$$\Rightarrow \frac{2}{3} \le \int_0^1 \frac{1}{\sqrt{2 + x - x^2}}\, dx \le \frac{1}{\sqrt{2}}$$

$$\Rightarrow [c, d] = \left[\frac{2}{3}, \frac{1}{\sqrt{2}}\right].$$

**Aufgabe 20.12**

Für die auf $I = [0,6]$ stückweise stetige Funktion

$$f(x) = \begin{cases} x, & 0 \le x \le 3 \\ 8 - x, & 3 < x \le 6 \end{cases}$$
berechnen Sie $F_0(x) = \int_0^x f(t)\,dt$ für jedes $x \subseteq I$ und weisen Sie nach, dass $F_0(x)$ an der Stelle $x_0 = 3$ stetig, nicht aber differenzierbar ist.

**Lösung:**

a) $x \in [0,3]$

$$F_0(x) = \int_0^x f(t)\,dt = \int_0^x t\,dt = \frac{1}{2}t^2 \Big|_0^x = \frac{1}{2}x^2$$

b) $x \in (3,6]$

$$F_0(x) = \int_0^x f(t)\,dt = \int_0^3 f(t)\,dt + \int_3^x f(t)\,dt$$

$$= \frac{9}{2} + \int_3^x (8-t)\,dt = \frac{9}{2} + \left[8t - \frac{1}{2}t^2\right]_3^x$$

$$= \frac{9}{2} + 8x - \frac{1}{2}x^2 - \left(24 - \frac{9}{2}\right)$$

$$= 8x - \frac{x^2}{2} + 9 - 24$$

$$= 8x - \frac{x^2}{2} - 15$$

Also:

$$F_0(x) = \begin{cases} \dfrac{1}{2}x^2 & ,\, 0 \le x \le 3 \\[2mm] 8x - \dfrac{x^2}{2} - 15, & 3 < x \le 6 \end{cases}$$

$$\Rightarrow F_0(3) = \frac{9}{2}$$

$$\lim_{x \downarrow 3} F_0(x) = 24 - \frac{9}{2} - 15 = 9 - \frac{9}{2} = \frac{9}{2}$$

$$\Rightarrow F_0(x) \text{ stetig auf } [0,6]$$

$$F_0'(x) = \begin{cases} x & ,\, 0 \le x \le 3 \\[2mm] 8 - x, & 3 < x \le 6 \end{cases}$$

$$\Rightarrow F_0'(3) = 3$$

$$\lim_{x \downarrow 3} F_0'(x) = 8 - 3 = 5$$

$\Rightarrow F_0(x)$ nicht differenzierbar in $x = 3$.

**Aufgabe 20.13**

Der Mittelwertsatz lautet:

Sei $f : [a,b] \to \mathbb{R}$ eine stetige Funktion. Dann existiert ein $x_0 \in (a,b)$ derart, dass gilt

$$\int_a^b f(x)\,dx = f(x_0)(b-a).$$

Berechnen Sie die entsprechenden $x_0$ für die folgenden Funktionen und Werte:

a) $f(x) = \ln x, \quad a = 1, \quad b = 5$

b) $f(x) = \dfrac{x^2}{x^2+1}, \quad a = 0, \quad b = 5$

c) $f(x) = \sin x, \quad a = 0, \quad b = \pi$

d) $f(x) = a^x \ln a, \quad a = 1, \quad b = 2$

**Lösung:**

Aus dem MWS ergibt sich

$$f(x_0) = \frac{1}{b-a} \int_a^b f(x)$$

a)

$$\ln x_0 = \frac{1}{5-1} \int_1^5 \ln x\,dx = \frac{1}{4}\left(x\ln|x| - x\right)_1^5$$

$$= \frac{1}{4}(5\ln 5 - 5 + 1) = \frac{5}{4}\ln 5 - 1$$

$$\Rightarrow x_0 = \exp\left(\frac{5}{4}\ln 5 - 1\right) = 5^{\frac{5}{4}} e^{-1} \approx 2{,}75...$$

b)

$$\frac{x_0^2}{x_0^2+1} = \frac{1}{5-0}\int_0^5 \frac{x^2}{x^2+1}\,dx = \frac{1}{5}\int_0^5 \frac{x^2+1-1}{x^2+1}\,dx$$

$$= \frac{1}{5}\int_0^5 \left(1 - \frac{1}{x^2+1}\right)dx$$

$$= \frac{1}{5}\left(\int_0^5 1\,dx - \int_0^5 \frac{1}{x^2+1}\,dx\right)$$

$$= \frac{1}{5}(5 - \arctan 5) = 1 - \frac{1}{5}\arctan 5$$

$$\Rightarrow x_0^2 = (x_0^2+1)\left(1 - \frac{1}{5}\arctan 5\right)$$

$$\Rightarrow x_0^2\left(1 - \left(1 - \frac{1}{5}\arctan 5\right)\right) = 1 - \frac{1}{5}\arctan 5$$

$$\Rightarrow x_0^2 = \frac{5}{\arctan 5} - 1$$

$$\Rightarrow x_0 = \sqrt{\frac{5}{\arctan 5} - 1} \approx \sqrt{2{,}64} \approx 1{,}62...$$

c) $\displaystyle\int_0^\pi \sin x\,dx = -[\cos x]_0^\pi = -(-1-1) = 2$

$\Rightarrow 2 = \pi\cdot f(x_0) \qquad \Rightarrow f(x_0) = \frac{2}{\pi}$

$\Rightarrow \sin x_0 = \frac{2}{\pi} \qquad \Leftrightarrow x_0 = \arcsin\frac{2}{\pi} \approx 0{,}69...$

d) $\displaystyle\int_1^2 a^x \ln a\,dx = [a^x]_1^2 = a^2 - a = a(a-1)$

$$a^2 - a = 1 \cdot f(x_0)$$

$$\Rightarrow a^{x_0} \cdot \ln a = a(a-1)$$

$$a^{x_0-1} \cdot \ln a = a - 1$$

$$a^{x_0-1} = \frac{a-1}{\ln a}$$

$$\Rightarrow e^{(x_0-1)\cdot \ln a} = \frac{a-1}{\ln a}$$

$$(x_0 - 1) \cdot \ln a = \ln\left(\frac{a-1}{\ln a}\right)$$

$$\Rightarrow x_0 = \frac{\ln(a-1) - \ln(\ln a)}{\ln a} + 1.$$

**Aufgabe 20.14**

Seien $f$, $g$ integrierbar auf $[a, b]$ mit $\underline{M} = \inf\limits_{[a,\,b]} f(x)$, $\overline{M} = \sup\limits_{[a,\,b]} f(x)$, $g(x) \geq 0$ und $\underline{M} \leq \mu \leq \overline{M}$. Dann gilt der allgemeine MWS.

$$\underline{M}\int_a^b g(x)\, dx \leq \int_a^b f(x)g(x)\, dx \leq \overline{M}\int_a^b g(x)\, dx,$$

$$\int_a^b f(x)g(x)\, dx = \mu \int_a^b g(x)\, dx$$

Bestimmen Sie für die Funktionen $f(x), g(x)$ nach dem MWS den Wert $\mu$.

$$f(x) = x, \quad 0 \leq x \leq 4$$
$$g(x) = x^2, \quad x \in \mathbb{R}$$
$$[a,b] = [0,4]$$

Gilt $\mu = f(\xi), \xi \in (a,b)$?

**Lösung:**

- $f$ stetig $\overset{\text{Th. 28.3}}{\Rightarrow}$ $f$ integrierbar auf $I = [0,4]$
- $g$ stetig $\overset{\text{Th. 28.3}}{\Rightarrow}$ $g$ integrierbar auf $I$
- Allg. MWS

$$\underline{M} = \inf_I f(x) = 0, \quad \overline{M} = \sup_I f(x) = 4$$

- $0 \leq \int_a^b f(x)\, g(x)\, dx \leq \overline{M}\int_a^b g(x)\, dx$

$$\int\limits_0^4 x \cdot x^2 \, dx = \int\limits_0^4 x^3 = \frac{1}{4}x^4 \Big|_0^4 = 64 - 0 = 64$$

$$\int\limits_0^4 x^2 \, dx = \frac{1}{3}x^3 \Big|_0^4 = \frac{64}{3}$$

$$0 \leq \int\limits_0^4 x^3 \, dx \leq 4 \cdot \frac{64}{3}$$

- $$\int\limits_0^4 x^3 \, dx = \mu \cdot \int\limits_0^4 x^2 \, dx$$
  $$64 = \mu \frac{64}{3}$$
  $$\mu = 3$$
- $\mu = f(\xi) = f(3).$

## 20.4 Berechnung des Flächeninhalts

**Aufgabe 20.15**

Berechnen Sie den Flächeninhalt der Figur, die von der Parabel $y = x^2 - 4x + 5$, der $x$-Achse und den Geraden $x = 3$ und $x = 5$ begrenzt wird.

**Lösung:**

$$\int\limits_3^5 (x^2 - 4x + 5) \, dx = \left[\frac{1}{3}x^3 - 2x^2 + 5x\right]_3^5$$

$$= \frac{1}{3} \cdot 5^3 - 2 \cdot 5^2 + 25 - \left(\frac{1}{3} \cdot 3^3 - 2 \cdot 3^2 + 5 \cdot 3\right) = \frac{32}{3}.$$

**Aufgabe 20.16**

a) Man bestimme die zwischen den Kurven $y = f(x) = x$ und $y = g(x) = |x(x-1)|$ gelegene Fläche in dem Intervall $x \in [a, b]$, in dem $f(x)$ oberhalb $g(x)$ verläuft: $f(x) \geq g(x)$

b) Wie groß ist in a) die Fläche zwischen $g(x)$ und der $x$-Achse?

<u>Hinweis:</u>

Man skizziere die Funktion $f(x)$ und $g(x)$ (Bestimmung des Intervalls $[a,b]$).

**Lösung:**

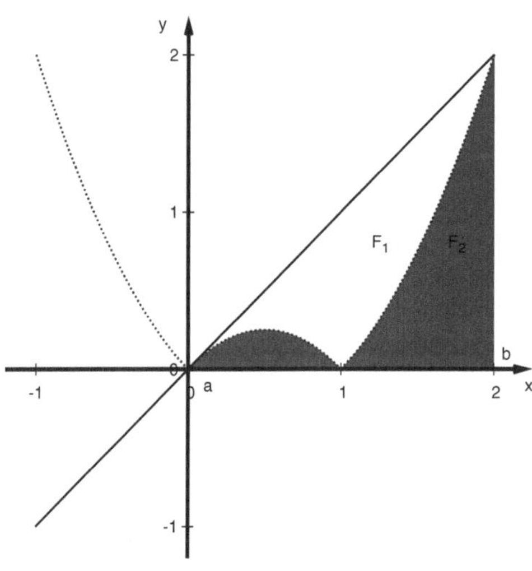


**Abb. 20.1** Bild zu Aufgabe 20.16

a) <u>Schnittpunkte:</u>

$$f(x) \geq g(x) \Rightarrow x \geq 0$$

Für $x \geq 0$ :

$$g(x) = \begin{cases} x(1-x) & \text{für } 0 \leq x < 1 \\ x(x-1) & \text{für } x \geq 1 \end{cases}$$

$x \in [0,1] : x = x(1-x) \Leftrightarrow -x^2 = 0 \Rightarrow x = 0 \Rightarrow a = 0$

$x \in [1,b] : x = x(x-1) \Leftrightarrow x^2 - 2x = 0 \Rightarrow x = 2 \Rightarrow b = 2$

$$F_1 = \int\limits_a^b (f(x) - g(x))\, dx = \int\limits_0^2 (x - |x(x-1)|)\, dx$$

$$= \int\limits_0^1 [x - x(1-x)]\, dx + \int\limits_1^2 [x - x(x-1)]\, dx$$

$$= \int\limits_0^1 x^2\, dx + \int\limits_1^2 (2x - x^2)\, dx$$

$$= \left. \frac{x^3}{3} \right|_0^1 + \left. \left( x^2 - \frac{x^3}{3} \right) \right|_1^2$$

$$= \frac{1}{3} + (4 - 1) - \frac{1}{3}(8 - 1) = 3 - \frac{6}{3} = 1$$

b)

$$F_2 = \frac{1}{2} b f(b) - F_1 = \frac{1}{2} \cdot 2 \cdot 2 - 1 = 1.$$

**Aufgabe 20.17**

Zeigen Sie, dass für jedes $t \geq 0$ der zum Punkt $(\cosh t, \sinh t)$ gehörige, skizzierte Hyperbelsektor den Flächeninhalt $F = t$ besitzt.

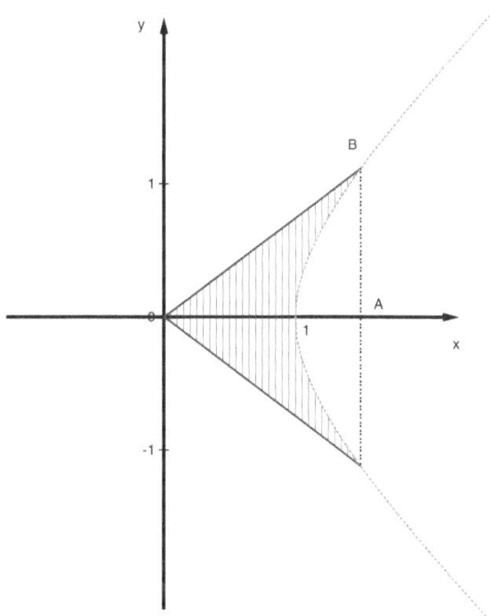


**Abb. 20.2**  Bild zu Aufgabe 20.17

**Lösung:**

$x^2 - y^2 = 1 \Leftrightarrow y^2 = x^2 - 1 \Rightarrow y = \sqrt{x^2 - 1}$ (obere Hälfte)

$$F = 2 \cdot F(\Delta OAB) - 2 \int_1^{\cosh t} \sqrt{x^2 - 1}\, dx$$

$$= 2 \cdot \frac{1}{2} \cosh t \sinh t - 2 \cdot \frac{1}{2} \left[ x\sqrt{x^2 - 1} - \operatorname{arcosh} x \right]_1^{\cosh t}$$

$$= \cosh t \sinh t - \left[ \cosh t \sqrt{\cosh^2 t - 1} - \operatorname{arcosh}(\cosh t) - 0 \right]$$

$$= \cosh t \sinh t - \cosh t \sqrt{\sinh^2 t} + t$$

$$= \cosh t \sinh t - \cosh t \sinh t + t \;\; = t.$$

**Aufgabe 20.18**

Berechnen Sie das von den Parabeln $y = x^2 - 4x$ und $y = -\dfrac{1}{5}x^2 + 2x$ eingeschlossene Flächenstück den Flächeninhalt $A$ sowie den Flächenschwerpunkt $S$.

**Lösung:**

Zuerst brauchen wir die Schnittpunkte der beiden Parabeln:

$$x^2 - 4x = -\frac{1}{5}x^2 + 2x \iff \frac{6}{5}x^2 - 6x = 0 \iff x = 0, x = 5$$

$$\Rightarrow A = \int_0^5 \left( -\frac{1}{5}x^2 + 2x - x^2 + 4x \right) dx = \int_0^5 \left( -\frac{6}{5}x^2 + 6x \right) dx = \left[ -\frac{2}{5}x^3 + 3x^2 \right]_0^5$$

$$= -50 + 75 = 25$$

Berechnung des Schwerpunkts:

$$x_s = \frac{1}{A} \cdot \int_0^5 x \left( -\frac{6}{5}x^2 + 6x \right) dx = \frac{1}{25} \int_0^5 \left( -\frac{6}{5}x^3 + 6x^2 \right) dx = \frac{1}{25} \left[ -\frac{3}{10}x^4 + 2x^3 \right]_0^5$$

$$= \frac{1}{25} \left( -\frac{375}{2} + 250 \right) = \frac{1}{25} \cdot \frac{125}{2} = \frac{5}{2}$$

$$y_s = \frac{1}{2A} \int_0^5 \left( \left( -\frac{1}{5}x^2 + 2x \right)^2 - (x^2 - 4x)^2 \right) dx$$

$$= \frac{1}{50} \int_0^5 \left( -\frac{24}{25}x^4 + \frac{36}{5}x^3 - 12x^2 \right) dx$$

$$= \frac{1}{50} \left[ -\frac{24}{125}x^5 + \frac{9}{5}x^4 - 4x^3 \right]_0^5 = \frac{1}{50}\left( -600 + 1125 - 500 \right) = \frac{1}{2}.$$

**Aufgabe 20.19**

Berechnen Sie den endlichen Flächeninhalt zwischen den Kurven $f_1(x)$ und $f_2(x)$:

a)

$$f_1(x) = 2x + 3$$
$$f_2(x) = x^2$$

b)

$$f_1(x) = 3 - \frac{x^2}{2}$$

$$f_2(x) = \frac{x^2}{4}$$

**Lösung:**

a) Schnittpunkte:

$$x^2 = 2x + 3 \quad \Leftrightarrow \quad x^2 - 2x - 3 = 0$$
$$\Leftrightarrow \quad x_{1,2} = \frac{1}{2} \cdot \left( 2 \pm \sqrt{4 - 4 \cdot 1 \cdot (-3)} \right)$$

$$\Rightarrow x_1 = \frac{1}{2} \cdot (2 - 4) = -1,$$

$$x_2 = \frac{1}{2} \cdot (2 + 4) = 3$$

$$\Rightarrow F = \int_{x_1}^{x_2} f_1(x)\,dx - \int_{x_1}^{x_2} f_2(x)\,dx$$

$$= \int_{x_1}^{x_2} (f_1(x) - f_2(x))\,dx$$

$$= \int_{x_1}^{x_2} (2x + 3 - x^2)\,dx$$

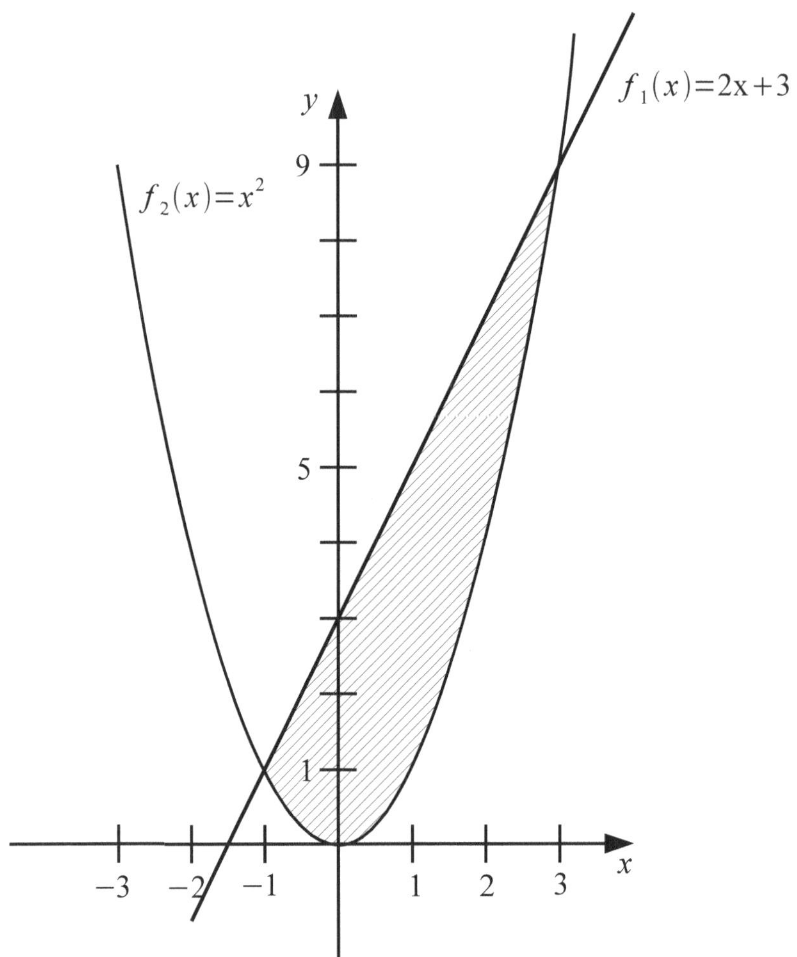


**Abb. 20.3** Bild zu Teilaufgabe a)

$$= \left[ x^2 + 3x - \tfrac{1}{3}x^3 \right]_{-1}^{3}$$

$$= 9 + 9 - 9 - (1 - 3 + \tfrac{1}{3}) = \tfrac{32}{3}$$

b) Schnittpunkte:

$$f_1 = f_2 \quad \Leftrightarrow \quad 3 - \frac{x^2}{2} = \frac{x^2}{4}$$
$$\Leftrightarrow \quad -\frac{x^2}{2} - \frac{x^2}{4} = -3$$
$$\Leftrightarrow \quad \tfrac{3}{4}x^2 = 3$$
$$\Leftrightarrow \quad x^2 = 2^2$$

$$\Rightarrow \quad x_1 = -2, \quad x_2 = 2$$

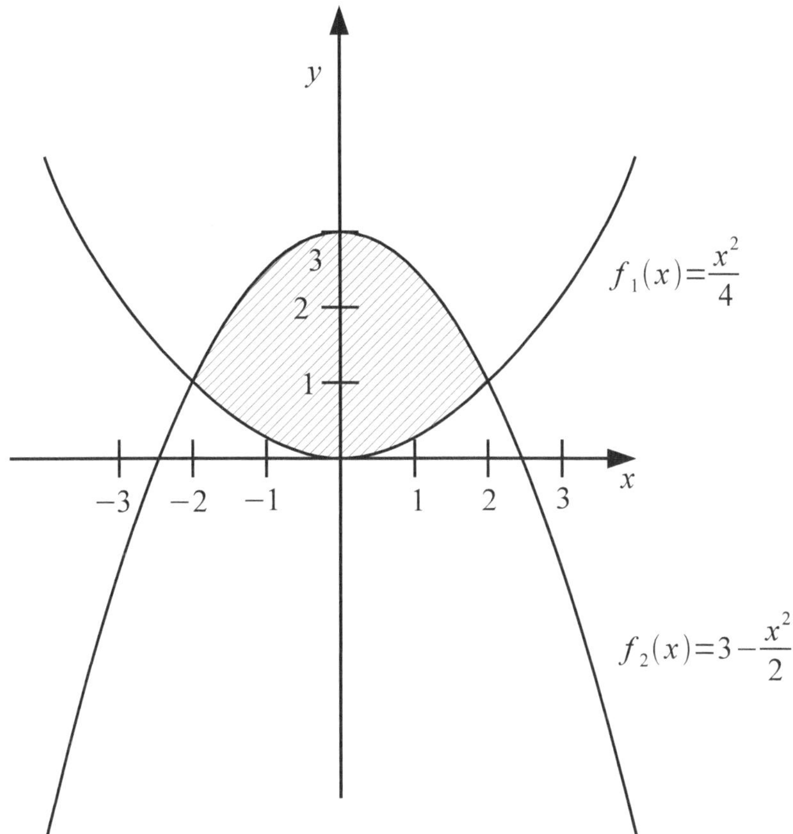



**Abb. 20.4** Bild zu Teilaufgabe b)

$$\Rightarrow F = \int\limits_{-2}^{2}\left(3-\frac{x^2}{2}-\frac{x^2}{4}\right)dx = \int\limits_{-2}^{2}\left(3-\frac{3}{4}\cdot x^2\right)dx = \left[3x-\frac{3}{12}x^3\right]_{-2}^{2}$$

$$= \left[3x-\frac{1}{4}x^3\right]_{-2}^{2} = 6-\frac{8}{4}-\left(-6+\frac{8}{4}\right) = 8.$$

**Aufgabe 20.20**

Bestimmen Sie die durch

$$f_1(x) = \frac{1}{\cos^2 x}$$
$$f_2(x) = \frac{4}{\pi}x+1 \quad \text{mit } x \in [0,\tfrac{\pi}{3}]$$

begrenzte Fläche.

Hinweis: Schnittpunkte $x_1 = 0, x_2 = \dfrac{\pi}{4}$

**Lösung:**

$$f_1(x) = \frac{1}{\cos^2 x}, \quad f_2(x) = \frac{4}{\pi} \cdot x + 1, \quad x \in \left[0, \frac{\pi}{3}\right]$$

Schnittpunkte: $\quad x = 0, \quad x = \dfrac{\pi}{4}$

$$\Rightarrow F = \int\limits_0^{\frac{\pi}{3}} |f_2(x) - f_1(x)|\, dx$$

$$= \int\limits_0^{\frac{\pi}{4}} (f_2(x) - f_1(x))\, dx + \int\limits_{\frac{\pi}{4}}^{\frac{\pi}{3}} (f_1(x) - f_2(x))\, dx$$

$$= \int\limits_0^{\frac{\pi}{4}} \left( \frac{4}{\pi} \cdot x + 1 - \frac{1}{\cos^2 x} \right) dx + \int\limits_{\frac{\pi}{4}}^{\frac{\pi}{3}} \left( \frac{1}{\cos^2 x} - 1 - \frac{4}{\pi} \cdot x \right) dx$$

$$= \left[ \frac{2}{\pi} \cdot x^2 + x - \tan x \right]_0^{\frac{\pi}{4}} + \left[ \tan x - x - \frac{2}{\pi} \cdot x^2 \right]_{\frac{\pi}{4}}^{\frac{\pi}{3}}$$

$$= \frac{2}{\pi} \cdot \frac{\pi^2}{16} + \frac{\pi}{4} - 1 - 0 + \sqrt{3} - \frac{\pi}{3} - \frac{2}{\pi} \cdot \frac{\pi^2}{9} - \left( 1 - \frac{\pi}{4} - \frac{2}{\pi} \cdot \frac{\pi^2}{16} \right)$$

$$= \frac{\pi}{8} + \frac{\pi}{4} - 1 + \sqrt{3} - \frac{\pi}{3} - \frac{2 \cdot \pi}{9} - 1 + \frac{\pi}{4} + \frac{\pi}{8}$$

$$= \frac{3}{4}\pi - \frac{5}{9}\pi + \sqrt{3} - 2$$

$$= \sqrt{3} - 2 + \frac{7 \cdot \pi}{36} \approx 0,34\ldots.$$

# Kapitel 21
# Partielle Integration - Integration durch Substitution

**Partielle Integration** (Theorem 29.1, Kap. 29.1)
Sind die Funktionen $f, g$ auf einem Intervall $I$ definiert und haben dort stetige Ableitungen $f', g'$ so gilt

$$\int f'g = fg - \int fg'.$$

**Integration durch Substitution**
**Regel I** (Theorem 29.3 (Erste Substitutionsregel), Kap. 29.2)
Es seien $I, J$ Intervalle, $f$ eine auf $I$ stetige Funktion und $\varphi$ eine auf $J$ differenzierbare Funktion mit $\varphi(J) \subset I$. Dann gilt

$$\int f\Big(\varphi(x)\Big) \varphi'(x)\, dx = \int f(t)\, dt\big|_{t=\varphi(x)}.$$

**Regel II** (Theorem 29.4 (Zweite Substitutionsregel), Kap. 29.2)
Es seien $I, J$ Intervalle, $f$ eine auf $I$ stetige Funktion und $\psi$ eine auf $J$ differenzierbare, eineindeutige Funktion mit $\psi(J) = I$. Dann gilt

$$\int f(x)\, dx = \int f\Big(\psi(t)\Big) \psi'(t)\, dt\big|_{t=\psi^{-1}(x)}.$$

Unter der Voraussetzung von der Regel I (bzw. Regel II) gilt für beliebige $a, b \in J$ (bzw. $I$):

$$\int\limits_a^b f\Big(\varphi(x)\Big) \varphi'(x)dx = \int\limits_{\varphi(a)}^{\varphi(b)} f(t)\, dt$$

$$\left(\text{bzw.} \int\limits_a^b f(x)dx = \int\limits_{\psi^{-1}(a)}^{\psi^{-1}(b)} f\Big(\psi(t)\Big) \psi'(t)\, dt\right).$$

(Theorem 29.5 (bzw. 29.6), Kap. 29.2).

K. Marti, *Übungsbuch zum Grundkurs Mathematik für Ingenieure,*
*Natur- und Wirtschaftswissenschaftler*, Physica-Lehrbuch,
DOI 10.1007/978-3-7908-2610-4_21, © Springer-Verlag Berlin Heidelberg 2010

## 21.1 Partielle Integration

**Aufgabe 21.1**
Mit Hilfe von partieller Integration bestimme man:

a) $\int x \sin x \, dx$

b) $\int x^2 \ln x \, dx$

c) $\int \ln x \, dx$

d) $\int e^x \sin x \, dx$

e) $\int x \ln(x-1) \, dx$

f) $\int x^2 \sin x \, dx$

g) $\int x^2 \cos x \, dx$

h) $\int \sin x \cos x \, dx$

i) $\int x e^{3x} \, dx$

j) $\int x^2 \sin 4x \, dx$

k) $\int x^3 \sin 5x \, dx$

l) $\int \sin^2 x \, dx$

m) $\int \cos^2 x \, dx$

n) $\int (\ln x)^2 \, dx$

o) $\int x \sin(\ln x) \, dx$

p) $\int \dfrac{1}{(x^2+1)^2} \, dx$

     Hinweis: Das Integral soll ohne Rekursionsformel ausgerechnet werden: $1 = (x^2+1) - x^2$; partielle Integration für $\dfrac{x^2}{(x^2+1)^2}$

q) $\int \arcsin x \, dx$

r) $\int \operatorname{arctg} x \, dx$

s) $\int e^{ax} \sin(bx) \, dx$

t) $\int e^{ax} \cos(bx) \, dx$

**Lösung:**

a) $I = \displaystyle\int x \sin x\, dx$

$$u = x \quad v' = \sin x$$
$$u' = 1 \quad v = -\cos x$$

$$I = -x\cos x + \int \cos x\, dx$$
$$I = -x\cos x + \sin x + c$$

b) $I = \displaystyle\int x^2 \ln x\, dx$

$$u = \ln x \quad v' = x^2$$
$$u' = \frac{1}{x} \quad v = \frac{1}{3}x^3$$

$$I = \frac{1}{3}x^3 \ln x - \frac{1}{3}\int x^2\, dx$$
$$I = \frac{1}{3}x^3 \left(\ln x - \frac{1}{3}\right) + c$$

c) $\displaystyle\int \ln x\, dx$

$$f(x) = \ln x \quad \Rightarrow \quad f'(x) = \frac{1}{x}$$
$$g'(x) = 1 \quad \Rightarrow \quad g(x) = x$$

$$\int \ln x\, dx = \ln x \cdot x - \int \frac{1}{x}\cdot x\, dx = \ln x \cdot x - x + c$$

d) $I = \displaystyle\int e^x \sin x\, dx$

$$f(x) = e^x \quad \Rightarrow \quad f'(x) = e^x$$
$$g'(x) = \sin x \quad \Rightarrow \quad g(x) = -\cos x$$

$$\Rightarrow I = e^x(-\cos x) - \underbrace{\int e^x(-\cos x)\, dx}_{I_1 = +\int e^x \cos x\, dx}$$

d.h. für $I_1$:
$$f_1(x) = e^x \quad \Rightarrow \quad f_1'(x) = e^x$$
$$g_1'(x) = \cos x \quad \Rightarrow \quad g_1(x) = \sin x$$

$$\Rightarrow I = \int e^x \sin x\, dx = -e^x \cos x + e^x \sin x - \int e^x \sin x\, dx$$

$$\Leftrightarrow \quad 2\int e^x \sin x\, dx = e^x(\sin x - \cos x)$$

$$\Rightarrow \quad \int e^x \sin x\, dx = \frac{1}{2} e^x(\sin x - \cos x) + c$$

e) $I = \int x \ln(x-1)\, dx$

$$f(x) = \ln(x-1) \Rightarrow f'(x) = \frac{1}{x-1}$$
$$g'(x) = x \qquad \Rightarrow g(x) = \frac{1}{2}x^2$$

$$\Rightarrow I = (\ln(x-1)) \cdot \frac{1}{2}x^2 - \underbrace{\int \frac{1}{x-1} \cdot \frac{1}{2}x^2\, dx}_{=\frac{1}{2}I_1}$$

$$I_1 = \int \frac{(x^2-1)+1}{x-1}\, dx = \int (x+1)\, dx + \int \frac{dx}{x-1}$$
$$= x + \frac{1}{2}x^2 + \ln(x-1) + c$$
$$\Rightarrow I = \ln(x-1) \cdot \frac{1}{2}x^2 - \frac{1}{2}\left(\frac{1}{2}x^2 + x + \ln(x-1)\right) + c$$
$$= \frac{1}{2}\left(\ln(x-1)x^2 - \frac{1}{2}x^2 - x - \ln(x-1)\right) + c$$
$$= \frac{1}{2}\left((x^2-1)\ln(x-1) - x - \frac{1}{2}x^2\right) + c$$

f) $\int \underbrace{x^2}_{u} \underbrace{\sin x}_{v'}\, dx = -x^2 \cos x - \int -2x \cos x\, dx$

$$= -x^2 \cos x + 2 \int \underbrace{x}_{u} \underbrace{\cos x}_{v'}\, dx$$

$$= -x^2 \cos x + 2\left(x \sin x - \int 1 \cdot \sin x\, dx\right)$$

$$= -x^2 \cos x + 2(x \sin x + \cos x + c)$$

$$= -x^2 \cos x + 2x \sin x + 2\cos x + \underbrace{2c}_{=c_1}$$

g) $\int \underbrace{x^2}_{u} \underbrace{\cos x}_{v'}\, dx = x^2 \sin x - \int 2x \sin x\, dx$

$$= x^2 \sin x - 2 \int x \sin x\, dx$$

$$\overset{\text{Teilaufgabe a)}}{=} x^2 \sin x - 2(-x \cos x + \sin x + c)$$
$$= x^2 \sin x + 2x \cos x - 2\sin x \underbrace{-2c}_{=c_1}$$

h) $\displaystyle\int \underbrace{\sin x}_{u}\ \underbrace{\cos x}_{v'}\, dx = \sin^2 x - \int \cos x \sin x\, dx$

$\Rightarrow \quad \displaystyle\int f(x)\, dx = \sin^2 x - \int f(x)\, dx$

$\Rightarrow \quad \displaystyle 2\int f(x)\, dx = \sin^2 x$

$\Rightarrow \quad \displaystyle\int \sin x \cos x\, dx = \frac{1}{2}\sin^2 x + c$

i) $\displaystyle\int \underbrace{x}_{u}\ \underbrace{e^{3x}}_{v'}\, dx = x\cdot\frac{1}{3}e^{3x} - \int 1\cdot\frac{1}{3}e^{3x}\, dx$

$\displaystyle = \frac{1}{3}xe^{3x} - \frac{1}{3}\int e^{3x}\, dx$

$\displaystyle = \frac{1}{3}\left(xe^{3x} - \frac{1}{3}e^{3x} + c\right)$

j) $\displaystyle\int \underbrace{x^2}_{u}\ \underbrace{\sin 4x}_{v'}\, dx = -\frac{1}{4}x^2\cos 4x - \int -2x\cos 4x\cdot\frac{1}{4}\, dx$

$\displaystyle = -\frac{1}{4}x^2\cos 4x + \frac{1}{2}\left(\frac{1}{4}x\sin 4x - \int 1\cdot\frac{1}{4}\sin 4x\, dx\right)$

$\displaystyle = -\frac{1}{4}x^2\cos 4x + \frac{1}{2}\left(\frac{1}{4}x\sin 4x - \frac{1}{4}\int \sin 4x\, dx\right)$

$\displaystyle = -\frac{1}{4}x^2\cos 4x + \frac{1}{2}\left(\frac{1}{4}x\sin 4x - \frac{1}{4}\left(-\frac{1}{4}\cos 4x + c\right)\right)$

$\displaystyle = -\frac{1}{4}x^2\cos 4x + \frac{1}{8}x\sin 4x + \frac{1}{32}\cos 4x \underbrace{-\frac{1}{8}c}_{=c_1}$

k)

$$\int \underbrace{x^3}_{u}\ \underbrace{\sin 5x}_{v'}\,dx = -\frac{x^3}{5}\cos 5x + \frac{3}{5}\int \underbrace{x^2}_{u}\ \underbrace{\cos 5x}_{v'}\,dx$$

$$= -\frac{x^3}{5}\cos 5x + \frac{3}{25}x^2\sin 5x - \frac{3}{25}\int \underbrace{2x}_{u}\ \underbrace{\sin 5x}_{v'}\,dx$$

$$= -\frac{x^3}{5}\cos 5x + \frac{3}{25}x^2\sin 5x + \frac{6}{125}x\cos 5x - \frac{3}{125}\int 2\cos 5x\,dx$$

$$= -\frac{x^3}{5}\cos 5x + \frac{3}{25}x^2\sin 5x + \frac{6}{125}x\cos 5x - \frac{6}{625}\sin 5x + c$$

$$= \cos 5x\left(\frac{6}{125}x - \frac{x^3}{5}\right) + \sin 5x\left(-\frac{6}{625} + \frac{3}{25}x^2\right) + c$$

l)

$$\int \sin^2 x\,dx = \int \underbrace{\sin x}_{u}\ \underbrace{\sin x}_{v'}\,dx$$

$$= -\sin x\cos x - \int \cos x(-\cos x)\,dx$$

$$= -\sin x\cos x + \int \cos^2 x\,dx$$

$$= -\sin x\cos x + \int (1 - \sin^2 x)\,dx$$

$$= -\sin x\cos x + \int 1\,dx - \int \sin^2 x\,dx$$

$$\Rightarrow\quad 2\int f(x)\,dx = -\sin x\cos x + x + c$$

$$\Rightarrow\quad \int \sin^2 x\,dx = \frac{1}{2}(-\sin x\cos x + x) + \underbrace{\frac{c}{2}}_{=c_1}$$

m)

$$\int \cos^2 x\,dx = \int (1 - \sin^2 x)\,dx$$

$$= \int 1\,dx - \int \sin^2 x\,dx$$

$$\overset{\text{Teilaufgabe l)}}{=} x + c_0 - \frac{1}{2}(-\sin x\cos x + x) - c_1$$

$$= x - \frac{1}{2}x + \frac{1}{2}\sin x\cos x + \underbrace{c_0 - c_1}_{c}$$

$$= \frac{1}{2}(x + \sin x\cos x) + c$$

n) $\displaystyle \int (\ln x)^2\, dx = \int \underbrace{\ln x}_{u}\, \underbrace{\ln x}_{v'}\, dx$

$\displaystyle \int \ln x\, dx \overset{\text{Teilaufgabe c)}}{=} x(\ln x - 1) + c$

$\displaystyle \Rightarrow \quad \int \underbrace{\ln x}_{u}\, \underbrace{\ln x}_{v'}\, dx = \ln x \cdot x(\ln x - 1) - \int \frac{1}{x} \cdot x(\ln x - 1)\, dx$

$\displaystyle = \ln x \cdot x(\ln x - 1) - \int \ln x\, dx + \int 1\, dx$

$\displaystyle = \ln x \cdot x(\ln x - 1) - x(\ln x - 1) - c_1 + x + c_2$

$\displaystyle = 2x - 2x\ln x + x(\ln x)^2 + c_3$

o)

$\displaystyle I_1 := \int \underbrace{x}_{=u'}\, \underbrace{\sin(\ln x)}_{=v}\, dx = \frac{1}{2}x^2 \sin(\ln x) - \int \frac{1}{2}x^2 \cdot \frac{1}{x} \cos(\ln x)\, dx$

$\displaystyle = \frac{1}{2}x^2 \sin(\ln x) - \frac{1}{2}\int x \cdot \cos(\ln x)\, dx$

$\displaystyle \int \underbrace{x}_{=u'}\, \underbrace{\cos(\ln x)}_{=v}\, dx = \frac{1}{2}x^2 \cos(\ln x) - \int \frac{1}{2}x^2 \cdot \left(-\frac{1}{x}\sin(\ln x)\right)\, dx$

$\displaystyle = \frac{1}{2}x^2 \cos(\ln x) + \frac{1}{2}I_1$

$\displaystyle \Rightarrow \quad I_1 = \frac{1}{2}x^2 \sin(\ln x) - \frac{1}{4}x^2 \cos(\ln x) - \frac{1}{4}I_1$

$\displaystyle \Rightarrow \quad \frac{5}{4}I_1 = \frac{1}{2}x^2 \sin(\ln x) - \frac{1}{4}x^2 \cos(\ln x)$

$\displaystyle \Rightarrow \quad I_1 = \frac{1}{5}x^2 (2\sin(\ln x) - \cos(\ln x)) + c$

p)

$\displaystyle I = \int \frac{1}{(x^2+1)^2}\, dx = \int \left( \frac{x^2+1}{(x^2+1)^2} - \frac{x^2}{(x^2+1)^2} \right)\, dx$

$\displaystyle = \int \frac{1}{x^2+1}\, dx - \int \frac{x^2}{(x^2+1)^2}\, dx = \int \frac{1}{x^2+1}\, dx - \left( \int \underbrace{x}_{=u} \cdot \underbrace{\frac{x}{(x^2+1)^2}}_{=v'}\, dx \right)$

$\displaystyle = \int \frac{1}{x^2+1}\, dx - \left( x \cdot \frac{-1}{2(x^2+1)} - \int \frac{-1}{2(x^2+1)}\, dx \right) = \frac{1}{2}\int \frac{1}{x^2+1}\, dx + \frac{1}{2}\frac{x}{x^2+1}$

$\displaystyle = \frac{1}{2}\arctan x + \frac{1}{2}\frac{x}{x^2+1} + c$

q) $\displaystyle\int \arcsin x\,dx = \int \underbrace{1}_{v'}\,\underbrace{\arcsin x}_{u}\,dx$

$\displaystyle = x\arcsin x - \int x(\arcsin x)'\,dx$

$\displaystyle \overset{(\arcsin x)' = \frac{1}{\sqrt{1-x^2}}}{=} x\arcsin x - \int \frac{x}{\sqrt{1-x^2}}\,dx$

$\displaystyle = x\arcsin x + \sqrt{1-x^2} + c$

r) $\displaystyle\int \arctan x\,dx = \int \underbrace{1}_{v'}\,\underbrace{\arctan x}_{u}\,dx$

$\displaystyle \overset{(\arctan x)' = \frac{1}{1+x^2}\,(\text{s.Aufg. }16.5)}{=} x\arctan x - \int x\frac{1}{1+x^2}\,dx$

$\displaystyle = x\arctan x - \int \frac{x}{1+x^2}\,dx$

$\displaystyle = x\arctan x - \frac{1}{2}\int \frac{2x}{1+x^2}\,dx$

$\displaystyle = x\arctan x - \frac{1}{2}\ln|1+x^2| + c$

$\displaystyle = x\arctan x - \frac{1}{2}\ln(1+x^2) + c$

s) $\displaystyle\int \underbrace{e^{ax}}_{u}\,\underbrace{\sin(bx)}_{v'}\,dx = e^{ax}\frac{1}{b}(-\cos(bx)) - \int ae^{ax}\frac{1}{b}(-\cos(bx))\,dx$

$\displaystyle = -\frac{1}{b}e^{ax}\cos(bx) + \frac{a}{b}\int \underbrace{e^{ax}}_{u}\,\underbrace{\cos(bx)}_{v'}\,dx$

$\displaystyle = -\frac{1}{b}e^{ax}\cos(bx) + \frac{a}{b}\left(e^{ax}\frac{1}{b}\sin(bx) - \int ae^{ax}\cdot\frac{1}{b}\sin(bx)\,dx\right)$

$\displaystyle = -\frac{1}{b}e^{ax}\cos(bx) + \frac{a}{b}\left(\frac{1}{b}e^{ax}\sin(bx) - \frac{a}{b}\int e^{ax}\sin(bx)\,dx\right)$

$\displaystyle \Rightarrow\quad \underbrace{\left(1+\frac{a^2}{b^2}\right)}_{\frac{b^2+a^2}{b^2}}\int e^{ax}\sin(bx)\,dx = -\frac{1}{b}e^{ax}\cos(bx) + \frac{a}{b^2}e^{ax}\sin(bx)$

$\displaystyle \Rightarrow\quad \int e^{ax}\sin(bx)\,dx = \frac{1}{a^2+b^2}e^{ax}(a\sin(bx) - b\cos(bx)) + c$

t) Teilaufgabe c) $\quad\Rightarrow\quad \int e^{ax}\cos(bx)\,dx = \frac{1}{a}e^{ax}\cos(bx) + \frac{b}{a}\int e^{ax}\sin(bx)\,dx$

$$\overset{\text{Teilaufgabe c)}}{=} \frac{1}{a}e^{ax}\cos(bx) + \frac{b}{a}\cdot\frac{e^{ax}}{a^2+b^2}\left(a\sin(bx) - b\cos(bx)\right)$$

$$= \frac{1}{a}e^{ax}\left(\cos(bx) + \frac{b}{a^2+b^2}\left(a\sin(bx) - b\cos(bx)\right)\right)$$

$$= \frac{1}{a}e^{ax}\frac{1}{a^2+b^2}\left((a^2+b^2)\cos(bx) + ab\sin(bx) - b^2\cos(bx)\right)$$

$$= \frac{e^{ax}}{a^2+b^2}\left(a\cos(bx) + b\sin(bx)\right).$$

**Aufgabe 21.2**

Berechnen Sie die folgenden Integrale nach dem Verfahren der partiellen Integration:

a) $\int \sin(ax)\sin(bx)\,dx$ für $|a| \neq |b|$, $a,b \neq 0$

b) $\int \cos(ax)\cos(bx)\,dx$ für $|a| \neq |b|$, $a,b \neq 0$

c) $\int (f(x))^n f'(x)\,dx \quad n \in \mathbb{N}$

**Lösung:**

a) $\int \sin(ax)\sin(bx)\,dx$

$$f(x) = \sin(ax) \quad g'(x) = \sin(bx)$$

$$\Rightarrow f'(x) = a\cos(ax), \quad g(x) = -\frac{1}{b}\cos(bx)$$

$$\Rightarrow \int \sin(ax)\sin(bx)\,dx = -\frac{1}{b}\sin(ax)\cos(bx) + \frac{a}{b}\int \cos(ax)\cos(bx)\,dx$$

$$f_1(x) = \cos(ax) \quad g_1'(x) = \cos(bx)$$

$$\Rightarrow f_1'(x) = -a\sin(ax) \quad g_1(x) = \frac{1}{b}\sin(bx)$$

$$\Rightarrow \int \cos(ax)\cos(bx)\,dx = \frac{1}{b}\cos(ax)\sin(bx) + \frac{a}{b}\int \sin(ax)\sin(bx)\,dx$$

$$\Rightarrow \left(1 - \frac{a^2}{b^2}\right)\int \sin(ax)\sin(bx)\,dx = -\frac{1}{b}\sin(ax)\cos(bx) + \frac{a}{b^2}\cos(ax)\sin(bx)$$

$$\Rightarrow \int \sin(ax)\sin(bx)\,dx = \frac{1}{a^2-b^2}\left(b\sin(ax)\cos(bx) - a\cos(ax)\sin(bx)\right) + c$$

b) $I = \displaystyle\int \underbrace{\cos(ax)}_{f(x)}\,\underbrace{\cos(bx)}_{g'(x)}\,\mathrm{d}x$

$$f(x) = \cos(ax) \qquad\qquad g'(x) = \cos(bx)$$
$$f'(x) = -a\sin(ax) \qquad\quad g(x) = \frac{1}{b}\sin(bx)$$

$$I = \frac{1}{b}\cos(ax)\sin(bx) + \frac{a}{b}\underbrace{\int \sin(ax)\sin(bx)\mathrm{d}x}_{I_1}$$

$$I_1 = \int \underbrace{\sin(ax)}_{f_1(x)}\,\underbrace{\sin(bx)}_{g_1'(x)}\,\mathrm{d}x = -\frac{1}{b}\sin(ax)\cos(bx) + \frac{a}{b}\underbrace{\int \cos(ax)\cos(bx)\mathrm{d}x}_{I}$$

$$f_1(x) = \sin(ax) \qquad\qquad g_1'(x) = \sin(bx)$$
$$f_1'(x) = a\cos(ax) \qquad\quad g_1(x) = -\frac{1}{b}\cos(bx)$$

$$\Rightarrow I = \frac{1}{b}\cos(ax)\sin(bx) - \frac{a}{b^2}\sin(ax)\cos(bx) + \frac{a^2}{b^2}\cdot I \qquad\left| -\frac{a^2}{b^2}\cdot I \right.$$

$$\Rightarrow \left(1 - \frac{a^2}{b^2}\right)\int \cos(ax)\cos(bx)\mathrm{d}x = \frac{1}{b}\cos(ax)\sin(bx) - \frac{a}{b^2}\sin(ax)\cos(bx)$$

$$\Rightarrow (b^2 - a^2)\int \cos(ax)\cos(bx)\mathrm{d}x = b\cos(ax)\sin(bx) - a\sin(ax)\cos(bx)$$

$$\Rightarrow I = \frac{b\cos(ax)\sin(bx) - a\sin(ax)\cos(bx)}{b^2 - a^2}$$

Nebenrechnung:

$$(a-b)\sin((a+b)x) + (a+b)\sin((a-b)x)$$
$$= (a-b)\sin(ax+bx) + (a+b)\sin(ax-bx)$$
$$= (a-b)(\sin(ax)\cos(bx) + \cos(ax)\sin(bx)) + (a+b)(\sin(ax)\cos(bx)$$
$$\quad - \cos(ax)\sin(bx))$$
$$= 2a\sin(ax)\cos(bx) - 2b\cos(ax)\sin(bx)$$

$$\Rightarrow \frac{b\cos(ax)\sin(bx) - a\sin(ax)\cos(bx)}{b^2 - a^2}$$
$$= -\frac{1}{2}\frac{(a-b)\sin((a+b)x) + (a+b)\sin((a-b)x)}{b^2 - a^2}$$
$$= \frac{1}{2}\frac{(a-b)\sin((a+b)x) + (a+b)\sin((a-b)x)}{a^2 - b^2}$$
$$= \frac{1}{2}\frac{(a-b)\sin((a+b)x) + (a+b)\sin((a-b)x)}{(a-b)(a+b)}$$
$$= \frac{1}{2}\left(\frac{\sin((a+b)x)}{a+b} + \frac{\sin((a-b)x)}{a-b}\right)$$
$$\Rightarrow I = \frac{1}{2}\left(\frac{\sin((a+b)x)}{a+b} + \frac{\sin((a-b)x)}{a-b}\right)$$

c) $\displaystyle\int (f(x))^n f'(x)\mathrm{d}x = (f(x))^n f(x) - \int n(f(x))^{n-1} f'(x) f(x)\mathrm{d}x$

$\displaystyle\quad = (f(x))^{n+1} - n\int (f(x))^n f'(x)\mathrm{d}x$

$\displaystyle\Leftrightarrow \int (f(x))^n f'(x)\mathrm{d}x + n\int (f(x))^n f'(x)\mathrm{d}x = (f(x))^{n+1}$

$\displaystyle\Leftrightarrow (n+1)\int (f(x))^n f'(x)\mathrm{d}x = (f(x))^{n+1}$

$\displaystyle\Leftrightarrow \int (f(x))^n f'(x)\mathrm{d}x = \frac{1}{n+1}(f(x))^{n+1}.$

**Aufgabe 21.3**

Berechnen Sie eine Rekursionsformel für die Integrale

$$J_n(x) = \int \sin^n x\, dx, \quad I_n(x) = \int e^x x^n\, dx.$$

**Lösung:**

a) $\displaystyle J_n(x) = \int \sin^n x\, dx = \int \underbrace{\sin^{n-1} x}_{u}\ \underbrace{\sin x}_{v'}\, dx$

$\displaystyle\quad = \sin^{n-1} x(-\cos x) - \int (n-1)\sin^{n-2} x\cos x(-\cos x)\, dx$

$\displaystyle\quad = -\sin^{n-1} x\cos x + (n-1)\int \sin^{n-2} x\cos^2 x\, dx$

$\displaystyle\quad = -\sin^{n-1} x\cos x + (n-1)\ \underbrace{\int \sin^{n-2} x(1-\sin^2 x)\, dx}_{\underbrace{\int \sin^{n-2} x\, dx}_{J_{n-2}} - \underbrace{\int \sin^n x\, dx}_{J_n}}$

$\displaystyle\Rightarrow\quad J_n(x) = -\sin^{n-1} x\cos x + (n-1)J_{n-2}(x) - (n-1)J_n(x)$

$\displaystyle J_n(x) + (n-1)J_n(x) = -\sin^{n-1} x\cos x + (n-1)J_{n-2}(x)$

$\displaystyle nJ_n(x) = -\sin^{n-1} x\cos x + (n-1)J_{n-2}(x)$

$\displaystyle J_n(x) = -\frac{1}{n}\sin^{n-1} x\cos x + \left(1 - \frac{1}{n}\right)J_{n-2}(x)$

b)

$$I_n(x) = \int \underbrace{e^x}_{v'} \underbrace{x^n}_{u} \, dx = x^n e^x - \int n x^{n-1} e^x \, dx$$

$$= x^n e^x - n \underbrace{\int x^{n-1} e^x \, dx}_{I_{n-1}}$$

$$= x^n e^x - n I_{n-1}$$

$$\Rightarrow \quad \int e^x x^n \, dx = I_n(x) = x^n e^x - n I_{n-1}(x).$$

**Aufgabe 21.4**

Berechnen Sie die bestimmten Integrale

a) $\displaystyle\int_0^1 x e^x \, dx$

b) $\displaystyle\int_1^2 \ln x \, dx$

**Lösung:**

a)

$$\int_0^1 \underbrace{x}_{u} \underbrace{e^x}_{v'} \, dx = x e^x \big|_0^1 - \int_0^1 1 \cdot e^x \, dx$$

$$= e - e^x \big|_0^1 = e - e + 1 = 1$$

b)

$$\int_1^2 \ln x \, dx = \int_1^2 \underbrace{1}_{v'} \cdot \underbrace{\ln x}_{u} \, dx = x \ln x \big|_1^2 - \int_1^2 x \frac{1}{x} \, dx$$

$$= 2 \ln 2 - x \big|_1^2 = 2 \ln 2 - 2 + 1$$

$$= 2 \ln 2 - 1.$$

**Aufgabe 21.5**

Berechnen Sie $I = \int\limits_{0}^{A} e^{-x}|\cos x|\,dx$ für $A = \dfrac{3\pi}{2}$.

**Lösung:**

$$I = \int\limits_{0}^{A} e^{-x}|\cos x|\,dx \quad , A = \frac{3\pi}{2}$$

$$|\cos x| = \begin{cases} \cos x, & x \in \left[0, \dfrac{\pi}{2}\right] \\[2mm] -\cos x, & x \in \left[\dfrac{\pi}{2}, \dfrac{3\pi}{2}\right] \end{cases}$$

$$\Rightarrow \int\limits_{0}^{\frac{3\pi}{2}} e^{-x}|\cos x|\,dx = \underbrace{\int\limits_{0}^{\frac{\pi}{2}} e^{-x}\cos x\,dx}_{I_1} - \underbrace{\int\limits_{\frac{\pi}{2}}^{\frac{3\pi}{2}} e^{-x}\cos x\,dx}_{I_2}$$

$$\int e^{ax}\cos bx\,dx \overset{\text{Aufg. 22.1 t)}}{=} \frac{e^{ax}}{a^2+b^2}\left(b\sin(bx) + a\cos(bx)\right) + c$$

Hier: $a = -1, \quad b = 1$

$$\Rightarrow \int e^{-x}\cos x\,dx = \frac{1}{2}e^{-x}(\sin x - \cos x) + c$$

$$\Rightarrow I_1 = \frac{1}{2}\left(e^{-\frac{\pi}{2}}\left(\sin\frac{\pi}{2} - \cos\frac{\pi}{2}\right) - e^{-0}(\sin 0 - \cos 0)\right)$$
$$= \frac{1}{2}\left(e^{-\frac{\pi}{2}} \cdot 1 - 1 \cdot (-1)\right)$$
$$= \frac{1}{2}\left(e^{-\frac{\pi}{2}} + 1\right)$$

$$I_2 = \frac{1}{2}\left(e^{-\frac{3\pi}{2}}\left(\sin\frac{3\pi}{2} - \cos\frac{3\pi}{2}\right) - e^{-\frac{\pi}{2}}\left(\sin\frac{\pi}{2} - \cos\frac{\pi}{2}\right)\right)$$
$$= \frac{1}{2}\left(e^{-\frac{3\pi}{2}} \cdot (-1) - e^{-\frac{\pi}{2}} \cdot 1\right)$$
$$= -\frac{1}{2}\left(e^{-\frac{3\pi}{2}} + e^{-\frac{\pi}{2}}\right)$$

$$\Rightarrow \int\limits_{0}^{\frac{3\pi}{2}} e^{-x}|\cos x|\,dx = I_1 - I_2 = \frac{1}{2}\left(e^{-\frac{\pi}{2}}+1\right) + \frac{1}{2}\left(e^{-\frac{3\pi}{2}}+e^{-\frac{\pi}{2}}\right)$$

$$= \frac{1}{2}\left(2e^{-\frac{\pi}{2}}+e^{-\frac{3\pi}{2}}+1\right)$$

$$= \frac{1}{2}+e^{-\frac{\pi}{2}}+\frac{1}{2}e^{-\frac{3\pi}{2}}.$$

## 21.2 Integration durch Substitution

**Aufgabe 21.6**

Mit der ersten Substitutionsregel berechne man:

a) $\displaystyle\int \cos(5x+1)\,dx$

b) $\displaystyle\int a^{4x+1}\,dx$

c) $\displaystyle\int \frac{x}{\sqrt{ax^2+b}}\,dx$

d) $\displaystyle\int \frac{e^{\frac{1}{x^2}}}{x^3}\,dx$

e) $\displaystyle\int \frac{(\ln x)^2}{x}\,dx$

f) $\displaystyle\int (e^x+1)^3 e^x\,dx$

g) $\displaystyle\int \frac{x}{x^4+3}\,dx$

h) $\displaystyle\int \frac{\arctan x}{1+x^2}\,dx$

i) $\displaystyle\int \frac{2-x}{4x^2+4x+2}\,dx$

j) $\displaystyle\int x^2\sqrt{8x^3-1}\,dx$

k) $\displaystyle\int \sin^2 x\cos x\,dx$

l) $\displaystyle\int \sin^9 x\,dx$

m) $\displaystyle\int \frac{2x-3}{\sqrt{2+9x-3x^2}}\,dx$

n) $\displaystyle\int \frac{1}{\sin^2 x\cos^4 x}\,dx$

o) $\displaystyle\int \frac{2x^5}{\sqrt[3]{1-x^3}}\,dx$

p) $\displaystyle\int (x+2)\sin(x^2+4x+6)\,dx$

**Lösung:**

a) $\displaystyle\int \cos(5x+1)\,dx$

$$t = 5x+1 \quad\Rightarrow\quad \frac{dt}{dx} = 5 \quad\Leftrightarrow\quad dx = \frac{dt}{5}$$

$$= \int \cos t\,\frac{dt}{5} = \frac{1}{5}\sin t + c = \frac{1}{5}\sin(5x+1) + c$$

b) $\displaystyle\int a^{4x+1}\,dx$

$$t = 4x+1 \quad\Rightarrow\quad \frac{dt}{dx} = 4 \quad\Rightarrow\quad dx = \frac{1}{4}\,dt$$

$$\Rightarrow\quad \int a^{4x+1}\,dx = \int \frac{1}{4}a^t\,dt = \frac{1}{4}\int a^t\,dt = \frac{1}{4}\frac{1}{\ln a}a^t + c$$

$$= \frac{1}{4\ln a}a^{4x+1} + c$$

c) $\displaystyle\int \frac{x}{\sqrt{ax^2+b}}\,dx$

$$t = ax^2+b \quad\Rightarrow\quad \frac{dt}{dx} = 2ax \quad\Leftrightarrow\quad x\,dx = \frac{1}{2a}\,dt$$

$$\Rightarrow \int \frac{x}{\sqrt{ax^2+b}}\,dx = \int \frac{1}{\sqrt{t}}\cdot\frac{1}{2a}\,dt = \frac{1}{2a}\int t^{-\frac{1}{2}}\,dt$$

$$= \frac{1}{2a}\cdot\frac{1}{\frac{1}{2}}\cdot t^{\frac{1}{2}} + c = \frac{1}{a}\sqrt{t} + c = \frac{1}{a}\sqrt{ax^2+b} + c$$

d) $\displaystyle\int \frac{e^{\frac{1}{x^2}}}{x^3}\,dx$

$$t = \frac{1}{x^2},\ \frac{dt}{dx} = -2\cdot x^{-3} = -\frac{2}{x^3} \Rightarrow \frac{dx}{x^3} = -\frac{1}{2}\,dt$$

$$\Rightarrow \int \frac{e^{\frac{1}{x^2}}}{x^3}\,dx = -\frac{1}{2}\int e^t\,dt = -\frac{1}{2}e^t + c = -\frac{1}{2}e^{\frac{1}{x^2}} + c$$

e) $\displaystyle\int \frac{(\ln x)^2}{x}\,dx$

$$t = \ln x \Rightarrow \frac{dt}{dx} = \frac{1}{x} \Rightarrow \frac{dx}{x} = dt$$

$$\Rightarrow \int \frac{(\ln x)^2}{x}\, dx = \int t^2\, dt = \frac{1}{3}t^3 + c = \frac{1}{3}\ln^3 x + c$$

f) $\displaystyle\int (e^x + 1)^3 e^x\, dx$

$$t = e^x + 1 \Rightarrow \frac{dt}{dx} = e^x \Rightarrow e^x\, dx = dt$$

$$\Rightarrow \int \underbrace{(e^x+1)^3}_{t^3}\ \underbrace{e^x\, dx}_{dt} = \int t^3\, dt = \frac{1}{4}t^4 + c = \frac{1}{4}(e^x+1)^4 + c$$

g) $\displaystyle\int \frac{x}{x^4+3}\, dx$

$$t = x^2,\ \frac{dt}{dx} = 2x \Rightarrow x\, dx = \frac{1}{2}\, dt$$

$$\Rightarrow \int \frac{x}{x^4+3}\, dx = \frac{1}{2}\int \frac{1}{3+t^2}\, dt$$

$$t = \sqrt{3}u \Rightarrow \frac{dt}{du} = \sqrt{3} \Rightarrow dt = \sqrt{3}\, du$$

$$\Rightarrow \frac{1}{2}\int \frac{1}{3+t^2}\, dt = \frac{1}{2}\int \frac{1}{3+3u^2}\sqrt{3}\, du$$

$$= \frac{1}{2\sqrt{3}}\int \frac{1}{1+u^2}\, du$$

$$= \frac{1}{2\sqrt{3}}\arctan u + c$$

$$= \frac{1}{2\sqrt{3}}\arctan \frac{t}{\sqrt{3}} + c$$

$$= \frac{1}{2\sqrt{3}}\arctan \frac{x^2}{\sqrt{3}} + c$$

h) $\displaystyle\int \frac{\arctan x}{1+x^2}\, dx$

$$t = \arctan x \Rightarrow \frac{dt}{dx} = \frac{1}{1+x^2} \Rightarrow \frac{dx}{1+x^2} = dt$$

$$\Rightarrow \int \frac{\arctan x}{1+x^2}\, dx = \int t\, dt = \frac{1}{2}t^2 + c = \frac{1}{2}\arctan^2 x + c$$

i) $\displaystyle\int \frac{2-x}{4x^2+4x+2}\, dx = -\frac{1}{8}\int \frac{8x+4}{4x^2+4x+2}\, dx + \frac{5}{2}\int \frac{1}{(2x+1)^2+1}\, dx$

1) $t = 4x^2+4x+2 \Rightarrow \dfrac{dt}{dx} = 8x+4 \Rightarrow dt = (8x+4)\, dx$

2) $u = 2x+1 \Rightarrow \dfrac{du}{dx} = 2 \Rightarrow dx = \dfrac{1}{2}du$

$$\Rightarrow = -\frac{1}{8}\int \frac{1}{t}\,dt + \frac{5}{2}\int \frac{1}{1+u^2}\cdot\frac{1}{2}\,du$$

$$= -\frac{1}{8}\ln|t| + \frac{5}{2}\arctan u \cdot \frac{1}{2} + c$$

$$= -\frac{1}{8}\ln|4x^2+4x+2| + \frac{5}{4}\arctan(2x+1) + c$$

$$\overset{4x^2+4x+2\geq 0 \text{ für alle } x}{=\!=} -\frac{1}{8}\ln(4x^2+4x+2) + \frac{5}{4}\arctan(2x+1) + c$$

j) $\displaystyle\int x^2\sqrt{8x^3-1}\,dx$

$$t = 8x^3 - 1 \Rightarrow \frac{dt}{dx} = 24x^2 \Rightarrow x^2\,dx = \frac{1}{24}\,dt$$

$$\Rightarrow \int x^2\sqrt{8x^3-1}\,dx = \int \frac{1}{24}\sqrt{t}\,dt = \frac{1}{24}\int t^{\frac{1}{2}}\,dt$$

$$= \frac{1}{24}\cdot\frac{1}{\frac{3}{2}}t^{\frac{3}{2}} + c$$

$$= \frac{1}{36}(8x^3-1)^{\frac{3}{2}} + c$$

k) $\displaystyle\int \sin^2 x\cos x\,dx = \int \sin^2 x(\sin x)'\,dx$

$$u = \sin x \Rightarrow \frac{du}{dx} = \cos x,\ \frac{du}{dx} = u' \Leftrightarrow du = u'\,dx$$

$$\Rightarrow \int \sin^2 x\cos x\,dx = \int u^2\cdot u'\,dx = \int u^2\,du = \frac{u^3}{3} + c$$

$$= \frac{1}{3}\sin^3 x + c$$

l) $\displaystyle\int \sin^9 x\,dx = \int (\sin^2 x)^4\sin x\,dx = \int (1-\cos^2 x)^4(-1)(\cos x)'\,dx$

$$u = \cos x \Rightarrow \frac{du}{dx} = -\sin x$$

$$\Rightarrow \int \sin^9 x\,dx = -\int (1-u^2)^4\,du$$

$$= -\int \sum_{k=0}^{4}\binom{4}{k}(-u^2)^k\,du$$

$$= -\int (1-4u^2+6u^4-4u^6+u^8)\,du$$

$$= -\left(u - \frac{3}{4}u^3 + \frac{6}{5}u^5 - \frac{4}{7}u^7 + \frac{1}{9}u^9\right) + c$$

$$= -\cos x + \frac{3}{4}\cos^3 x - \frac{6}{5}\cos^5 x + \frac{4}{7}\cos^7 x - \frac{1}{9}\cos^9 x + c$$

m) $I = \displaystyle\int \frac{2x-3}{\sqrt{2+9x-3x^2}}\,dx = -\frac{1}{3}\int \frac{9-6x}{\sqrt{2+9x-3x^2}}\,dx$

Substitution: $t = 2+9x-3x^2 \quad dt = (9-6x)\,dx$

$\Rightarrow I = -\dfrac{1}{3}\displaystyle\int \frac{1}{\sqrt{t}}\,dt = -\frac{1}{3}\cdot 2\sqrt{t}+c$

$\Rightarrow I = -\dfrac{2}{3}\sqrt{2+9x-3x^2}+c$

n) $I = \displaystyle\int \frac{1}{\sin^2 x\cos^4 x}\,dx$

Substitution: $t = \tan x \Rightarrow x = \arctan t$

$\Rightarrow dx = \dfrac{1}{1+t^2}\,dt, \quad \sin x = \dfrac{t}{\sqrt{1+t^2}}, \quad \cos x = \dfrac{1}{\sqrt{1+t^2}}$

$\Rightarrow \displaystyle\int \frac{1}{\sin^2 x\cos^4 x}\,dx = \int \frac{(1+t^2)(1+t^2)^2}{t^2}\cdot \frac{dt}{1+t^2}$

$= \displaystyle\int \left(\frac{1}{t^2}+2+t^2\right) dt$

$= -\dfrac{1}{t}+2t+\dfrac{t^3}{3}+c$

$= -\cot x + 2\tan x + \dfrac{1}{3}\tan^3 x + c$

o) $\displaystyle\int \frac{2x^5}{\sqrt[3]{1-x^3}}\,dx$

Substitution:

$$t := \sqrt[3]{1-x^3}$$
$$\Rightarrow t^3 = 1-x^3 \Rightarrow x^3 = 1-t^3$$
$$\Rightarrow 3x^2\frac{dx}{dt} = -3t^2 \Rightarrow x^2\,dx = -t^2 dt$$

$$\int \frac{2x^5}{\sqrt[3]{1-x^3}}\,dx = \int \frac{2(1-t^2)}{t}(-t^2)\,dt$$
$$= 2\int (t^3 - t)\,dt$$
$$= 2\left(\frac{1}{4}t^4 - \frac{1}{2}t^2\right) + c = \frac{1}{2}\left(\sqrt[3]{1-x^3}\right)^4 - \left(\sqrt[3]{1-x^3}\right)^2 + c$$

p)

$$I = \int (x+2)\sin(x^2+4x+6)\,dx$$

Substitution: $t = x^2+4x+6$

$$\Rightarrow \frac{dt}{dx} = 2x + 4$$

$$\Rightarrow dx = \frac{dt}{2x+4}$$

$$I = \int \frac{x+2}{2x+4} \cdot \sin t \, dt = \frac{1}{2} \int \sin t \, dt = -\frac{1}{2}\cos t + c = -\frac{1}{2}\cos\left(x^2 + 4x + 6\right) + c.$$

**Aufgabe 21.7**

Mit der zweiten Substitutionsregel berechne man

a) $\displaystyle\int \frac{1}{\sqrt{a^2 - x^2}} \, dx$

b) $\displaystyle\int \frac{1}{9 + 2x^2} \, dx$

c) $\displaystyle\int \frac{1}{\sqrt[3]{x}(\sqrt[3]{x} - 1)} \, dx$

**Lösung:**

a) $\displaystyle\int \frac{1}{\sqrt{a^2 - x^2}} \, dx$

$$x = a\sin t \quad \Rightarrow \quad \frac{dx}{dt} = a\cos t \quad \Leftrightarrow \quad dx = a\cos t \, dt$$

$$\sqrt{a^2 - x^2} = \sqrt{a^2 - a^2 \sin^2 t} = \sqrt{a^2(1 - \sin^2 t)}$$

$$= \sqrt{a^2 \cos^2 t} = a\cos t \quad \left(a > 0, \, t \in \left(-\frac{\pi}{2}, \frac{\pi}{2}\right)\right)$$

$$\Rightarrow \int \frac{1}{\sqrt{a^2 - x^2}} \, dx = \int \frac{a\cos t}{a\cos t} \, dt = \int 1 \, dt = t + c$$

$$= \arcsin \frac{x}{a} + c$$

b) $\displaystyle\int \frac{1}{9 + 2x^2} \, dx$

$$x = \frac{3}{\sqrt{2}}t, \; 2x^2 = 9t^2, \; \frac{dx}{dt} = \frac{3}{\sqrt{2}}$$

$$\Rightarrow dx = \frac{3}{\sqrt{2}} \, dt \Rightarrow \int \frac{1}{9 + 2x^2} \, dx = \frac{1}{3\sqrt{2}} \int \frac{1}{1 + t^2} \, dt = \frac{1}{3\sqrt{2}} \arctan t + c$$

$$= \frac{1}{3\sqrt{2}} \arctan\left(\frac{\sqrt{2}}{3}x\right) + c$$

c) $\displaystyle\int \frac{1}{\sqrt[3]{x}(\sqrt[3]{x} - 1)} \, dx$

$$x = t^3 \Rightarrow dx = 3t^2 \, dt$$

$$\int \frac{1}{\sqrt[3]{x}(\sqrt[3]{x}-1)}\,dx = \int \frac{3t^2}{t(t-1)}\,dt$$

$$= 3\int \frac{t}{t-1}\,dt = 3\int \frac{t-1+1}{t-1}\,dt$$

$$\overset{t-1=u}{\underset{t=u+1}{=}} 3\int \frac{u+1}{u}\,du = 3\int du + 3\int \frac{1}{u}\,du$$

$$= 3u + 3\ln|u| + c$$

$$= 3(t-1) + 3\ln|t-1| + c$$

$$= 3\sqrt[3]{x} - 3 + 3\ln|\sqrt[3]{x}-1| + c.$$

### Aufgabe 21.8

Man berechne das unbestimmte Integral

$$\int \frac{x+2}{\sqrt{4x-x^2}}\,dx$$

**Lösung:**

$$\int \frac{x+2}{\sqrt{4x-x^2}}\,dx = -\frac{1}{2}\int \frac{-2x+4}{\sqrt{4x-x^2}}\,dx + 4\int \frac{1}{\sqrt{4-(x-2)^2}}\,dx$$

1) $t = 4x - x^2 \Rightarrow \dfrac{dt}{dx} = 4 - 2x \Rightarrow dt = (-2x+4)\,dx$

2) $u = x - 2 \Rightarrow dx = du$

$$\Rightarrow \int \frac{x+2}{\sqrt{4x-x^2}}\,dx = -\frac{1}{2}\int t^{-\frac{1}{2}}\,dt + 4\int \frac{1}{\sqrt{4-u^2}}\,du$$

$$\overset{\text{siehe Aufg. 22.7 a)}}{=} -\frac{1}{2}\cdot\frac{1}{\frac{1}{2}}t^{\frac{1}{2}} + 4\arcsin\frac{u}{2} + c = -\sqrt{4x-x^2} + 4\arcsin\frac{x-2}{2} + c.$$

### Aufgabe 21.9

Berechnen Sie die bestimmten Integrale

a) $\displaystyle\int_{-1}^{1} \frac{t\,dt}{\sqrt{1+t^2}}$

b) $\displaystyle\int_{0}^{1} \sqrt{1-x^2}\,dx$

c) $\displaystyle\int_{0}^{4} \frac{x\,dx}{\sqrt{1+2x}}$

d) $\displaystyle\int_0^{\pi/2} \frac{\sin x\, dx}{\cos^2 x - 4}$

**Lösung:**

a) $\displaystyle\int_{-1}^{1} \frac{t\, dt}{\sqrt{1+t^2}}$

Substitution: $u = 1 + t^2 \quad\Rightarrow\quad t = \sqrt{u-1} \quad\Rightarrow\quad \dfrac{dt}{du} = \dfrac{1}{2} \cdot \dfrac{1}{\sqrt{u-1}}$

Möglichkeit 1:

- Weiterrechnen ohne Grenzen mit anschließender Resubstitution

$$
\int \frac{t}{\sqrt{1+t^2}}\, dt = \int \frac{\sqrt{u-1}}{\sqrt{u}} \cdot \frac{1}{2} \frac{1}{\sqrt{u-1}}\, du
$$
$$
= \frac{1}{2} \int \frac{1}{\sqrt{u}}\, du = \frac{1}{2} \cdot 2\sqrt{u} + c = \sqrt{u} + c
$$
$$
= \sqrt{1+t^2} + c
$$

- Einsetzen der ursprünglichen Grenzen

$$
\int_{-1}^{1} \frac{t}{\sqrt{1+t^2}}\, dt = \left[\sqrt{1+t^2}\right]_{-1}^{1} = \sqrt{1+1^2} - \sqrt{1+(-1)^2} = 0
$$

Möglichkeit 2: Anpassen der Grenzen
obere Grenze: $t = 1 \quad\Rightarrow\quad u = 1 + 1^2 = 2$
untere Grenze: $t = -1 \quad\Rightarrow\quad u = 1 + (-1)^2 = 2$

$$
\int_{-1}^{1} \frac{t}{\sqrt{1+t^2}}\, dt = \int_{2}^{2} \frac{\sqrt{u-1}}{\sqrt{u}} \cdot \frac{1}{2} \frac{1}{\sqrt{u-1}}\, du = 0,
$$

da $\displaystyle\int_a^a f(x) = 0$ für beliebige Grenzen $a$ und Funktionen $f(x)$

Möglichkeit 3: allerdings ohne Substitution
$$
\left.\begin{array}{l} f(t) = \dfrac{t}{\sqrt{1+t^2}} = -f(-t) \quad\Rightarrow\quad \text{punktsymmetrisch} \\[2mm] \text{Grenzen sind symmetrisch} \end{array}\right\} \Rightarrow \text{Integral} = 0
$$

b) $\displaystyle\int_0^{1} \sqrt{1-x^2}\, dx$

Substitution: $x = \sin t \quad \Rightarrow \quad \dfrac{dx}{dt} = \cos t$

$$\int \sqrt{1-x^2}\,dx \quad = \quad \int \sqrt{1-\sin^2 t}\,\cos t\,dt = \int \sqrt{\cos^2 t}\,\cos t\,dt$$

$$= \quad \int \cos^2 t\,dt$$

$$\overset{\text{Aufg. 22.1 m)}}{=}\quad \frac{1}{2}\cos t \sin t + \frac{1}{2}t + c$$

$$\int\limits_0^1 \sqrt{1-x^2}\,dx \quad = \quad \int\limits_{\arcsin 0}^{\arcsin 1} \cos^2 t\,dt = \int\limits_0^{\frac{\pi}{2}} \cos^2 t\,dt = \left[\frac{1}{2}\cos t \sin t + \frac{1}{2}t\right]_0^{\frac{\pi}{2}}$$

$$= \quad \frac{1}{2}\cdot\frac{\pi}{2} = \frac{\pi}{4}$$

c) $\displaystyle\int\limits_0^4 \frac{x\,dx}{\sqrt{1+2x}}$

$t = 1+2x \Rightarrow \dfrac{dt}{dx} = 2 \Leftrightarrow dx = \dfrac{1}{2}\,dt$

$t = 1+2x \Leftrightarrow \dfrac{1}{2}(t-1) = x$

$x = 0 \Rightarrow t = 1,\ x = 4 \Rightarrow t = 9$

$$\int\limits_0^4 \frac{x\,dx}{\sqrt{1+2x}} = \int\limits_1^9 \frac{\frac{1}{2}(t-1)}{\sqrt{t}}\cdot\frac{1}{2}\,dt = \frac{1}{4}\int\limits_1^9 \frac{t-1}{\sqrt{t}}\,dt$$

$$= \frac{1}{4}\int\limits_1^9 \frac{t}{\sqrt{t}}\,dt - \frac{1}{4}\int\limits_1^9 \frac{1}{\sqrt{t}}\,dt$$

$$= \frac{1}{4}\int\limits_1^9 \sqrt{t}\,dt - \frac{1}{4}\int\limits_1^9 \frac{1}{\sqrt{t}}\,dt$$

$$= \left[\frac{1}{4}\cdot\frac{2}{3}t^{\frac{3}{2}}\right]_1^9 - \left[\frac{1}{4}\cdot 2t^{\frac{1}{2}}\right]_1^9$$

$$= \left[\frac{1}{6}t^{\frac{3}{2}}\right]_1^9 - \left[\frac{1}{2}t^{\frac{1}{2}}\right]_1^9$$

$$= \frac{1}{6}(\sqrt{9})^3 - \frac{1}{6}(\sqrt{1})^3 - \frac{1}{2}\sqrt{9} + \frac{1}{2}\sqrt{1}$$

$$= \frac{1}{6}\cdot 3^3 - \frac{1}{6} - \frac{1}{2}\cdot 3 + \frac{1}{2} = \frac{26}{6} - 1 = \frac{20}{6} = \frac{10}{3}$$

d) $\displaystyle\int\limits_0^{\frac{\pi}{2}} \frac{\sin x\, dx}{\cos^2 x - 4}$

$$t = \cos x \Leftrightarrow x = \arccos t$$
$$\frac{dt}{dx} = -\sin x \Leftrightarrow dt = -\sin x\, dx$$
$$x = 0 \Rightarrow t = \cos 0 = 1$$
$$x = \frac{\pi}{2} \Rightarrow t = \cos\frac{\pi}{2} = 0$$

$$\int\limits_0^{\frac{\pi}{2}} \frac{\sin x\, dx}{\cos^2 x - 4} = -\int\limits_1^0 \frac{dt}{t^2 - 2^2} = \int\limits_0^1 \frac{dt}{t^2 - 2^2}$$

$$\overset{\text{PBZ}}{=} \int\limits_0^1 \frac{1}{4}\left(\frac{1}{t-2} - \frac{1}{t+2}\right) dt$$

$$= \frac{1}{4}\Big[\ln|t-2| - \ln|t+2|\Big]_0^1$$

$$= \frac{1}{4}\left(\underbrace{\ln 1}_{=0} - \ln 2 - \ln 3 + \ln 2\right)$$

$$= -\frac{1}{4}\ln 3.$$

**Aufgabe 21.10**

Welcher Flächeninhalt $A$ wird von der Kurve $y^2 = 9x^2 - x^4$ eingeschlossen?

**Lösung:**

$$y^2 = 9x^2 - x^4 = x^2(9 - x^2) \quad \Rightarrow \quad y = \pm x\sqrt{9 - x^2},\ -3 \le x \le 3$$

Fläche ist symmetrisch zur x-Achse und zur y-Achse

$$\Rightarrow A = 4\int\limits_0^3 x\sqrt{9 - x^2}\, dx$$

Substitution: $u = 9 - x^2 \quad \Rightarrow \quad \dfrac{du}{dx} = -2x \Rightarrow x\,dx = -\dfrac{1}{2}du$

$\qquad\qquad$ untere Grenze: $x = 0 \quad \Rightarrow \quad u = 9 - 0 = 9$

$\qquad\qquad$ obere Grenze: $x = 3 \quad \Rightarrow \quad u = 9 - 3^2 = 0$

$$A = 4\int\limits_0^3 x\sqrt{9 - x^2}\, dx = 4\int\limits_9^0 -\sqrt{u}\,\frac{1}{2}\, du = 2\int\limits_0^9 \sqrt{u}\, du$$

$$= 2\cdot\Big[\frac{2}{3}\sqrt{u^3}\Big]_0^9 = \frac{4}{3}(\sqrt{9^3} - 0) = \frac{4}{3}\cdot 27 = 36.$$

**Aufgabe 21.11**

In einer Schaltung (siehe Grafik) fließt nach Schließen des Schalters S zur Zeit $t = 0$ der folgende Ladestrom:

$$i(t) = i_0 \cdot e^{-\frac{t}{RC}}, t \geq 0$$

Ermitteln Sie den zeitlichen Verlauf der Kondensatorladung $q(t)$, wenn der Kondensator zu Beginn energielos, d.h. ungeladen ist.

Hinweis: Es gilt $i(t) = \dot{q}(t)$

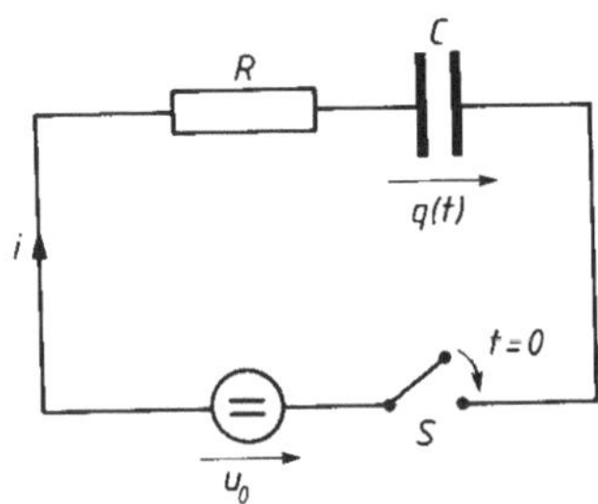


**Abb. 21.1** Bild zu Aufgabe 21.11

**Lösung:**

$$q(t) = \int_0^t i(\tau)\, d\tau = \int_0^t i_0 \cdot e^{-\frac{\tau}{RC}}\, d\tau$$

Substitution: $u = -\dfrac{\tau}{RC} \quad \Rightarrow \quad \dfrac{du}{d\tau} = -\dfrac{1}{RC}$

untere Grenze: $\tau = 0 \quad \Rightarrow \quad u = 0$

obere Grenze: $\tau = t \quad \Rightarrow \quad u = -\dfrac{t}{RC}$

$$q(t) = i_0 \cdot \int_0^t e^{-\frac{\tau}{RC}}\, d\tau = i_0 \cdot \int_0^{-t/RC} e^u \cdot (-RC\, du)$$

$$= -RCi_0 \cdot [e^u]_0^{-t/RC} = -RCi_0(e^{-\frac{t}{RC}} - 1) = RCi_0(1 - e^{-\frac{t}{RC}}).$$

## 21.3 Gemischtes Integrationsverfahren

**Aufgabe 21.12**

Berechnen Sie die folgenden unbestimmten Integrale

a) $\displaystyle\int \sqrt{9-4x^2}\,dx$

b) $\displaystyle\int 3^{\sqrt{2x+1}}\,dx$

c) $\displaystyle\int (\arcsin x)^2\,dx$

d) $\displaystyle\int \cos\sqrt{x}\,dx$

e) $\displaystyle\int \frac{\cot(\ln x)}{x}\,dx$

**Lösung:**

a) $\displaystyle x=\frac{3}{2}\sin t \Rightarrow 4x^2=9\sin^2 t,\ \frac{dx}{dt}=\frac{3}{2}\cos t \Rightarrow dx=\frac{3}{2}\cos t\,dt$

$$\int \sqrt{9-4x^2}\,dx = \int \sqrt{9-9\sin^2 t}\,\frac{3}{2}\cos t\,dt$$

$$= \int \frac{9}{2}\sqrt{1-\sin^2 t}\,\cos t\,dt =$$

$$= \frac{9}{2}\int \cos^2 t\,dt \overset{\text{Aufg.22.1 g)}}{=} \frac{9}{2}\cdot\frac{1}{2}(t+\sin t\cos t)+c$$

$$\overset{t=\arcsin\left(\frac{2}{3}x\right)}{=} \frac{9}{4}\left(\arcsin\left(\frac{2}{3}x\right)+\frac{2}{3}x\cos\left(\arcsin\left(\frac{2}{3}x\right)\right)\right)+c$$

$$= \frac{9}{4}\left(\arcsin\left(\frac{2}{3}x\right)+\frac{2}{3}x\sqrt{1-\sin^2\left(\arcsin\left(\frac{2}{3}x\right)\right)}\right)+c$$

$$= \frac{9}{4}\left(\arcsin\left(\frac{2}{3}x\right)+\frac{2}{3}x\sqrt{1-\left(\frac{2}{3}x\right)^2}\right)+c$$

$$= \frac{1}{2}x\sqrt{9-4x^2}+\frac{9}{4}\arcsin\left(\frac{2}{3}x\right)+c$$

b) Substitution: $t=\sqrt{2x+1}\ \Rightarrow\ t^2=2x+1\ \Rightarrow\ x=\dfrac{t^2-1}{2}$

$$\Rightarrow \frac{dx}{dt}=\frac{1}{2}\cdot(2t)=t$$
$$\Rightarrow dx=t\,dt$$

$$I=\int t\cdot 3^t\,dt$$

$$u=t \qquad v'=3^t$$
$$u'=1 \qquad v=\frac{3^t}{\ln 3}$$

$$I = \frac{1}{\ln 3}\left(t \cdot 3^t - \int 3^t\, dx\right) = \frac{1}{\ln 3}\left(t \cdot 3^t - \frac{1}{\ln 3} \cdot 3^t + c\right)$$

$$I = \frac{1}{\ln 3} \cdot 3^{\sqrt{2x+1}}\left(\sqrt{2x+1} - \frac{1}{\ln 3}\right) + c_1 \quad \text{mit} \quad c_1 = \frac{c}{\ln 3}$$

c) Substitution: $t = \arcsin x \quad \Rightarrow \quad x = \sin t$

$$\Rightarrow \frac{dx}{dt} = \cos t$$

$$\Rightarrow dx = \cos t\, dt$$

$$I = \int t^2 \cos t\, dt \overset{\text{siehe Aufg. 22.1 g)}}{=} 2t\cos t + (t^2 - 2)\sin t + c$$

$$I = 2\arcsin x \cos(\arcsin x) + (\arcsin^2 x - 2) \cdot x + c$$

$$= 2\arcsin x \cdot \sqrt{1 - \sin^2(\arcsin x)} + x(\arcsin^2 x - 2) + c$$

$$= 2\sqrt{1 - x^2}\,\arcsin x + x(\arcsin^2 x - 2) + c$$

d) Substitution: $t = \sqrt{x} \quad \Rightarrow \quad x = t^2$

$$\Rightarrow \frac{dx}{dt} = 2t$$

$$\Rightarrow dx = 2t\, dt$$

$$I = \int 2t\cos t\, dt \overset{\text{Partielle Integration}}{=} 2(\cos t + t\sin t) + c$$

$$I = 2\left(\cos\sqrt{x} + \sqrt{x}\sin\sqrt{x}\right) + c$$

e) Substitution: $t = \ln x$

$$\Rightarrow \frac{dt}{dx} = \frac{1}{x}$$

$$\Rightarrow \frac{dx}{x} = dt$$

$$I = \int \cot t\, dt = \int \frac{\cos t}{\sin t}\, dt$$

Substitution: $u = \sin t \quad \Rightarrow \quad \frac{du}{dt} = \cos t \quad \Rightarrow \quad du = \cos t\, dt$

$$I = \int \frac{du}{u} = \ln|u| + c = \ln|\sin t| + c = \ln|\sin(\ln x)| + c.$$

### Aufgabe 21.13

Berechnen Sie die folgenden bestimmten Integrale

a) $\displaystyle\int_2^4 \sqrt{1 - (x-3)^2}\, dx$

b) $\displaystyle\int_0^1 \frac{x^2\, dx}{\sqrt{1 + x^2}}$

### Lösung:

a) $\displaystyle\int_2^4 \sqrt{1 - (x-3)^2}\, dx \qquad \text{Typ: } f = g(h(x))$

$$(x-3)^2 \le 1 \Leftrightarrow |x-3| \le 1 \Leftrightarrow \begin{cases} x \le 4 \\ x \ge 2 \end{cases} \Rightarrow \text{Integrationsintervall } [2,4] \subset D_{\sqrt{1-(x-3)^2}}$$

$$x-3=u \Rightarrow \frac{du}{dx}=1 \Leftrightarrow dx=du$$
$$x=2 \Rightarrow u=-1$$
$$x=4 \Rightarrow u=1$$

$$\Rightarrow \int_2^4 \sqrt{1-(x-3)^2}\, dx = \int_{-1}^1 \sqrt{1-u^2}\, du = 2\int_0^1 \sqrt{1-u^2}\, du$$

$$\text{Substitution: } u=\sin t \Rightarrow \frac{du}{dt}=\cos t \Leftrightarrow du=\cos t\, dt$$
$$u=0 \Rightarrow t=\arcsin(0)=0$$
$$u=1 \Rightarrow t=\arcsin(1)=\frac{\pi}{2}$$

$$\Rightarrow 2\int_0^1 \sqrt{1-u^2}\, du = 2\int_0^{\frac{\pi}{2}} \sqrt{1-\sin^2 t}\,\cos t\, dt = 2\int_0^{\frac{\pi}{2}} \cos^2 t\, dt$$

$$\overset{\text{Aufg. 22.1 m)}}{=} 2\left[\frac{1}{2}(t+\sin t \cos t)\right]_0^{\frac{\pi}{2}} = 2\left(\frac{1}{2}\left(\frac{\pi}{2}+0\right)-\frac{1}{2}(0+0)\right)=\frac{\pi}{2}$$

b)

$$I=\int_0^1 \frac{x^2}{\sqrt{1+x^2}}\, dx = \int_0^1 \underbrace{x}_{u}\cdot\underbrace{\frac{x}{\sqrt{1+x^2}}}_{v'}\, dx$$

$$v'=\frac{x}{\sqrt{1+x^2}} \Rightarrow v=\sqrt{1+x^2}$$

$$\Rightarrow I = x\sqrt{1+x^2}\Big|_0^1 - \underbrace{\int_0^1 \sqrt{1+x^2}\, dx}_{I_1}$$

$$I_1=\int_0^1 \frac{1+x^2}{\sqrt{1+x^2}}\, dx = \int_0^1 \frac{1}{\sqrt{1+x^2}}\, dx + \int_0^1 \frac{x^2}{\sqrt{1+x^2}}\, dx = \int_0^1 \frac{1}{\sqrt{1+x^2}}\, dx + I$$

$$\Rightarrow I = x\sqrt{1+x^2}\Big|_0^1 - \int_0^1 \frac{1}{\sqrt{1+x^2}}\, dx - I$$

$$\Rightarrow 2I = x\sqrt{1+x^2}\Big|_0^1 - \int_0^1 \frac{1}{\sqrt{1+x^2}}\, dx$$

$$\Rightarrow I = \frac{1}{2}\left( x\sqrt{1+x^2}\Big|_0^1 - \int_0^1 \frac{1}{\sqrt{1+x^2}}\, dx \right) = \frac{1}{2}\left[ x\cdot\sqrt{1+x^2} - \operatorname{arsinh}x \right]_0^1$$

$$= \frac{1}{2}\left(\sqrt{2} - \operatorname{arsinh}1\right).$$

# Kapitel 22
# Integration rationaler Funktionen

Eine rationale Funktion ist immer auf dem Bereich definiert, in dem das Nennerpolynom keine Nullstellen hat.

Die Integration rationaler Funktionen erfolgt hauptsächlich durch Partialbruchzerlegung (PBZ).

(Kap. 30).

### Aufgabe 22.1

Berechnen Sie die unbestimmten Integrale $\int R(x)\,dx$ der nachfolgenden rationalen Funktionen $R(x)$

a) $R(x) = \dfrac{x^3 + 5x^2 + 4x + 8}{x^2(x^2 + 4)}$

     Hinweis: $R(x) = \dfrac{x^3 + 5x^2 + 4x + 8}{x^2(x^2 + 4)} = \dfrac{1}{x} + \dfrac{2}{x^2} + \dfrac{3}{x^2 + 4}$

b) $R(x) = \dfrac{2x^3 + 9x^2 + 8x + 5}{x^2 + 4x + 3}$

     Hinweis: $R(x) = \dfrac{2x^3 + 9x^2 + 8x + 5}{x^2 + 4x + 3} = 2x + 1 + \dfrac{2}{x+1} - \dfrac{4}{x+3}$

c) $R(x) = \dfrac{4x^3 - 2x^2 + 9x - 18}{x^2(x^2 + 9)}$

     Hinweis: $R(x) = \dfrac{4x^3 - 2x^2 + 9x - 18}{x^2(x^2 + 9)} = \dfrac{1}{x} - \dfrac{2}{x^2} + \dfrac{3x}{x^2 + 9}$

d) $R(x) = \dfrac{x^4 + 4x^2 + 1}{x^3 - x^2 + 4x - 4}$

     Hinweis: $R(x) = \dfrac{x^4 + 4x^2 + 1}{x^3 - x^2 + 4x - 4} = x + 1 + \dfrac{6}{5} \cdot \dfrac{1}{x - 1} - \dfrac{1}{5} \cdot \dfrac{x + 1}{x^2 + 4}$

e) $R(x) = \dfrac{x}{2x^2 + 5x - 3}$

     Hinweis: $R(x) = \dfrac{x}{2x^2 + 5x - 3} = \dfrac{3}{7} \cdot \dfrac{1}{x + 3} + \dfrac{1}{7} \cdot \dfrac{1}{2x - 1}$

K. Marti, *Übungsbuch zum Grundkurs Mathematik für Ingenieure,*
*Natur- und Wirtschaftswissenschaftler,* Physica-Lehrbuch,
DOI 10.1007/978-3-7908-2610-4_22, © Springer-Verlag Berlin Heidelberg 2010

**Lösung:**

a) $R(x) = \dfrac{x^3 + 5x^2 + 4x + 8}{x^2(x^2 + 4)} = \dfrac{1}{x} + \dfrac{2}{x^2} + \dfrac{3}{x^2 + 4}$

$$\Rightarrow \int R(x)\,dx = \ln|x| - \frac{2}{x} + 3\int \frac{1}{x^2 + 4}\,dx$$

$$= \ln|x| - \frac{2}{x} + \frac{3}{4}\int \frac{1}{\left(\dfrac{x}{2}\right)^2 + 1}\,dx$$

Substitution:

$$u = \frac{x}{2} \Rightarrow \frac{du}{dx} = \frac{1}{2} \Rightarrow dx = 2\,du$$

$$\Rightarrow \int R(x)\,dx = \ln|x| - \frac{2}{x} + \frac{6}{4}\int \frac{1}{u^2 + 1}\,du$$

$$= \ln|x| - \frac{2}{x} + \frac{3}{2}\arctan u + c$$

$$= \ln|x| - \frac{2}{x} + \frac{3}{2}\arctan \frac{x}{2} + c$$

b) $R(x) = \dfrac{2x^3 + 9x^2 + 8x + 5}{x^2 + 4x + 3} = 2x + 1 + \dfrac{2}{x + 1} - \dfrac{4}{x + 3}$

$$\int R(x)\,dx = x^2 + x + 2\ln|x + 1| - 4\ln|x + 3| + c$$

$$= x^2 + x + \ln \frac{(x + 1)^2}{(x + 3)^4} + c$$

c) $R(x) = \dfrac{4x^3 - 2x^2 + 9x - 18}{x^2(x^2 + 9)} = \dfrac{1}{x} - \dfrac{2}{x^2} + \dfrac{3x}{x^2 + 9}$

$$\int R(x)\,dx = \ln|x| + \frac{2}{x} + \int \frac{3x}{x^2 + 9}\,dx$$

Substitution: $u = x^2 + 9 \Rightarrow \dfrac{du}{dx} = 2x \Rightarrow \dfrac{1}{2}\,du = x\,dx$

$$\Rightarrow \int R(x)\,dx = \ln|x| + \frac{2}{x} + 3\int \frac{1}{2u}\,du$$

$$= \ln|x| + \frac{2}{x} + \frac{3}{2}\ln|u| + c$$

$$= \ln|x| + \frac{2}{x} + \frac{3}{2}\ln(x^2 + 9) + c$$

d) $R(x) = \dfrac{x^4 + 4x^2 + 1}{x^3 - x^2 + 4x - 4} = x + 1 + \dfrac{6}{5} \cdot \dfrac{1}{x-1} - \dfrac{1}{5} \cdot \dfrac{x+1}{x^2+4}$

$\displaystyle\int R(x)\,dx = \dfrac{1}{2}x^2 + x + \dfrac{6}{5}\ln|x-1| - \dfrac{1}{5}\int \dfrac{x+1}{x^2+4}\,dx$

$\displaystyle\int \dfrac{x+1}{x^2+4}\,dx = \underbrace{\int \dfrac{x\,dx}{x^2+4}}_{I_1} + \underbrace{\int \dfrac{dx}{x^2+4}}_{I_2}$

$$I_1 = \int \dfrac{x\,dx}{x^2+4}$$

Substitution:

$$u = x^2 + 4 \Rightarrow \dfrac{du}{dx} = 2x \Rightarrow \dfrac{1}{2}du = x\,dx$$

$I_1 = \dfrac{1}{2}\int \dfrac{1}{u}\,du = \dfrac{1}{2}\ln|u| + c_1 = \dfrac{1}{2}\ln(x^2+4) + c_1$

$I_2 = \displaystyle\int \dfrac{1}{x^2+4}\,dx \overset{\text{Teilaufgabe a)}}{=} \dfrac{1}{2}\arctan\dfrac{x}{2} + c_2$

$\Rightarrow \displaystyle\int R(x)\,dx = \dfrac{1}{2}x^2 + x + \dfrac{6}{5}\ln|x-1| - \dfrac{1}{5}\left(\dfrac{1}{2}\ln(x^2+4) + \dfrac{1}{2}\arctan\dfrac{x}{2}\right) + c,\ c = c_1 + c_2$

e) $R(x) = \dfrac{x}{2x^2 + 5x - 3} = \dfrac{3}{7} \cdot \dfrac{1}{x+3} + \dfrac{1}{7} \cdot \dfrac{1}{2x-1}$

$\displaystyle\int R(x)\,dx = \dfrac{3}{7}\ln|x+3| + \dfrac{1}{7}\int \dfrac{1}{2} \cdot \dfrac{1}{x - \dfrac{1}{2}}\,dx$

$\qquad\qquad = \dfrac{3}{2}\ln|x+3| + \dfrac{1}{14}\ln\left|x - \dfrac{1}{2}\right| + c.$

**Aufgabe 22.2**

Berechnen Sie die folgenden unbestimmten Integrale durch Partialbruchzerlegung:

a) $\displaystyle\int \dfrac{x^3 + 5x^2 + 2x - 4}{x^4 - 1}\,dx$

b) $\displaystyle\int \dfrac{1}{x^2 - a^2}\,dx$ für $a \neq 0$

c) $\displaystyle\int \dfrac{18x^3 - 21x^2 - 30x + 34}{6x^2 - 17x + 12}\,dx$

d) $\displaystyle\int \dfrac{7x^2 - 6x + 3}{x^3 - x^2 - x + 1}\,dx$

e) $\displaystyle \int \frac{x^5 + 4x^3 + x^2 + 3x + 2}{x^4 + 3x^2 + 2}\, dx$

**Lösung:**

a)

$$f(x) := \frac{x^3 + 5x^2 + 2x - 4}{x^4 - 1}$$

$$x^4 - 1 = (x^2 - 1)(x^2 + 1) = (x - 1)(x + 1)(x^2 + 1)$$

$$f(x) = \frac{A}{x - 1} + \frac{B}{x + 1} + \frac{Cx + D}{x^2 + 1}$$

$$\left.\begin{array}{r} 1 = A + B + C \\ 5 = A - B + D \\ 2 = A + B - C \\ -4 = A - B - D \end{array}\right\} \Rightarrow \quad A = 1,\ B = \frac{1}{2},\ C = -\frac{1}{2},\ D = \frac{9}{2}$$

$$\Rightarrow f(x) = \frac{-x}{2(x^2 + 1)} + \frac{9}{2(x^2 + 1)} + \frac{1}{2(x + 1)} + \frac{1}{x - 1}$$

$$F(x) = \int f(x)\,dx = -\frac{1}{4}\ln(x^2 + 1) + \frac{9}{2}\arctan x + \frac{1}{2}\ln|x + 1| + \ln|x - 1| + C$$

b)

$$\frac{1}{x^2 - a^2} = \frac{1}{(x + a)(x - a)} = \frac{A}{(x + a)} + \frac{B}{(x - a)}$$

$$\left.\begin{array}{r} \dfrac{1}{a} = -A + B \\ 0 = A + B \end{array}\right\} \quad B = \frac{1}{2a}, \quad A = -\frac{1}{2a}$$

$$\frac{1}{x^2 - a^2} = \frac{1}{2a(x - a)} - \frac{1}{2a(x + a)}$$

$$\int \frac{1}{x^2 - a^2}\,dx = \int \left( \frac{1}{2a(x - 1)} - \frac{1}{2a(x + a)} \right)\,dx = \frac{1}{2a}\ln|x - a| - \frac{1}{2a}\ln|x + a| + C$$

$$= \frac{1}{2a}\ln\left| \frac{x - a}{x + a} \right| + C$$

c) Integral einer unecht gebrochenen rationalen Funktion:
   da der Zählergrad höher ist, als der Grad des Nenners, wird zu Beginn der Partialbruchzerlegung eine Polynomdivision durchgeführt.
   Als Ergebnis findet man:

$$( \ 18x^3 - 21x^2 - 30x + 34) : (6x^2 - 17x + 12) = 3x + 5 + \frac{19x - 26}{6x^2 - 17x + 12}$$
$$\ominus \ 18x^3 - 51x^2 + 36x$$
$$30x^2 - 66x + 34$$
$$\ominus \qquad 30x^2 - 85x + 60$$
$$19x - 26$$

Nullstellen des Nenners: $x_1 = \dfrac{4}{3}, \ x_2 = \dfrac{3}{2}$

Partialbruchzerlegung: $\dfrac{19x - 26}{6x^2 - 17x + 12} = \dfrac{A}{3x - 4} + \dfrac{B}{2x - 3}$
$$= \frac{-3A - 4B + (3B + 2A)x}{6x^2 - 17x + 12}$$

$$\Rightarrow \begin{cases} -3A - 4B = -26 \\ 3B + 2A = \ \ \ 19 \end{cases} \Rightarrow \begin{cases} A = 2 \\ B = 5 \end{cases}$$

Also: $I_1 = \displaystyle\int \left( 3x + 5 + \frac{2}{3x - 4} + \frac{5}{2x - 3} \right) dx$

$$= \frac{3}{2}x^2 + 5x + \frac{2}{3}\ln|3x - 4| + \frac{5}{2}\ln|2x - 3| + c$$

d) Integral einer echt gebrochenen rationalen Funktion.

Der Nenner hat die doppelte Nullstelle $x_{1,2} = 1$ und die einfache Nullstelle $x_3 = -1$.

Also ist für die PBZ folgender Ansatz zu wählen:

$$f(x) = \frac{7x^2 - 6x + 3}{x^3 - x^2 - x + 1} = \frac{A}{(x - 1)^2} + \frac{B}{x - 1} + \frac{C}{x + 1}$$
$$= \frac{(A - B + C) + (A - 2C)x + (B + C)x^2}{x^3 - x^2 - x + 1}$$

$$\Rightarrow \begin{cases} A - B + \ C = \ \ \ 3 \\ A - \quad\ \ 2C = -6 \\ \quad\ \ B + \ C = \ \ \ 7 \end{cases} \Rightarrow \begin{cases} A = 2 \\ B = 3 \\ C = 4 \end{cases}$$

$$\Rightarrow \int f(x)\,dx = \int \frac{2}{(x - 1)^2}\,dx + \int \frac{3}{x - 1}\,dx + \int \frac{4}{x + 1}\,dx$$

$$= -\frac{2}{x - 1} + 3\ln|x - 1| + 4\ln|x + 1| + c$$

e) Division mit Rest: $\dfrac{x^5 + 4x^3 + x^2 + 3x + 2}{x^4 + 3x^2 + 2} = x + \dfrac{x^3 + x^2 + x + 2}{x^4 + 3x^2 + 2}$

Faktorisierung des Nenners: $x^4 + 3x^2 + 2 = (x^2 + 1)(x^2 + 2)$

Ansatz: $\dfrac{x^3 + x^2 + x + 2}{x^4 + 3x^2 + 2} = \dfrac{Ax + B}{x^2 + 1} + \dfrac{Cx + D}{x^2 + 2}$

Koeffizientenvergleich: $A = 0, \ B = 1, \ C = 1, \ D = 0$

$$\Rightarrow \frac{x^5 + 4x^3 + x^2 + 3x + 2}{x^4 + 3x^2 + 2} = x + \frac{1}{x^2 + 1} + \frac{x}{x^2 + 2}$$

$$\Rightarrow \int \frac{x^5 + 4x^3 + x^2 + 3x + 2}{x^4 + 3x^2 + 2} \, dx = \int x \, dx + \int \frac{1}{x^2 + 1} \, dx + \int \frac{x}{x^2 + 2} \, dx$$

$$= \frac{1}{2}x^2 + \arctan x + \frac{1}{2} \ln(x^2 + 2) + c.$$

**Aufgabe 22.3**

Berechnen Sie das unbestimmte Integral

$$I = \int \frac{x^6 - x^5 - 3x^2 + 5x}{x^4 - 2x^3 + 2x^2 - 2x + 1} \, dx$$

Hinweis: $(x^2 + 1)$ ist ein Faktor ("Teiler") des Nennerpolynoms.

**Lösung:**

$$f(x) := \frac{x^6 - x^5 - 3x^2 + 5x}{x^4 - 2x^3 + 2x^2 - 2x + 1}$$

- unecht gebrochene rationale Funktion

$$(x^6 - x^5 - 3x^2 + 5x) : (x^4 - 2x^3 + 2x^2 - 2x + 1) = x^2 + x + \frac{-2x^2 + 4x}{x^4 - 2x^3 + 2x^2 - 2x + 1}$$

Faktorisierung des Nenners: $(x^4 - 2x^3 + 2x^2 - 2x + 1) : (x^2 + 1) = x^2 - 2x + 1$

$$\Rightarrow f(x) = x^2 + x + \frac{-2x^2 + 4x}{(x - 1)^2 (x^2 + 1)}$$

Ansatz:

$$\frac{-2x^2 + 4x}{(x - 1)^2 (x^2 + 1)} = \frac{A}{x - 1} + \frac{B}{(x - 1)^2} + \frac{C + Dx}{x^2 + 1}$$

$$\Rightarrow -2x^2 + 4x = A(x - 1)(x^2 + 1) + B(x^2 + 1) + (C + Dx)(x - 1)^2$$

$$= (A + D)x^3 + (-A + B + C - 2D)x^2 + (A - 2C + D)x - A + B + C$$

$$\Rightarrow A = -1, B = 1, C = -2, D = 1.$$

$$\Rightarrow f(x) = x^2 + x + \frac{-1}{x - 1} + \frac{1}{(x - 1)^2} + \frac{-2 + x}{x^2 + 1}$$

$$F(x) = \int \left( x^2 + x + \frac{-1}{x - 1} + \frac{1}{(x - 1)^2} + \frac{-2 + x}{x^2 + 1} \right) dx$$

$$F(x) = \frac{1}{3}x^3 + \frac{1}{2}x^2 - \ln|x - 1| - \frac{1}{x - 1} - 2\arctan x + \frac{1}{2} \ln(x^2 + 1) + c.$$

**Aufgabe 22.4**

Berechnen Sie das unbestimmte Integral

$$I = \int \frac{x+1}{x^2(x^2+1)^2}\, dx.$$

Hinweis: $\displaystyle \int \frac{dx}{(x^2+a^2)^2} = \frac{1}{2a^2}\frac{x}{x^2+a^2} + \frac{1}{2a^3}\arctan\frac{x}{a} + c$

**Lösung:**

Das Nennerplynom hat eine doppelte reelle Nullstelle bei $x_{1,2} = 0$ und eine komplexe Nullstelle bei $x_3 = i$ sowie die zugehörig komplex konjugierte bei $x_4 = -i$. Somit ergibt sich folgender Ansatz für die Partialbruchzerlegung:

$$\frac{x+1}{x^2(x^2+1)^2} = \frac{A}{x} + \frac{B}{x^2} + \frac{Cx+D}{x^2+1} + \frac{Ex+F}{(x^2+1)^2}$$

$$= \frac{Ax(x^2+1)^2 + B(x^2+1)^2 + (Cx+D)x^2(x^2+1) + (Ex+F)x^2}{x^2(x^2+1)^2}$$

$$= \frac{x^5(A+C) + x^4(B+D) + x^3(2A+C+E) + x^2(2B+D+F) + xA + B}{x^2(x^2+1)^2}$$

$$\Rightarrow A = 1, \qquad B = 1, \qquad C = -1, \qquad D = -1, \qquad E = -1, \qquad F = -1$$

Somit ergibt sich für die Integration:

$$I = \int \frac{x+1}{x^2(x^2+1)^2}\, dx = \int \left( \frac{1}{x} + \frac{1}{x^2} - \frac{x+1}{x^2+1} - \frac{x+1}{(x^2+1)^2} \right) dx$$

$$= \ln|x| - \frac{1}{x} - \int \frac{x}{x^2+1}\, dx - \int \frac{1}{x^2+1}\, dx - \int \frac{x}{(x^2+1)^2}\, dx - \int \frac{1}{(x^2+1)^2}\, dx$$

$$= \ln|x| - \frac{1}{x} - \frac{1}{2}\ln(x^2+1) - \arctan x + \frac{1}{2(x^2+1)} - \frac{x}{2(x^2+1)} - \frac{1}{2}\arctan x + C.$$

**Aufgabe 22.5**

Berechnen Sie

$$\int \frac{18x^2 + 15x - 4}{9x^3 - 12x^2 - 11x - 2}\, dx$$

Hinweis: $x = 2$ ist eine Nullstelle des Nenners des Integranden.

**Lösung:**

$$(9x^3 - 12x^2 - 11x - 2) : (x - 2) = 9x^2 + 6x + 1$$
$$\underline{-(9x^3 - 18x^2)}$$
$$6x^2 - 11x - 2$$
$$\underline{-(6x^2 - 12x)}$$
$$x - 2$$
$$\underline{-(x - 2)}$$
$$0$$

Das Ergebnis dieser Division kann nun mithilfe der ersten Binomischen Formel vereinfacht werden:

$$9x^2 + 6x + 1 = (3x + 1)^2$$
$$\Rightarrow \quad 9x^3 - 12x^2 - 1x - 2 = (3x + 1)^2 \, (x - 2)$$

Der Ansatz für die Partialbruchzerlegung ergibt sich wie folgt:

$$\frac{18x^2 + 15x - 4}{(x - 2)(3x + 1)^2} = \frac{A}{x - 2} + \frac{B}{3x + 1} + \frac{C}{(3x + 1)^2}$$
$$= \frac{A(3x + 1)^2 + B(3x + 1)(x - 2) + C(x - 2)}{(x - 2)(3x + 1)^2}$$

Der Koeffizientenvergleich liefert die Lösung $A = 2$, $B = 0$, $C = 3$

$$\Rightarrow \quad \int \frac{18x^2 + 15x - 4}{9x^3 - 12x^2 - 11x - 2} \, dx = \int \frac{2}{x - 2} \, dx + \int \frac{3}{(3x + 1)^2} \, dx$$
$$= 2\ln|x - 2| + 3 \int \frac{1}{(3x + 1)^2} \, dx$$

Substitution:

$$t = 3x + 1 \Rightarrow \frac{dt}{dx} = 3 \Leftrightarrow dx = \frac{1}{3} dt$$
$$\int \frac{1}{(3x + 1)^2} \, dx = \int \frac{1}{t^2} \cdot \frac{1}{3} \, dt = \frac{1}{3} \int \frac{1}{t^2} \, dt = -\frac{1}{3t} + C$$
$$= -\frac{1}{3(3x + 1)} + C$$

$$\Rightarrow \int \frac{18x^2 + 15x - 4}{9x^3 - 12x^2 - 11x - 2}\, dx = 2\ln|x-2| - \frac{3}{3(3x+1)} + C$$

$$= \ln(x-2)^2 - \frac{1}{3x+1} + C.$$

**Aufgabe 22.6**

Berechnen Sie das unbestimmte Integral

$$I^* = \int \frac{x^5 + 3x^4 + 4x^3 + 13x^2 + 5x + 15}{x^4 + 4x^2 + 4}\, dx.$$

Hinweise:

a) Ein Teilintegral ist vom Typ $\int \dfrac{dz}{(1+z^2)^2}$:

   Hierfür ist die Substitution $z = \tan u$ zweckmäßig;

b) Es gilt $\cos^4 u = \dfrac{1}{(1+\tan^2 u)^2}$;

c) $\int \cos^2 u\, du = \dfrac{1}{2}\left(u + \dfrac{\tan u}{1 + \tan^2 u}\right) + c.$

**Lösung:**

Polynomdivision:

$$(x^5 + 3x^4 + 4x^3 + 13x^2 + 5x + 15) : (x^4 + 4x^2 + 4) = x + 3 + \frac{x^2 + x + 3}{x^4 + 4x^2 + 4}$$

$$\Rightarrow I^* = \int (x+3)\, dx + \int r(x)\, dx$$

$$I = \int r(x)\, dx = \int \frac{x^2 + x + 3}{x^4 + 4x^2 + 4}\, dx$$

$x^4 + 4x^2 + 4 = (x^2 + 2)^2$

Partialbruchzerlegung

$$\frac{x^2 + x + 3}{(x^2+2)^2} = \frac{Ax+B}{(x^2+2)^2} + \frac{Cx+D}{x^2+2} = \frac{Ax + B + Cx^3 + Dx^2 + 2Cx + 2D}{(x^2+2)^2}$$

$[x^3]:\ 0 = C$

$[x^2]:\ 1 = D$

$[x^1]:\ 1 = A + 2C = A$

$[x^0]:\ 3 = B + 2D = B + 2 \Rightarrow B = 1$

$$\Rightarrow I = \underbrace{\int \frac{x\, dx}{(x^2+2)^2}}_{=I_1} + \underbrace{\int \frac{dx}{(x^2+2)^2}}_{=I_2} + \underbrace{\int \frac{dx}{x^2+2}}_{=I_3}$$

$$I_1 = \frac{1}{2}\int \frac{d(x^2+2)}{(x^2+2)^2} = -\frac{1}{2}\cdot\frac{1}{(x^2+2)} + C_1$$

$$I_2 = \frac{1}{4}\int \frac{dx}{\left(\left(\frac{x}{\sqrt{2}}\right)^2 + 1\right)^2}$$

$$\frac{x}{\sqrt{2}} = \tan u; \qquad dx = \frac{\sqrt{2}}{\cos^2 u}\,du; \qquad \frac{1}{(1+\tan^2 u)^2} = \cos^4 u$$

$$\Rightarrow I_2 = \frac{\sqrt{2}}{4}\int \frac{du}{\cos^2 u}\cdot\cos^4 u = \frac{\sqrt{2}}{4}\int \cos^2 u\,du = \frac{\sqrt{2}}{8}\left(u + \frac{\tan u}{1+\tan^2 u}\right) + C_2$$

$$= \frac{\sqrt{2}}{8}\left(\arctan\frac{x}{\sqrt{2}} + \frac{\frac{x}{\sqrt{2}}}{1 + \left(\frac{x}{\sqrt{2}}\right)^2}\right) + C_2$$

$$I_3 = \int \frac{dx}{x^2+2} = \frac{1}{2}\int \frac{dx}{\left(\frac{x}{\sqrt{2}}\right)^2 + 1} = \frac{1}{2}\sqrt{2}\arctan\frac{x}{\sqrt{2}} + C_3$$

$$I = \sum_{k=1}^{3} I_k = \frac{1}{4}\cdot\frac{x-2}{x^2+2} + \frac{5}{8}\sqrt{2}\arctan\frac{x}{\sqrt{2}} + C,\ C = C_1 + C_2 + C_3$$

$$\Rightarrow I^* = \frac{1}{2}x^2 + 3x + I = \frac{1}{2}x^2 + 3x + \frac{x-2}{4(x^2+2)} + \frac{5}{8}\sqrt{2}\arctan\frac{x}{\sqrt{2}} + C.$$

**Aufgabe 22.7**

Man berechne das unbestimmte Integral

$$I = \int \frac{1-\cos x}{1+\sin x}\,dx.$$

Hinweise:

a) Substitution $t := \tan\frac{x}{2}$

b) Partialbruchzerlegung

**Lösung:**

$$t = \tan\frac{x}{2} \qquad x = 2\arctan t \qquad dx = \frac{2dt}{1+t^2}$$

$$\cos x = \frac{1-t^2}{1+t^2} \qquad \sin x = \frac{2t}{1+t^2}$$

$$I = \int \frac{1 - \dfrac{1 - t^2}{1 + t^2}}{1 + \dfrac{2t}{1 + t^2}} \cdot \frac{2dt}{1 + t^2} = \int \frac{4t^2\,dt}{(1 + t^2)(t^2 + 2t + 1)} = \int \frac{4t^2\,dt}{(1 + t^2)(1 + t)^2}$$

$$\frac{4t^2}{(1 + t^2)(1 + t)^2} = \frac{a + bt}{1 + t^2} + \frac{c}{1 + t} + \frac{d}{(1 + t)^2}$$

$$\begin{aligned}
t^3 &: b + c = 0 & a &= 0 \\
t^2 &: a + 2b + c + d = 4 & b &= 2 \\
t &: 2a + b + c = 0 \quad \Rightarrow & c &= -2 \\
1 &: a + c + d = 0 & d &= 2
\end{aligned}$$

$$I = \int \left( \frac{2t}{1 + t^2} - \frac{2}{1 + t} + \frac{2}{(1 + t)^2} \right) dt$$

$$= \ln(1 + t^2) - 2\ln|1 + t| - \frac{2}{1 + t} + C$$

$$= \ln\left(1 + \tan^2 \frac{x}{2}\right) - 2\ln\left|1 + \tan \frac{x}{2}\right| - \frac{2}{1 + \tan \dfrac{x}{2}} + C$$

$$= -2\ln\left|\sin \frac{x}{2} + \cos \frac{x}{2}\right| - 2\frac{\cos \dfrac{x}{2}}{\sin \dfrac{x}{2} + \cos \dfrac{x}{2}} + C.$$

**Aufgabe 22.8**

Berechnen Sie das unbestimmte Integral

$$I = \int \frac{x + \sqrt{x - 2}}{(x + 2\sqrt{x - 2})^2}\, dx$$

Hinweis: Substitution $(t := \sqrt{x - 2},\ s := t + 1)$ und Partialbruchzerlegung

**Lösung:**

$$t = \sqrt{x - 2} \Rightarrow x = t^2 + 2 \qquad dx = 2t\, dt$$

$$I = \int \frac{t^2 + 2 + t}{(t^2 + 2 + 2t)^2}\, 2t\, dt$$

$$\frac{2t^3 + 2t^2 + 4t}{(t^2 + 2t + 2)^2} = \frac{\alpha t + \beta}{t^2 + 2t + 2} + \frac{\gamma t + \delta}{(t^2 + 2t + 2)^2}$$

$$= \frac{(t^2 + 2t + 2)(\alpha t + \beta) + \gamma t + \delta}{(t^2 + 2t + 2)^2}$$

$$\alpha = 2$$
$$2\alpha + \beta = 2 \Rightarrow \beta = -2$$
$$2\alpha + 2\beta + \gamma = 4 \Rightarrow \gamma = 4$$
$$2\beta + \delta = 0 \Rightarrow \delta = 4$$

$$I = \int \left( \frac{2t-2}{t^2+2t+2} + \frac{4t+4}{(t^2+2t+2)^2} \right) dt$$

$$s = t+1 \Rightarrow t = s-1 \qquad dt = ds$$

$$\Rightarrow I = \int \frac{2s-4}{s^2+1}\, ds + \int \frac{4s}{(s^2+1)^2}\, ds$$

$$= \int \frac{2s}{s^2+1}\, ds - 4\int \frac{1}{s^2+1}\, ds + 2\int \frac{2s}{(s^2+1)^2}\, ds$$

$$= \ln(1+s^2) - 4\arctan s + 2\frac{-1}{s^2+1} + C$$

$$= \ln\left(1 + (\sqrt{x-2}+1)^2\right) - 4\arctan(1+\sqrt{x-2}) - \frac{2}{1+(\sqrt{x-2}+1)^2} + C$$

$$= \ln(x+2\sqrt{x-2}) - 4\arctan(1+\sqrt{x-2}) - \frac{2}{x+2\sqrt{x-2}} + C.$$

**Aufgabe 22.9**

Berechnen Sie folgende Integrale:

a) $\displaystyle \int \frac{2e^{2x}+5e^x-1}{e^{2x}+e^x-2}\, dx$

b) $\displaystyle \int \frac{e^x-2}{e^{2x}+2e^x}\, dx$

c) $\displaystyle \int \frac{4e^{3x}-2e^{2x}+e^x-3}{e^{3x}-3e^{2x}+e^x-3}\, dx$

Hinweis: Transformieren Sie die Integranden der Integrale mittels der Substitution $t = e^x$ in rationale Funktionen.

**Lösung:**

Substitution $e^x = t \quad \Rightarrow \quad x = \ln t \quad \Rightarrow \quad \dfrac{dx}{dt} = \dfrac{1}{t} \quad (*)$

a) $\displaystyle \int \frac{2e^{2x}+5e^x-1}{e^{2x}+e^x-2}\, dx \overset{(*)}{=} \int \frac{2t^2+5t-1}{t^2+t-2}\frac{dt}{t}$

$$= \int \frac{2t^2+5t-1}{t(t^2+t-2)}\, dt$$

$$= \int \frac{2t^2+5t-1}{t(t-1)(t+2)}\, dt$$

Ansatz:
$$\frac{2t^2+5t-1}{t(t-1)(t+2)} = \frac{A}{t} + \frac{B}{t-1} + \frac{C}{t+2}$$

$$= \frac{A(t-1)(t+2)+Bt(t+2)+Ct(t-1)}{t(t-1)(t+2)}$$

$$= \frac{(A+B+C)t^2+(A+2B-C)t-2A}{t(t-1)(t+2)}$$

$$\Rightarrow A = \frac{1}{2},\ B = 2,\ C = -\frac{1}{2}$$

$$\Rightarrow \int \frac{2t^2+5t-1}{t(t-1)(t+2)}\,dt = \frac{1}{2}\int \frac{1}{t}\,dt + 2\int \frac{1}{t-1}\,dt - \frac{1}{2}\int \frac{1}{t+2}\,dt$$

$$= \frac{1}{2}\ln|t| + 2\ln|t-1| - \frac{1}{2}\ln|t+2| + c$$

$$\overset{t=e^x}{=} \frac{1}{2}\ln(e^x) + 2\ln|e^x-1| - \frac{1}{2}\ln(e^x+2) + c$$

$$= \frac{x}{2} + 2\ln|e^x-1| - \frac{1}{2}\ln(e^x+2) + c$$

b) $\displaystyle \int \frac{e^x-2}{e^{2x}+2e^x}\,dx \overset{(*)}{=} \int \frac{t-2}{(t^2+2t)t}\,dt = \int \frac{t-2}{t^2(t+2)}\,dt$

Ansatz:
$$\frac{t-2}{t^2(t+2)} = \frac{A}{t+2} + \frac{B}{t} + \frac{C}{t^2} = \frac{At^2+Bt(t+2)+C(t+2)}{t^2(t+2)}$$

$$= \frac{(A+B)t^2+(2B+C)t+2C}{t^2(t+2)}$$

$$\Rightarrow A = -1,\ B = 1,\ C = -1$$

$$\int \frac{e^x-2}{e^{2x}+2e^x}\,dx = \int \frac{t-2}{t^2(t+2)}\,dt = \int \left( \frac{-1}{t+2} + \frac{1}{t} - \frac{1}{t^2} \right) dt$$

$$= -\int \frac{1}{t+2}\,dt + \int \frac{1}{t}\,dt - \int \frac{1}{t^2}\,dt$$

$$= -\ln|t+2| + \ln|t| + \frac{1}{t} + c$$

$$\overset{t=e^x}{=} -\ln(e^x+2) + \ln e^x + \frac{1}{e^x} + c$$

$$= -\ln(e^x+2) + x + e^{-x} + c$$

c) $\displaystyle\int \frac{4e^{3x} - 2e^{2x} + e^x - 3}{e^{3x} - 3e^{2x} + e^x - 3}\, dx$

$\displaystyle\overset{(*)}{=} \int \frac{4t^3 - 2t^2 + t - 3}{t^3 - 3t^2 + t - 3} \cdot \frac{dt}{t}$

$\displaystyle= \int \frac{4t^3 - 2t^2 + t - 3}{t^4 - 3t^3 + t^2 - 3t}\, dt$

$$\frac{4t^3 - 2t^2 + t - 3}{t^4 - 3t^3 + t^2 - 3t} = \frac{4t^3 - 2t^2 + t - 3}{t(t-3)(t^2+1)} = \frac{A}{t} + \frac{B}{t-3} + \frac{Ct+D}{t^2+1}$$

$$= \frac{A(t-3)(t^2+1) + Bt(t^2+1) + (Ct+D)t(t-3)}{t(t-3)(t^2+1)}$$

$$= \frac{(A+B+C)t^3 + (-3A-3C+D)t^2 + (A+B-3D)t - 3A}{t(t-3)(t^2+1)}$$

$$\Rightarrow \quad A = 1,\ B = 3,\ C = 0,\ D = 1$$

$$\Rightarrow \int \frac{4t^3 - 2t^2 + t - 3}{t^4 - 3t^3 + t^2 - 3t}\, dt$$

$$= \int \left( \frac{1}{t} + \frac{3}{t-3} + \frac{1}{t^2+1} \right) dt$$

$$= \int \frac{1}{t}\, dt + 3 \int \frac{1}{t-3}\, dt + \int \frac{1}{t^2+1}\, dt$$

$$= \ln|t| + 3\ln|t-3| + \arctan t + c$$

$$\overset{t=e^x}{=} \ln|e^x| + 3\ln|e^x - 3| + \arctan e^x + c$$

$$= x + 3\ln|e^x - 3| + \arctan e^x + c.$$

**Aufgabe 22.10**

Man berechne das unbestimmte Integral $I$ und das bestimmte Integral $I_0$:

a) $\displaystyle I = \int R(x)\, dx = \int \frac{x^5 - x^4 - 3x + 5}{x^4 - 2x^3 + 2x^2 - 2x + 1}\, dx$

b) $\displaystyle I_0 = \int_0^{\frac{1}{2}} R(x)\, dx$

Hinweis:

$x_0 = 1$ ist eine doppelte 0-Stelle des Nenners.

**Lösung:**

Polynomdivision:

$$(x^5 - x^4 - 3x + 5) : (x^4 - 2x^3 + 2x^2 - 2x + 1) = x + 1 + \frac{-2x+4}{x^4 - 2x^3 + 2x^2 - 2x + 1}$$

$$(x^4 - 2x^3 + 2x^2 - 2x + 1) : (x^2 - 2x + 1) = x^2 + 1$$

$$\Rightarrow R(x) = x + 1 + \frac{-2x + 4}{(x^2 + 1)(x - 1)^2}$$

$$\frac{-2x + 4}{(x^2 + 1)(x - 1)^2} = \frac{Ax + B}{x^2 + 1} + \frac{C}{x - 1} + \frac{D}{(x - 1)^2}$$

$$= \frac{(Ax + B)(x - 1)^2 + C(x - 1)(x^2 + 1) + D(x^2 + 1)}{(x^2 + 1)(x - 1)^2}$$

$$= \frac{(A + C)x^3 + (-2A + B - C + D)x^2 + (A - 2B + C)x + B - C + D}{(x^2 + 1)(x - 1)^2}$$

$$\Rightarrow A = 2,\ B = 1,\ C = -2,\ D = 1.$$

$$\Rightarrow \frac{-2x + 4}{(x^2 + 1)(x - 1)^2} = \frac{2x + 1}{x^2 + 1} - \frac{2}{x - 1} + \frac{1}{(x - 1)^2}$$

$$I = \int R(x)\,dx = \int \left( x + 1 + \frac{2x}{x^2 + 1} + \frac{1}{x^2 + 1} - \frac{2}{x - 1} + \frac{1}{(x - 1)^2} \right) dx$$

$$= \frac{x^2}{2} + x + \ln(x^2 + 1) + \arctan x - 2\ln|x - 1| - \frac{1}{x - 1} + C$$

$$I_0 = \int_0^{\frac{1}{2}} R(x)\,dx$$

$$= \left(\frac{1}{2}\right)^3 + \frac{1}{2} + \ln\left(\left(\frac{1}{2}\right)^2 + 1\right) + \arctan\frac{1}{2} - 2\ln\left|\frac{1}{2} - 1\right| - \frac{1}{\frac{1}{2} - 1}$$

$$- (0 + 0 + 0 + 0 - 2 \cdot 0 + 1)$$

$$= \frac{1}{8} + \frac{1}{2} + \ln\frac{5}{4} + \arctan\frac{1}{2} - 2\ln\frac{1}{2} + 2 - 1$$

$$= \frac{1}{8} + \frac{3}{2} + \ln 5 - 2\ln 2 + \arctan\frac{1}{2} + 2\ln 2$$

$$= \frac{13}{8} + \ln 5 + \arctan\frac{1}{2} \approx 3,698...$$

**Aufgabe 22.11**

Berechnen Sie die bestimmten Integrale

$$\text{a)} \quad \int_0^{\frac{1}{2}} \frac{2x^5 + 3x^4 + x^2 - 2x - 3}{x^4 - 1}\,dx$$

b) $\displaystyle \int_0^{\frac{1}{2}} \frac{1}{(x-1)(x^2-1)}\, dx$

c) $\displaystyle \int_1^{\sqrt{3}} \frac{x^6 - 2x^5 - 2x^3 - 2x + 1}{x^2(x^2+1)^2}\, dx$

**Lösung:**

a) Da der Zählergrad höher ist, als der Grad des Nenners, wird zu Beginn der Partialbruchzerlegung eine Polynomdivision durchgeführt. Als Ergebnis findet man:

$$(2x^5 + 3x^4 + x^2 - 2x - 3) : (x^4 - 1) = 2x + 3 + \frac{x^2}{x^4 - 1}$$

Als Nullstellen des Nennerpolynoms findet man:

$$x_1 = -1, \quad x_2 = 1$$

Schließlich lässt sich der Nenner wie folgt zerlegen:

$$x^4 - 1 = (x^2 - 1)(x^2 + 1) = (x - 1)(x + 1)(x^2 + 1)$$

Für den Ansatz der PBZ ergibt sich sodann:

$$\frac{x^2}{x^4 - 1} = \frac{A}{x - 1} + \frac{B}{x + 1} + \frac{Cx + D}{x^2 + 1}$$
$$= \frac{A(x+1)(x^2+1) + B(x-1)(x^2+1) + (Cx+D)(x^2-1)}{x^4 - 1}$$

Und somit

$$A(x^3 + x^2 + x + 1) + B(x^3 - x^2 + x - 1) + C(x^3 - x) + D(x^2 - 1)$$
$$= x^3(A + B + C) + x^2(A - B + D) + x(A + B - C) + (A - B - D) = x^2$$

Das aus dem Koeffizientenvergleich folgende LGS sieht folgendermaßen aus:

|       | A | B | C  | D  |    |
|-------|---|---|----|----|----|
| $[x^3]$ | 1 | 1 | 1  | 0  | 0  |
| $[x^2]$ | 1 | −1 | 0 | 1  | 1  |
| $[x^1]$ | 1 | 1 | −1 | 0  | 0  |
| $[x^3]$ | 1 | −1 | 0 | −1 | 0  |

Als Lösung dieses Systems findet man :

$$A = \frac{1}{4}, \, B = -\frac{1}{4}, \, C = 0, \, D = \frac{1}{2}.$$

Schließlich ist

$$\frac{2x^5+3x^4+x^2-2x-3}{x^4-1}=2x+3+\frac{1}{4}\left(\frac{1}{x-1}-\frac{1}{x+1}+\frac{2}{x^2+1}\right)$$

Für die Lösung des Integrals geht man letztlich wie folgt vor:

$$I=\int_0^{\frac{1}{2}}\left(2x+3+\frac{1}{4}\left(\frac{1}{x-1}-\frac{1}{x+1}+\frac{2}{x^2+1}\right)\right)\,dx$$

$$=\left[x^2+3x+\frac{1}{4}\left(\ln\left|\frac{x-1}{x+1}\right|+2\arctan x\right)\right]_0^{\frac{1}{2}}$$

$$=\frac{1}{4}+\frac{3}{2}+\frac{1}{4}\left(\ln\left|\frac{-\frac{1}{2}}{\frac{3}{2}}\right|+2\arctan\frac{1}{2}\right)$$

$$-\frac{1}{4}\left(7-\ln 3+2\arctan\frac{1}{2}\right)\approx 1,707...$$

b) Zunächst wird eine Partialbruchzerlegung durchgeführt. Dazu formt man zunächst den Nenner um und bestimmt anschließend seine Nullstellen:

$$(x-1)(x^2-1)=(x-1)(x-1)(x+1)=(x-1)^2(x+1)$$
$$\Rightarrow x_{1,2}=1\quad\text{und}\quad x_3=-1$$

Ansatz für Partialbruchzerlegung:

$$\frac{1}{(x-1)^2(x+1)}=\frac{A}{x-1}+\frac{B}{(x-1)^2}+\frac{C}{x+1}$$
$$=\frac{A(x^2-1)+B(x+1)+C(x^2-2x+1)}{(x-1)^2(x+1)}$$

Der Koeffizientenvergleich liefert schließlich:

$$A=-\frac{1}{4},\qquad B=\frac{1}{2},\qquad C=\frac{1}{4}$$

Damit ergibt sich:

$$\int_0^{\frac{1}{2}} \frac{1}{(x-1)(x^2-1)}\,dx = -\frac{1}{4}\int_0^{\frac{1}{2}} \frac{1}{x-1}\,dx + \frac{1}{2}\int_0^{\frac{1}{2}} \frac{1}{(x-1)^2}\,dx + \frac{1}{4}\int_0^{\frac{1}{2}} \frac{1}{x+1}\,dx$$

$$= -\frac{1}{4}\left[\ln|x-1|\right]_0^{\frac{1}{2}} + \frac{1}{2}\left[-\frac{1}{x-1}\right]_0^{\frac{1}{2}} + \frac{1}{4}\left[\ln(x+1)\right]_0^{\frac{1}{2}}$$

$$= \frac{\ln 2}{4} + \frac{1}{2} + \frac{\ln\frac{3}{2}}{4} = \frac{1}{4}\ln 3 + \frac{1}{2} \approx 0{,}775\ldots$$

c) Polynomdivision:

$$(x^6 - 2x^5 - 2x^3 - 2x + 1) : (x^6 + 2x^4 + x^2) = 1 - \frac{2x^5 + 2x^4 + 2x^3 + x^2 + 2x - 1}{x^6 + 2x^4 + x^2}$$

$$x^6 + 2x^4 + x^2 = x^2(x^4 + 2x^2 + 1) = x^2(x^2+1)^2$$

Partialbruchzerlegung:

$$\frac{2x^5 + 2x^4 + 2x^3 + x^2 + 2x - 1}{x^2(x^2+1)^2} = \frac{A}{x} + \frac{B}{x^2} + \frac{Cx+D}{x^2+1} + \frac{Ex+F}{(x^2+1)^2}$$

$$= \frac{A(x^5 + 2x^3 + x) + B(x^4 + 2x^2 + 1) + (Cx+D)(x^4+x^2) + (Ex+F)x^2}{x^2(x^2+1)^2}$$

$$= \frac{(A+C)x^5 + (B+D)x^4 + (2A+C+E)x^3 + (2B+D+F)x^2 + Ax + B}{x^2(x^2+1)^2}$$

$$\Rightarrow A = 2,\ B = -1,\ C = 0,\ D = 3,\ E = -2,\ F = 0$$

$$\Rightarrow \frac{2x^5 + 2x^4 + 2x^3 + x^2 + 2x - 1}{x^2(x^2+1)^2} = = \frac{2}{x} - \frac{1}{x^2} + \frac{3}{x^2+1} - \frac{2x}{(x^2+1)^2}$$

$$\text{Also: } I = \int_1^{\sqrt{3}} dx - \int_1^{\sqrt{3}} \frac{2}{x}\,dx + \int_1^{\sqrt{3}} \frac{1}{x^2}\,dx - \int_1^{\sqrt{3}} \frac{3}{x^2+1}\,dx + \int_1^{\sqrt{3}} \frac{2x}{(x^2+1)^2}\,dx$$

$$= \sqrt{3} - 1 - \left[2\ln|x|\right]_1^{\sqrt{3}} + \left[-\frac{1}{x}\right]_1^{\sqrt{3}} - \left[3\arctan x\right]_1^{\sqrt{3}} + \left[-\frac{1}{x^2+1}\right]_1^{\sqrt{3}}$$

$$= \sqrt{3} - 1 - \ln 3 - \frac{1}{\sqrt{3}} + 1 - \pi + \frac{3\pi}{4} - \frac{1}{4} + \frac{1}{2}$$

$$= \frac{2}{\sqrt{3}} - \ln 3 - \frac{\pi}{4} + \frac{1}{4} \approx -0{,}479\ldots$$

**Aufgabe 22.12**

Berechnen sie das bestimmte Integral

$$I = \int_{0}^{1} \frac{x^6 + x^4 + x^1 + 1}{(x^2+1)^3}\,dx$$

Hinweis: Auf dem Lösungsweg tritt ein Intergal auf, dass mit einem der folgenden Hinweise gelöst werden kann:

a) $\dfrac{1}{(1+x^2)^2} = \dfrac{1+x^2-x^2}{(1+x^2)^2}$

b) $\displaystyle\int \frac{x^2}{(1+x^2)^2}\,dx = \int x\frac{x}{(1+x^2)^2}\,dx$ , partielle Integration

**Lösung:**

$$(x^2+1)^3 = x^6 + 3x^4 + 3x^2 + 1$$

Polynomdivision:

$$(x^6+x^4+x^2+1) : (x^6+3x^4+3x^2+1) = 1 + \frac{-2x^4-2x^2}{(x^2+1)^3} = 1 - 2x^2\frac{1+x^2}{(x^2+1)^3}$$

$$= 1 - 2x^2\frac{1}{(1+x^2)^2} = R(x)$$

$$\int \left(1 - 2\frac{x^2}{(1+x^2)^2}\right) dx = x + \underbrace{\int x \cdot \frac{-2x}{(1+x^2)^2}\,dx}_{I_1}$$

Partielle Integration:

$$u = x \Rightarrow u' = 1 \qquad v' = \frac{-2x}{(1+x^2)^2} \Rightarrow v = \frac{1}{1+x^2}$$

$$\Rightarrow I_1 = \frac{x}{1+x^2} - \int \frac{1}{1+x^2}\,dx = \frac{x}{1+x^2} - \arctan x + C$$

$$I = \int_{0}^{1} R(x)\,dx = \left[x + \frac{x}{1+x^2} - \arctan x\right]_{0}^{1} = 1 + \frac{1}{1+1^2} - \arctan(1)$$

$$= \frac{3}{2} - \frac{\pi}{4} \approx 0,715....$$

# Kapitel 23
# Theorie der Reihen

**Definition: Reihe** (Def. 31.1, Kap. 31)
Ist $a_0, a_1, a_2, \ldots$ eine Zahlenfolge, so nennt man den Ausdruck

$$a_0 + a_1 + a_2 + a_3 + \cdots + a_k + \cdots$$

eine *Reihe*. Die Zahlen $a_k$ heißen *Glieder* (oder Summanden) der Reihe. Unter der
$n$-ten *Partialsumme* $s_n$ von $a_0 + a_1 + a_2 + \ldots$ versteht man

$$s_n = a_0 + a_1 + a_2 + \cdots + a_n = \sum_{k=0}^{n} a_k \quad (n \in \mathbb{N}).$$

**Definition: Summe einer Reihe** (Def. 31.2, Kap. 31)
Eine Reihe $a_0 + a_1 + a_2 + \cdots$ heißt *konvergent (divergent)*, wenn ihre Partialsummenfolge $(s_n), s_n = \sum_{k=0}^{n} a_k$, konvergiert (divergiert). Ist $\lim\limits_{n\to\infty} s_n = s$, so nennt man $s$
die *Summe* der Reihe und schreibt

$$\sum_{k=0}^{\infty} a_k = s.$$

## 23.1 Konvergente Reihen

**Aufgabe 23.1**
Berechnen Sie die folgende Summe: $\dfrac{4}{3} + \dfrac{4}{15} + \dfrac{4}{35} + \dfrac{4}{63} + \cdots$

K. Marti, *Übungsbuch zum Grundkurs Mathematik für Ingenieure,
Natur- und Wirtschaftswissenschaftler*, Physica-Lehrbuch,
DOI 10.1007/978-3-7908-2610-4_23, © Springer-Verlag Berlin Heidelberg 2010

**Lösung:**

$$\frac{4}{3}+\frac{4}{15}+\frac{4}{35}+\frac{4}{63}+\cdots = \frac{4}{1\cdot 3}+\frac{4}{3\cdot 5}+\frac{4}{5\cdot 7}+\frac{4}{7\cdot 9}+\cdots = \sum_{k=1}^{\infty}\frac{4}{(2k-1)(2k+1)}$$

$$\text{Partialbruchzerlegung: } \frac{4}{(2k-1)(2k+1)}=\frac{A}{2k-1}+\frac{B}{2k+1}$$

$$4=A(2k+1)+B(2k-1)=k(2A+2B)+(A-B)$$

$$\Leftrightarrow \begin{cases} 2A+2B=0 \\ A-B=4 \end{cases} \Leftrightarrow \begin{cases} A=2 \\ B=-2 \end{cases}$$

$$\text{Also } \frac{4}{(2k-1)(2k+1)}=\frac{2}{2k-1}-\frac{2}{2k+1}$$

$$\sum_{k=1}^{n}\frac{4}{(2k-1)(2k+1)}=\sum_{k=1}^{n}\left(\frac{2}{2k-1}-\frac{2}{2k+1}\right)=\left(2-\frac{2}{3}\right)+\left(\frac{2}{3}-\frac{2}{5}\right)+\cdots+$$

$$\left(\frac{2}{2n-1}-\frac{2}{2n+1}\right)$$

$$=2-\frac{2}{2n+1}$$

$$\Rightarrow \sum_{k=1}^{\infty}\frac{4}{(2k-1)(2k+1)}=\lim_{n\to\infty}\left(2-\frac{2}{2n+1}\right)=2.$$

**Aufgabe 23.2**

Sie sollen Würfel stapeln und beginnen mit einem Würfel mit der Kantenlänge 7.
Dann stellen Sie auf diesen Würfel einen mit der Kantenlänge der halben Seitendiagonale des ersten Würfels und dann auf den zweiten einen mit der Kantenlänge der
halben Seitendiagonale des zweiten usw.. Hat dieser unendliche Prozess ein konkre-
tes Resultat? Welchem Punkt nähern sich die Würfel?

**Lösung:**

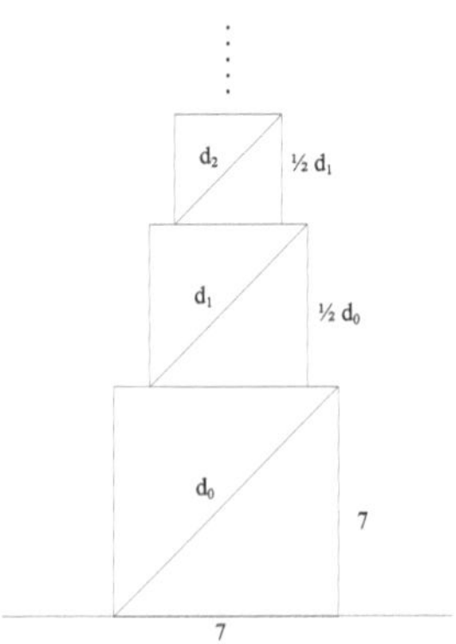


**Abb. 23.1** Skizze zu Aufgabe 23.2

$$K_0 = 7 \qquad d_0 = \sqrt{2} \cdot 7$$
$$K_1 = \frac{1}{2}d_0 = \frac{7}{\sqrt{2}} \qquad d_1 = 7$$
$$K_2 = \frac{1}{2}d_1 = \frac{7}{2} \qquad d_2 = \frac{7}{\sqrt{2}}$$
$$K_3 = \frac{1}{2}d_2 = \frac{7}{2\sqrt{2}} \qquad d_3 = \frac{7}{2}$$
$$K_4 = \frac{1}{2}d_3 = \frac{7}{4} \qquad d_4 = \frac{7}{2\sqrt{2}}$$
$$K_5 = \frac{1}{2}d_4 = \frac{7}{4\sqrt{2}} \qquad d_5 = \frac{7}{4}$$
$$\vdots$$

$$K_{n+1} = \frac{1}{2}d_n = \frac{1}{2}\sqrt{K_n^2 + K_n^2} = \frac{\sqrt{2}}{2}K_n$$

$$\sum_{n=0}^{\infty} K_n = K_0 + K_1 + K_2 + K_3 + \cdots + K_n + \ldots$$
$$= K_0 + \frac{\sqrt{2}}{2}K_0 + \frac{\sqrt{2}}{2}K_1 + \frac{\sqrt{2}}{2}K_2 + \cdots + \frac{\sqrt{2}}{2}K_{n-1} + \ldots$$
$$= K_0 + \frac{\sqrt{2}}{2}K_0 + \left(\frac{\sqrt{2}}{2}\right)^2 K_0 + \left(\frac{\sqrt{2}}{2}\right)^3 K_0 + \cdots + \left(\frac{\sqrt{2}}{2}\right)^n K_0 + \ldots$$
$$= \sum_{n=0}^{\infty} \left(\frac{1}{\sqrt{2}}\right)^n \cdot K_0 = K_0 \cdot \sum_{n=0}^{\infty} \left(\frac{1}{\sqrt{2}}\right)^n$$

da $\sqrt{2} > 1$ ist, ist $\frac{1}{\sqrt{2}} < 1$ und somit ist $\sum_{n=0}^{\infty} \left(\frac{1}{\sqrt{2}}\right)^n$ konvergent („geometrische

Reihe") und $\sum_{n=0}^{\infty} \left(\frac{1}{\sqrt{2}}\right)^n = \dfrac{1}{1 - \dfrac{1}{\sqrt{2}}} \approx 3{,}4142$. Also nähern sich die Würfel dem

Punkt:

$$K_0 \cdot \sum_{n=0}^{\infty} \left(\frac{1}{\sqrt{2}}\right)^n = 7 \cdot \sum_{n=0}^{\infty} \left(\frac{1}{\sqrt{2}}\right)^n = \frac{7}{1 - \dfrac{1}{\sqrt{2}}} \approx 23{,}899.$$

**Aufgabe 23.3**

Betrachten Sie die Reihe $\sum_{k=1}^{\infty} (-1)^{k-1} \frac{1}{k}$ und ordnen Sie die Summanden so um, dass Sie als Grenzwerte $s_1 = 1$ bzw. $s_2 = 0$ bekommen.

**Lösung:**

Folgendes Verfahren führt zum Erfolg: Man addiere alle positiven Summanden bis das Ergebnis größer als die gewünschte Zahl ist; nun verfährt man in analoger Weise mit den negativen Summanden, dann wieder mit den positiven, etc. Auf diese Weise erhält man den zu erzielenden Grenzwert, weil sich die Summe abwechselnd von unten und oben annähert (die Folge der einzelnen Summanden ist eine Nullfolge!). Den Grenzwert kann man deswegen immer wieder über- bzw. unterschreiten, da die Reihe nur bedingt konvergent ist, d.h. $\sum |a_k| = \infty$ und damit gilt auch $\sum |a_{k_i}| = \infty$ sowie $\sum |a_{k_j}| = \infty$ mit $a_{k_i} > 0$ und $a_{k_j} < 0$

$$1 = 1 + \frac{1}{3} - \frac{1}{2} + \frac{1}{5} - \frac{1}{4} + \frac{1}{7} + \frac{1}{9} - \frac{1}{6} \cdots$$

$$0 = 1 - \frac{1}{2} - \frac{1}{4} - \frac{1}{6} - \frac{1}{8} + \frac{1}{3} - \frac{1}{10} - \frac{1}{12} - \frac{1}{14} - \frac{1}{16} + \frac{1}{5} \cdots$$

## 23.2 Konvergenzkriterien für Reihen

**Aufgabe 23.4**

Untersuchen Sie folgende Reihen auf Konvergenz mit Hilfe von Majoranten-, Minoranten-, Quotienten- oder Wurzelkriterium:

a) $\displaystyle\sum_{n=1}^{\infty} k^2 \cdot 2^{-k}$

b) $\left(\dfrac{1}{2} + 1\right) + \left(\dfrac{1}{2} + \dfrac{1}{2}\right)^2 + \left(\dfrac{1}{2} + \dfrac{1}{3}\right)^3 + \left(\dfrac{1}{2} + \dfrac{1}{4}\right)^4 + \cdots$

c) $\displaystyle\sum_{k=2}^{\infty} \frac{1}{2^k - \frac{2}{k}}$

d) $\dfrac{1^2 + 1}{1^3} + \dfrac{2^2 + 1}{2^3 + 1} + \dfrac{3^2 + 1}{3^3 + 2} + \dfrac{4^2 + 1}{4^3 + 3} + \cdots$

e) $\displaystyle\sum_{n=1}^{\infty} 2^{(-1)^n - n}$

f) $1 + \dfrac{2!}{2^2} + \dfrac{3!}{3^3} + \cdots$

g) $\displaystyle\sum_{n=1}^{\infty} \frac{3^{2n}}{(2n)!}$

**Lösung:**

a) Quotientenkriterium: $\dfrac{a_{k+1}}{a_k} = \dfrac{(k+1)^2 \cdot 2^{-(k+1)}}{k^2 \cdot 2^{-k}} = \dfrac{k^2 + 1 + 2k}{k^2 \cdot 2}$

$\displaystyle\lim_{k \to \infty} \frac{k^2 + 1 + 2k}{k^2 \cdot 2} = \frac{1}{2} < 1 \Rightarrow$ konvergent

b) $a_k = \left(\dfrac{1}{2} + \dfrac{1}{k}\right)^k$

Wurzelkriterium: $\sqrt[k]{a_k} = \sqrt[k]{\left(\dfrac{1}{2} + \dfrac{1}{k}\right)^k} = \dfrac{1}{2} + \dfrac{1}{k}$

$\lim\limits_{k\to\infty}\left(\dfrac{1}{2} + \dfrac{1}{k}\right) = \dfrac{1}{2} < 1 \Rightarrow$ konvergent

c) Quotientenkriterium: $\dfrac{a_{k+1}}{a_k} = \dfrac{\dfrac{1}{2^{k+1} - \frac{2}{k+1}}}{\dfrac{1}{2^k - \frac{2}{k}}} = \dfrac{2^k - \frac{2}{k}}{2^{k+1} - \frac{2}{k+1}}$

$\lim\limits_{k\to\infty} \dfrac{2^k - \frac{2}{k}}{2^{k+1} - \frac{2}{k+1}} = \lim\limits_{k\to\infty} \dfrac{2^{k+1}\left(\frac{1}{2} - \frac{1}{2^k \cdot k}\right)}{2^{k+1}\left(1 - \frac{1}{2^k(k+1)}\right)} = \dfrac{1}{2} < 1 \Rightarrow$ konvergent

alternativ mit Majorantenkriterium:

für $k \geq 2: 2^k - \dfrac{2}{k} \geq 2^k - 2 = \dfrac{2^k}{2} + \underbrace{\dfrac{2^k}{2} - 2}_{\geq 0} \geq \dfrac{2^k}{2} = 2^{k-1}$

$\Rightarrow a_k = \dfrac{1}{2^k - \frac{2}{k}} \leq \dfrac{1}{2^{k-1}} = \left(\dfrac{1}{2}\right)^{k-1}$

$\Rightarrow \sum\limits_{k=2}^{\infty} \left(\dfrac{1}{2}\right)^{k-1} = \sum\limits_{k=1}^{\infty} \left(\dfrac{1}{2}\right)^{k}$ ist konvergente Majorante $\Rightarrow \sum\limits_{k=2}^{\infty} \dfrac{1}{2^k - \frac{2}{k}}$ konvergiert

d) Minorantenkriterium: $a_k = \dfrac{k^2 + 1}{k^3 + (k-1)} = \dfrac{1}{k - \frac{1}{k^2 + 1}} > \dfrac{1}{k} \Rightarrow$ divergent

e) Wurzelkriterium:

$\sqrt[n]{a_n} = \sqrt[n]{2^{(-1)^n - n}} = 2^{\frac{1}{n}((-1)^n - n)} = 2^{\frac{1}{n}(-1)^n - 1} = 2^{\frac{1}{n}(-1)^n} \cdot 2^{-1} = \dfrac{1}{2} \cdot 2^{\frac{1}{n}(-1)^n}$

$\lim\limits_{n\to\infty} \dfrac{1}{2} \cdot 2^{\frac{1}{n}(-1)^n} = \dfrac{1}{2} < 1 \Rightarrow$ konvergent

f) $a_k = \dfrac{k!}{k^k}$

Quotientenkriterium:

$\dfrac{a_{k+1}}{a_k} = \dfrac{\dfrac{(k+1)!}{(k+1)^{k+1}}}{\dfrac{k!}{k^k}} = \dfrac{(k+1)!\,k^k}{(k+1)^{k+1}k!} = \dfrac{(k+1)k^k}{(k+1)^{k+1}} = \dfrac{k^k}{(k+1)^k} = \left(\dfrac{k}{k+1}\right)^k$

$\lim\limits_{k\to\infty} \left(\dfrac{k}{k+1}\right)^k = \lim\limits_{k\to\infty} \left(\dfrac{\frac{1}{k+1}}{k}\right)^k = \lim\limits_{k\to\infty} \dfrac{1}{\left(1 + \frac{1}{k}\right)^k} = \dfrac{1}{e} < 1 \Rightarrow$ konvergent

g) Quotientenkriterium:

$$\frac{a_{n+1}}{a_n} = \frac{\dfrac{3^{2(n+1)}}{(2(n+1))!}}{\dfrac{3^{2n}}{(2n)!}} = \frac{3^{2n+2} \cdot (2n)!}{(2n+2)! \cdot 3^{2n}} = \frac{3^2}{(2n+1)(2n+2)}$$

$$\lim_{n \to \infty} \frac{3^2}{(2n+1)(2n+2)} = 0 < 1 \Rightarrow \text{konvergent.}$$

**Aufgabe 23.5**

Mit Hilfe von Majoranten- bzw. Minorantenkriterium entscheide man die Konvergenz von:

a) $\displaystyle\sum_{k=1}^{\infty} \ln\left(1 + \frac{1}{k}\right)$

b) $\displaystyle\sum_{k=1}^{\infty} \frac{\sin\left(\dfrac{1}{k}\right)}{\sqrt{k+1}}$

**Lösung:**

a) $a_k = \ln\left(1 + \dfrac{1}{k}\right)$

$\left(1 + \dfrac{1}{k}\right)^k \geq 2 \quad$ für alle $k \in \mathbb{N} \Rightarrow k\ln\left(1 + \dfrac{1}{k}\right) \geq \ln 2 \Rightarrow \ln\left(1 + \dfrac{1}{k}\right) \geq \dfrac{\ln 2}{k}$

$\Rightarrow \ln 2 \displaystyle\sum_{k=1}^{\infty} \frac{1}{k}$ ist divergente Minorante $\Rightarrow \displaystyle\sum_{k=1}^{\infty} \ln\left(1 + \frac{1}{k}\right)$ - divergiert.

b) $a_k = \displaystyle\sum_{k=1}^{\infty} \frac{\sin\left(\dfrac{1}{k}\right)}{\sqrt{k+1}}$

$\sin\alpha < \alpha$ für $0 < \alpha < \dfrac{\pi}{2} \Rightarrow \sin\dfrac{1}{k} < \dfrac{1}{k}$

und $\dfrac{1}{\sqrt{k+1}} < \dfrac{1}{\sqrt{k}}$

$\Rightarrow \displaystyle\sum_{k=1}^{\infty} \frac{\sin\left(\dfrac{1}{k}\right)}{\sqrt{k+1}} < \sum_{k=1}^{\infty} \frac{\dfrac{1}{k}}{\sqrt{k}} = \sum_{k=1}^{\infty} \frac{1}{k^{\frac{3}{2}}}$

$\Rightarrow \displaystyle\sum_{k=1}^{\infty} \frac{1}{k^{\frac{3}{2}}}$ ist konvergente Majorante $\Rightarrow \displaystyle\sum_{k=1}^{\infty} \frac{\sin\left(\dfrac{1}{k}\right)}{\sqrt{k+1}}$ - konvergiert.

**Aufgabe 23.6**

Mit Hilfe vom Quotientenkriterium entscheide man, falls möglich, die Konvergenz von

$$\sum_{k=1}^{\infty} k^2 \sin\left(\frac{\pi}{2^k}\right).$$

**Lösung:**

$$\sin\alpha < \alpha \text{ für } 0 < \alpha < \frac{\pi}{2} \Rightarrow \sum_{k=1}^{\infty} k^2 \sin\left(\frac{\pi}{2^k}\right) \leq \sum_{k=1}^{\infty} k^2 \frac{\pi}{2^k}$$

Man betrachte die Reihe $\displaystyle\sum_{k=1}^{\infty} a_k = \sum_{k=1}^{\infty} k^2 \frac{\pi}{2^k}$

Quotientenkriterium:

$$\frac{a_{k+1}}{a_k} = \frac{\dfrac{(k+1)^2 \cdot \pi}{2^{k+1}}}{\dfrac{k^2 \cdot \pi}{2^k}} = \frac{1}{2}\left(1 + \frac{1}{k}\right)^2$$

$$\lim_{k\to\infty} \frac{1}{2}\left(1 + \frac{1}{k}\right)^2 = \frac{1}{2} < 1$$

Also $\displaystyle\sum_{k=1}^{\infty} k^2 \frac{\pi}{2^k}$ ist eine konvergente Majorante und $\displaystyle\sum_{k=1}^{\infty} k^2 \sin\left(\frac{\pi}{2^k}\right)$ ist konvergent.

**Aufgabe 23.7**

Untersuchen Sie die Konvergenz der folgenden Reihen:

a) $\displaystyle\sum_{k=3}^{\infty} \frac{1}{k-2}$

b) $\displaystyle\sum_{k=2}^{\infty} \frac{1}{\sqrt{3k^2 + (-1)^k k}}$

**Lösung:**

a) $a_k = \dfrac{1}{k-2} \Rightarrow a_{k+2} = \dfrac{1}{k}, \; k > 2$

$\Rightarrow \displaystyle\sum_{k=3}^{\infty} \frac{1}{k-2} = \sum_{k=1}^{\infty} \frac{1}{k}$ - divergent

b) $a_k = \dfrac{1}{\sqrt{3k^2 + (-1)^k k}}, \; k \geq 2$

$$3k^2 + (-1)^k k = k^2\left(3 + (-1)^k \frac{1}{k}\right) \leq k^2(3+1) = 4k^2$$

$$\Rightarrow a_k \geq \frac{1}{\sqrt{4k^2}} = \frac{1}{2k}$$

$$\Rightarrow \frac{1}{2}\sum_{k=1}^{\infty} \frac{1}{k} \text{ divergente Minorante} \Rightarrow \sum_{k=2}^{\infty} \frac{1}{\sqrt{3k^2 + (-1)^k k}} \text{ - divergiert.}$$

**Aufgabe 23.8**

Untersuchen Sie die Reihe

$$\sum_{k=1}^{\infty} (-1)^{k-1} \frac{2^k}{k^2}$$

auf absolute Konvergenz, Konvergenz bzw. Divergenz.

**Lösung:**

$$\left| \frac{a_{k+1}}{a_k} \right| = \frac{2^{k+1}}{(k+1)^2} \cdot \frac{k^2}{2^k} = 2 \cdot \left( \frac{k}{k+1} \right)^2 = 2 \cdot \left( \frac{k}{k\left(1 + \frac{1}{k}\right)} \right)^2$$

$$\Rightarrow \lim_{k \to \infty} \left| \frac{a_{k+1}}{a_k} \right| = 2 > 1$$

$$\Rightarrow \sum_{k=1}^{\infty} |a_k| \text{ divergent} \overset{\text{Quotientenkriterium}}{\Rightarrow} \sum_{k=1}^{\infty} a_k \text{ nicht absolut kvgt.}$$

$|a_k|$ monoton wachsend $\Rightarrow |a_k|$ keine Nullfolge

$$\Rightarrow a_k \text{ keine Nullfolge} \Rightarrow \sum_{k=1}^{\infty} a_k \text{ divergent.}$$

## 23.3 Taylorreihen

**Aufgabe 23.9**

Berechnen Sie die Taylorreihe $T(x)$ der Funktion $f(x) = \sinh x$ mit Entwicklungspunkt $x_0 = 0$. Für welche $x$ konvergiert $T(x)$? Für welche $x$ gilt $T(x) = f(x)$?

Hinweis: $e^x = \sum_{k=0}^{\infty} \frac{x^k}{k!}$   konvergiert für alle $x \in \mathbb{R}$

   d.h.: $\dfrac{x^k}{k!}$ ist eine Nullfolge

**Lösung:**

$$f(x) = \frac{1}{2}(e^x - e^{-x}) = \sinh x \; : \; f(0) = 0$$

$$f'(x) = \frac{1}{2}(e^x + e^{-x}) = \cosh x \; : \; f'(0) = 1$$

$$f''(x) = \frac{1}{2}(e^x - e^{-x}) = \sinh x \; : \; f''(0) = 0$$

$$f^{(3)}(x) = \frac{1}{2}(e^x + e^{-x}) = \cosh x \; : \; f^{(3)}(0) = 1$$

Taylorpolynom:

$$T_n(x) = \sum_{k=0}^{n} \frac{f^{(k)}(x_0)}{k!}(x - x_0)^k$$

$$= \frac{x}{1} + \frac{x^3}{3!} + \frac{x^5}{5!} + \ldots + \frac{x^n}{n!} \quad \text{mit n ungerade}$$

$$\lim_{n \to \infty} T_n(x) = T(x) = \text{TR.}$$

Konvergenz von Taylorreihe $\quad \sum_{k=0}^{\infty} a_k = \sum_{k=0}^{\infty} \frac{x^{2k+1}}{(2k+1)!}$

$$\text{Quotientenkriterium:} \quad \lim_{k \to \infty} \left| \frac{a_{k+1}}{a_k} \right| = \lim_{k \to \infty} \left| \frac{\dfrac{x^{2k+3}}{(2k+3)!}}{\dfrac{x^{2k+1}}{(2k+1)!}} \right|$$

$$= \lim_{k \to \infty} \left| \frac{x^2}{(2k+3)(2k+2)} \right|$$

$$= |x|^2 \cdot \lim_{k \to \infty} \frac{1}{(2k+3)(2k+2)} = 0$$

$\Rightarrow$ für alle $x \in \mathbb{R}$ ist TR. konvergent.

Stimmt TR. mit $f(x)$ für alle $x$ überein ?

Antwort: Ja, falls $\lim\limits_{n \to \infty} r_n(x) = 0$ .

Hier $r_n(x) = \dfrac{(x - 0)^{n+1}}{(n+1)!} f^{(n+1)}(x_0 + \vartheta(x - x_0)), \ 0 < \vartheta < 1$

$\Rightarrow r_n(x) = \dfrac{x^{n+1}}{(n+1)!} f^{(n+1)}(\vartheta) \overset{n+1 \text{ - gerade}}{=} \dfrac{x^{n+1}}{(n+1)!} \sinh(\vartheta x)$

$\Rightarrow \lim\limits_{n \to \infty} r_n(x) = \sinh(\vartheta x) \cdot \lim\limits_{n \to \infty} \dfrac{x^{n+1}}{(n+1)!} \overset{\text{Hinweis}}{=} \sinh(\vartheta x) \cdot 0 = 0$

$\Rightarrow f(x) = \sinh x = x + \dfrac{x^3}{3!} + \dfrac{x^5}{5!} + \ldots + \dfrac{x^n}{n!} + \ldots = \text{TR. von } \sinh x.$

**Aufgabe 23.10**

Geben Sie die Taylorreihe der Funktion $f$ mit Entwicklungspunkt $x_0$ an.

$$f(x) = (1 + x)^\alpha , \ \alpha \in \mathbb{R} \text{ beliebig} , \ x_0 = 0$$

**Lösung:**

$$f(x) = (1+x)^{\alpha}$$
$$f'(x) = \alpha(1+x)^{\alpha-1}$$
$$f''(x) = \alpha(\alpha-1)(1+x)^{\alpha-2}$$
$$\vdots$$
$$f^{(k)}(x) = \alpha(\alpha-1)(\alpha-2)\cdot\ldots\cdot(\alpha-k+1)(1+x)^{\alpha-k}$$
$$\Rightarrow f^{(k)}(0) = \alpha(\alpha-1)(\alpha-2)\cdot\ldots\cdot(\alpha-k+1)$$

$$f(x) = (1+x)^{\alpha} = \sum_{k=0}^{\infty} \frac{f^{(k)}(0)}{k!}(x-0)^k = 1+\sum_{k=1}^{\infty}\frac{\alpha(\alpha-1)(\alpha-2)\cdot\ldots\cdot(\alpha-k+1)}{k!}x^k$$

$$= \binom{\alpha}{0}x^0 + \sum_{k=1}^{\infty}\binom{\alpha}{k}x^k = \sum_{k=0}^{\infty}\binom{\alpha}{k}x^k.$$

**Aufgabe 23.11**

Leiten Sie unter Verwendung der Taylorentwicklung von $\ln(1+x)$ die Taylorreihe von

$$f(x) = \ln\frac{1+x}{1-x}, |x| < 1 \text{ mit Entwicklungspunkt } x_0 = 0 \text{ her.}$$

**Lösung:**

$$\ln(1+x) = \sum_{k=1}^{\infty}\frac{(-1)^{k-1}}{k}x^k, \qquad |x| < 1$$

$$\Rightarrow \ln(1-x) = \sum_{k=1}^{\infty}\frac{(-1)^{k-1}}{k}(-x)^k = -\sum_{k=1}^{\infty}\frac{1}{k}x^k, \qquad |x| < 1$$

$$\Rightarrow \ln\frac{1+x}{1-x} = \ln(1+x)-\ln(1-x) = \sum_{k=1}^{\infty}\frac{(-1)^{k-1}+1}{k}x^k$$

$$= \sum_{\nu=0}^{\infty}\frac{2}{2\nu+1}x^{2\nu+1}, \qquad |x| < 1$$

$$= 2x + \frac{2}{3}x^3 + \frac{2}{5}x^5 + \ldots$$

# Literaturverzeichnis


1. K. Burg, H. Haf, F. Wille: Höhere Mathematik für Ingenieure. Bd. 1, Analysis. Teubner Verlag, 8. Auflage, Wiesbaden, 2008
2. C. Gellrich, R. Gellrich: Mathematik - Ein Lehr- und Übungsbuch, Band 3, Zahlenfolgen und -reihen, Einführung in die Analysis für Funktionen mit einer unabhängigen Variablen, Verlag Harri Deutsch, 2. Auflage, Frankfurt a.M., 2003.
3. N.M. Günter, R.O. Kusmin: Aufgabensammlung zur Höheren Mathematik, Teil 1 und 2. Verlag Harri Deutsch, Frankfurt a.M., 1993.
4. P. Henrici: Vorlesungen über Analysis. Verlag Akad. Ingenieurverein an der ETH Zürich, Zürich, 1964.
5. P. Henrici, A. Huber: Analysis 1-3. Verlag Akad. Maschinen- und Elektroingenieurverein an der ETH Zürich, Zürich, 1969-1977.
6. K.Marti und D.Gröger: Grundkurs Mathematik für Ingenieure, Natur- und Wirtschaftswissenschaftler. Physica-Verlag, 2. Auflage, Heidelberg, 2004.
7. L. Papula: Mathematik für Ingenieure und Naturwissenschaftler - Anwendungsbeispiele. Vieweg, 5. Auflage, Wiesbaden, 2004.
8. R. Rothe: Höhere Mathematik I,II. Teubner-Verlag, Stuttgart, 1962.
9. H. Stöcker: Mathematik - Der Grundkurs, Band 1, Analysis für Ingenieurstudenten: Funktionen, Differentialrechnung und Integralrechnung mit einer Variablen. Verlag Harri Deutsch, Frankfurt a.M., 1995.
10. J. Wendeler: Vorkurs der Ingenieurmathematik. Verlag Harri Deutsch, 2. Auflage, Frankfurt a.M., 2007.



K. Marti, *Übungsbuch zum Grundkurs Mathematik für Ingenieure,*
*Natur- und Wirtschaftswissenschaftler,* Physica-Lehrbuch,
DOI 10.1007/978-3-7908-2610-4, © Springer-Verlag Berlin Heidelberg 2010

# Sachverzeichnis